［英］卡斯珀·亨德森————

著

孙芃————

译

万物的声音

Notes on the Auraculous

Caspar Henderson

A Book of Noises

中信出版集团 | 北京

图书在版编目（CIP）数据

万物的声音 /（英）卡斯珀·亨德森著；孙芃译.
北京：中信出版社，2024.9. --ISBN 978-7-5217
-6781-0

I. O42-49

中国国家版本馆CIP数据核字第 2024YK9717 号

万物的声音

著者： ［英］卡斯珀·亨德森
译者： 孙芃
出版发行： 中信出版集团股份有限公司
（北京市朝阳区东三环北路 27 号嘉铭中心　邮编　100020）
承印者： 三河市中晟雅豪印务有限公司

开本：880mm×1230mm 1/32　　印张：9.75　　字数：197 千字
版次：2024 年 9 月第 1 版　　印次：2024 年 9 月第 1 次印刷
京权图字：01-2024-1683　　书号：ISBN 978-7-5217-6781-0
定价：69.00 元

音乐飘浮在风上
就像水波上的浮木。

在深深的海洋中，
珍珠闪闪发光，晶莹夺目
却从未触及海面。

我们听到了耀眼的回声。

——鲁米
（根据哈勒·莉莎·加福里的英译版本翻译）

巴拉圭瓜拉尼人的创世传说

图潘，瓜拉尼人的创世之父，在黑暗的环抱之中站起，自心灵倒影获得感召，他创造了烈焰和薄雾。这就是歌谣的开头。

趁灵感之火尚未熄灭，他创造了爱，却无人可给予。他创造了语言，却无人听他诉说。

图潘因而建议诸神创造世界，守护烈火、薄雾、雨露与微风。随后，他向他们赠予了伴着神圣颂词的音乐，诸神随即将生命赋予男女众生。至此，世界终于从沉寂中挣脱。

于是，爱让灵魂交融，语言充盈了生活。创世之父重回宁静的归隐，围绕在他身边的男女歌唱着："我们漫步此地。我们漫步于此光辉美丽之地。"

目录

　　这本书始于一种奇观。我在拜访诺福克海岸的一个自然保护区时，观察到一种身形短小粗壮的鸟类——滨鹬。每年冬天它们都会从位于北极的繁殖地大批迁徙至英国。飞行途中，成群的滨鹬会同时冲刺并转向，这样当光线轮流照射到它们身体浅色或深色的一面时，鸟儿们会呈现不断出现又消失的景象。这景象很美，然而当时真正打动我的是数以千计的鸟儿飞越头顶时发出的声音。巨大的声音中混杂着清晰可辨的细微噪声——一对对翅膀的拍打声相隔几分之一秒的间隙先后传至耳边，或许，还带着略微不同的音色和音调。

　　后来，我在写《奇迹地图》这本书时，创造了一个术语来描述这样的经历。滨鹬飞行的声音与其说是一种"奇观"，不如说是一种"奇响"：一种听觉上的奇妙体验。或如作家罗伯特·麦克法伦补充解释所说，一种"耳畔奇迹"。在写作时，我意识到自己对声音及其塑造生命的种种方式知之甚少，于是决定深入探究。此书即是学习过程中的成果，但远非终点。

全书 48 篇内容将声音分成四大类。其中三类来自音乐家兼声景生态学家伯尼·克劳斯，余下一类由我增补。克劳斯提出的第一类声音是"地球之音"，即地球的声音，如火山、雷鸣、极光和那些通常意义上并非"活物"却使我们所熟知的生活成为可能的地球节奏。第二类声音是"生物之音"，意即生命世界的声音。这一类声音包括对身体节奏、听觉本质以及植物（没错，植物）和动物声音世界的探索。第三类是"人类之音"，这是一个略显刻意的标签，代表与人类文明有关的声音。在此主题下，我尝试探讨了语言的起源和本质、音乐、和声、芭蕉俳句、不寻常的乐器、地狱之声、气候变化之声、噪声污染、声音疗愈等。

我在克劳斯的分类基础上补充了"宇宙之音"，代表宇宙的各种声响。这种说法可能有点儿古怪，因为宇宙的真空中是没有声音存在的，但共振与声音是万事万物得以形成的根基。此类别包括地外声音，也包括人类想象或发射到太空中的声音，比如"天体音乐"和最近出现的"可听化处理"实验，后者能够帮助听者更好地构建或想象那些存在于宇宙中的事物。

我对这四个类别的顺序安排是，从宇宙视角开始讲述，随后聚焦脚下这颗星球，然后再次缩小视野看向生命世界，最后定格在人类经历上。不过，随意跳到任何感兴趣的章节来阅读也没问题，还可能收获惊喜。放手去读吧。如果你愿意，甚至可以跳过一整章。每个类别的内容都只不过是探索之旅的起点而已。也有很多内容我没能涉及并展开。就像苏菲派哲学家艾因·库达特在其著作《现实的本质》的结论中所说："没有（更多）时间详细阐述，而我已疲惫不堪。这是我未能公正对待某些章节内容的理由。"如想学习更多知识，我的推荐书目包括：戴维·亨迪的《噪声》，戴维·乔治·哈斯凯尔的《荒野之声》，艾德·扬的《五感之外的世界》，凯伦·巴克的《听不见的大自然》和迈克尔·斯皮策的《音乐人类》。我也非常欣赏祖德·罗杰斯的《人类之声：音乐如何塑造我们的生活》一书的温暖和广博，以及earth.fm网站上发布的每日不同环境中的声音片段。

当我告诉别人我正在写一本关于声音和噪声的书时，经常有人问我，当一棵树在森林中倒下却无人在场聆听时，它是否也算发出了声音？简而言之，是的。无论是否有人在听，树干倒下都会将振动通过空气传播出去。这种现象本身即是声音。但从另一个角度看，问题也存在一个简短而否定的答案，因为我们通常认为声音是一种有知觉的生物才具有的体验（我们倾向于认为树木和岩石是无知觉的，或者至少没有与声音相关的知觉）。如果你只希望了解这么多，那么现在你就可以把这本书放下了。简短的回答可能无误，但远非令人满意。因为在这个问题背后，往往还隐藏着与聆听者和树林所代表的宇宙之间的关系相关的其他内容。那应该是一种无法被描述（或是无意识）的想法：脱离"我"的存在，世界真的还会继续运转吗？即便我们作为个体如此仰仗的独立意识不复存在，世界也仍继续存在，此类观点可能一时让人难以接受。正如亚历山大·冯·洪堡在1800年所写："在生机勃勃的自然世界的某一方面，人类的存在无足轻重，这实在是一件奇异而令人悲伤之事。"

有的声音能为聆听者带来天启，而有的经历则令人不安。在唐·德里罗的小说《白噪音》中，居民区中已沉寂 10 多年的空袭警报器像声波怪物一样尖叫着回魂，就像"某种来自中生代的动物保卫自己领地时发出的粗粝叫声，这是一只具有大如 DC–9 运输飞机翼展的食肉鹦鹉"。作家马克·奥康奈尔在探寻末日生存主义者的世界时，参观了一处被改造成生存地堡的前美国空军地下掩体。地堡的宏伟大门闭合的声音是他此前从未听过的："一种压倒性的爆裂巨响，彻底抹除了它自身之外任何声响存在的可能性。"在 W. S. 默温的一首诗中，雾角成为"喉咙"，它"不呼唤任何人类之物/而是已被人类忘却/在雾中翻腾之物"。在阿彼察邦·韦拉斯哈古执导的电影《记忆》中，一种只有主人公才能听到的极响的噪声预示着降临或飞升至物质的某种特殊存在维度，也可能是彻底的毁灭。

但声音的启示也能让人感到舒适，感受到生命的延展性，进而从宏观视角带来安全感与美的享受。罗尔德·达尔在《好心眼儿巨人》中以幽默的文笔表达了这一点。巨人"能听到小蚂蚁在泥土中爬来爬去，叽叽喳喳彼此闲聊，有时还能听到从遥远的天穹群星传来的音乐"。在豪尔赫·路易斯·博尔赫斯的短篇小说《阿莱夫》中，声音启示以一种神秘、超然的形式呈现。信徒们群集于开罗的阿慕尔大清真寺，他们知道，只消把耳朵贴到中央庭院的其中一根石柱上，就能听到整个宇宙的嗡嗡低语。内科医生兼散文家刘易斯·托马斯喜欢将地球上所有非人类的声音想象成一个整体。他在《这个星球的音乐》一文中写道："如果我们能同时听到所有这些声音，我们就能从它们的浩瀚合奏中辨识出对位法，音调、音色和泛音的平衡，以及各种音响特性。"禅师释一行在《致地球的情书》的某一篇中写道："人类固然拥有伟大的作曲家，但是我们的音乐又如何能比肩天体与太阳之间的和谐，或潮起潮落之声呢？"

我们身处毁灭多于创造的时代。（例如，人类以外的生命形态在当下的灭绝率远高于地球历史上的任何时期，甚至超过了数千万年前的大规模灭绝事件。）社会学家哈特穆特·罗萨写道："现代性正在逐渐丧失聆听世界的能力，并因此面临失去自我意识的困境。"生物学家戴维·乔治·哈斯凯尔补充说："我们最惧怕的或许就是忘记了如何倾听鲜活的地球之声。"他记录了全球范围内声音多样性和丰富性正遭受破坏，因为对声音问题的关注在当下变得前所未有地重要。基于作曲家R.默里·谢弗等人先前完成的开创性工作，当今的生态学家正记录下陆地和海洋中越来越多的"声景"，作为评估生态系统活力和健康状况的手段之一。通过赋予我们更精确而深入地倾听的能力，新兴技术也能帮助人类抑制甚至扭转部分业已造成的损害。

对我而言，写作这本书是想尝试深入倾听并持续感知生命的力量，其中的每个瞬间都是对过去的肯定以及对未来的准备。我希望阅读这本书也能为你带来同样的体验。黑脚族①哲学家勒罗伊·利特尔·贝尔曾说："人类的大脑就像收音机旋钮上的一个电

---

① 黑脚族（Blackfoot）是关系相近的3支北美印第安人组成的居民集团，主要居住于今加拿大艾伯塔省和美国蒙大拿州。——编者注

台，它总是停在同一个位置，对其他所有电台都充耳不闻……动物、岩石和树木正同时向整个感知谱系发出广播。"威廉·布莱克也肯定会同意这样的说法。"人类将自我囚禁，直到透过狭窄的洞穴缝隙窥得一切，"他写道，"但即使洞穴深锁，我们依然能听到来自远方的回声。"如果跟随我的文字，你也能听到其中几分。

还有一件事需要说明。本书中，"声音"（sound）和"噪声"（noise）这两个词可以互相替换。如果有读者认为这两个词的意义与联想不同，他们可能会对这种用法感到奇怪。"噪声"通常与混乱或不受欢迎的声音联系在一起。例如，我们倾向于说"噪声"污染，而不是"声音"污染。噪声也是信息理论中的专业术语，特指阻碍人们识别信号的数据的随机波动。心理学家丹尼尔·卡尼曼等人借用了这个说法来描述人类决策中的随机变异性。但"噪声"并不一定是负面的。在进化与发育生物学中，噪声（即变异）使得变化和革新成为可能。在日常言语和诗意的想象中，"噪声"也可以讲述奇迹。莎士比亚的《暴风雨》中，卡列班欢快地说："这岛上充满了各种声音（noise）和悦耳的乐调，使人听了愉快，不会伤害人。"进一步讲，"声音"（sound）这个词也并不总是带来积极的联想。当麦克白的精神逐渐崩溃之时，生活于他变成了"充满喧哗（sound）和骚动，却找不到一点儿意义"。如果莎士比亚都乐于将这两个词语互换使用，也许我们这样用也无伤大雅。

第一章

宇宙之声：来自空间的声音

原初之声

宇宙大爆炸后，在最初的 20 万~30 万年间，迅速膨胀的宇宙中不断回荡着声音，仿佛充盈着无数洪亮的宇宙钟鸣。

声音是通过介质传播的一种压力波，介质密度越大，声音传播速度越快。在宇宙诞生之初的数千年中，宇宙的密度如此之大，以至于阻挡了光线逃逸。但声音却能以远快于在当今地球大气层中传播的速度，自由穿行其中。

随着万物冷却、原子形成，宇宙变得透明，光终于能够传播了。声音将物质聚集在波前，然后，随着宇宙继续膨胀，共振以同心波的形式传播出去，就像将一把沙砾投入池塘在水面激起的涟漪。

波峰成为焦点，而后星系围绕其产生。我们现今所见的宇宙正是那些原初时代的回声，声波也能帮助我们测量宇宙的尺寸。随着宇宙膨胀，大爆炸最后的钟声逐渐变得安静而深沉。

然而，若是如一些宇宙学家所主张，我们的宇宙只是无穷序列中的一例，那么宇宙的钟鸣在它诞生之前早已多次鸣动，亦将在它终结之后无尽回响。

共振（其一）

声音由共振主宰。共振现象塑造了现实的每一个维度——亚原子粒子的存在、构建生命体的原子的创造过程、卫星运转的轨道，以及潮涨潮落。

当物体受到接近其"自然"频率（即共振频率）的振荡力的作用时，共振就发生了，物理学家本·布鲁贝克如此解释道。一个简单的例子就是游乐场里的秋千。只要在恰当的时机推动，秋千就能荡得更高，或许也能让秋千上的孩子恣意地欢笑。但无论你如何用力地推，秋千作为一个单摆装置，总不愿意偏离它的自然频率。

人们能够意识到共振是宇宙不可或缺的一部分，很大程度上要归功于埃尔温·薛定谔。1925年，在他设计出"盒子里的猫既是活的又是死的"这个思想实验来诠释量子叠加难题的10年之前，薛定谔推导出一个可以描述氢原子的行为的方程。这个方程的解是以一组自然频率振荡的波，它与描述乐器的声学方程很相似。

接下来的数十年间，天体物理学家们确认，当恒星耗尽燃料向内坍缩时，在其炽热而致密的核心中，共振跃迁是原子核转变的关键。每发生一次这样的核共振，就会有三个氢核融合成一个碳原子核。没有这种"音乐炼金术"，生命就不会存在。

量子场论建立在薛定谔同时代的保罗·狄拉克等人的工作基础上。该理论认为宇宙中最基本的实体是"场"（你可以大致把它想象成散布在磁铁周围的铁屑形成的图案）。这些场中的局部共振构成了我们已知一切事物的基本粒子。正是通过研究这些共振留下的蛛丝马迹，人们才证实了希格斯玻色子和顶夸克等基本粒子的存在。

威廉·布莱克希望他的读者们从"一粒沙中见世界"。如果能在大海的潮汐中，或者在大自然的绿色回响中荡着秋千的孩子身上窥得世界，也同样是一种奇思妙想。

太空中的声音

在热气球上，不仅能看到不可思议的景色，也能听到惊人的声音。无风时，声音向上传播，与沿水平方向传播一样轻松（或许还更容易些，因为声音会从下方的地面反弹回来），清晰地传到你的耳朵里。当经过几百米的高空时，我曾清晰地听过各种各样的声音，如林中鸟鸣、犬吠、猛关车门的声音。1836 年，在一次跨越英吉利海峡的大胆飞行中，热气球飞行先驱者查尔斯·格林及其同伴在夜间飞越了彼时欧洲的主要工业中心之一——列日，并被下方传来的雷鸣般的机器噪声所淹没。历史学家理查德·霍姆斯记录道:"这些声音中,有空洞的喊叫声、咳嗽声、咒骂声、金属撞击声,还有一阵阵怪异的、带着尖锐回响的笑声。"从热气球上感受下方世界不仅是一幅全景影像,更是一套全景音响,一切皆可听闻。

然而,上升至数百米以上的高度后,大多数地面声音就微弱到人耳听不到了。在高达 21 千米的载人气球飞行世界纪录的高度,你需要先进的麦克风才能探测到任何声音。深蓝色的大气并非无穷无尽。到达 80 千米高空时,空气变得十分稀薄,通常只有频率低于人类听力范围的声音才能穿过,比如来自地震的声响。在卡门线以上,即超过 100 千米的高度,从这里向上展开的浩瀚空间就几乎不存在任何声音了,除了偶尔光临的亿万富翁发出的"嘿!"的喊声之外。

声音能在任何物质足够集中之处传播,因而存在于恒星、行星和太空中其他有原子聚集的地方,就像在地球这个噪声之岛上一样。如果和地球低层大气一般稠密的空气层能一直延伸到太阳,那么太阳表面对流发出的声波会强如地球上的钻地机一般。这是一种低沉的隆隆声,就像站在尼亚加拉大瀑布旁边听到的一样,只不过响度是瀑布的两倍。声波也会在太阳内部来回反弹。天文地震学家通过研究声波来"观察"在太阳内部深处流动的巨量物质流。

在更大尺度上,"超级气泡"中也回响着声波。这些超级气泡跨越数百光年,由恒星风和质量相当于 80~100 个太阳的超新星爆炸产生。回荡在其中的声音非常深沉,但不及英仙星系团中心的黑洞发出的声音那么深沉。英仙星系团大约每 1 000 万年振荡一次。在 2022 年发表的一段"混响音频"中,英仙座的波形被提升了 57~58 个八度,结果听上去像幽灵在无底洞穴中的低沉呻吟。

声音也存在于我们太阳系行星和卫星的表面及内部。水星几乎没有大气层,因而表面十分安静。但由于被太阳的引力来回拉扯,水星内部一直受到地震活动的影响。如果你把耳朵——或者某种地震仪器——贴在它的表面,就能够清楚地探测到这些活动。通过放置在月球上的地震仪,研究人员能够测量这颗卫星发出的颤抖和呻吟声。这些声音主要是陨石撞击,以及地球潮汐力对月球内部的挤压和拉伸造成的。火星上的地震似乎是由行星冷却收缩引起的,利用这些数据,研究人员得以测绘火星内部。人们也希望未来某一天能在木卫三、木卫二以及土卫二上安装测量地震波传播的设备。

与水星不同,金星拥有可以有效传导声音的大气层。在地表高度,这种"大气"是一种二氧化碳超临界流体,密度是地球大气层的 90 多倍。因此,当雷声伴着闪电划过金星的天空时,站在金星表面的人会很快听到雷声,但声音很不清晰,并且频率变高。

2012 年,研究人员模拟了金星、火星和土卫六上不同的大气和温压环境对人类嗓音和其他声音的影响。且不说人类的身体在金星表面几乎瞬间会被压碎烧毁,人类的声音在金星上会变得更低沉,因为声带在其浓稠汤汁状的大气层中颤动得更慢。然而,由于声音的传播速度比地球上快得多,我们的大脑会判断说话者离我们更远。研究人员得出的结论是,身处金星的人类,说起话来听上去就像低音炮版的蓝精灵。

在火星表面，大气的密度大约是地球海平面处的百分之一，与地球上空 35 千米处的密度相当。火星大气的主要成分是二氧化碳，火星表面的温度极低，这种低温会降低声音在其中传播的速度，从而降低音调。而同时，低密度的空气又会提高音调。人们认为这两个因素可大致互相抵消，所以总体来说，我们的声音在火星上听起来与在地球上相差无几，只是更微弱。

火星大气如此稀薄，因此肆虐其上的最大的风暴，在火星表面的人类看来，也只是和风煦煦，像空气精灵的温柔舞蹈。你能听到的唯一环境音就是灰尘和沙砾在太空头盔面板上跳动的声音。不过，现在人类已经能够远程监听以更低速吹拂的火星风发出的真实声音。2021 年 3 月，由毅力号火星车录制并传回地球的录音显示，火星风的声音和预想的差不多：在那个数十亿年间未曾有水流过、人类想象力所及最荒凉的地方，吹过一阵空阔而猛烈的狂风。随后的一个月中，毅力号捕捉到了它的微型无人直升机组件——灵巧号发出的声音，听上去和地球上的无人机声响类似，只是略低一些。

我们对太阳系内距地球更远的行星和卫星大气层中声音的了解则更多基于推测。木星的大气层主要由氢和氦构成，这种成分会提高人类声音的音调。这颗巨大行星的云层经常有闪电光顾。这些闪电比地球上的闪电更激烈，伴随出现的雷鸣会在数倍于地球直径的巨大空间中反射回响。土卫六是太阳系中唯一拥有厚重大气层的卫星。在它的表面，液态甲烷以降雨的形式落下，并可能像地球上的水一样流过岩石表面。外观类似纳米布沙漠的沙丘有时会在风中"歌唱"。这里的平均温度低至零下 182.5 摄氏度，声音之低沉可能远超我们的想象。

《银河系搭车客指南》很好地解释了太空之浩瀚。得出的结论是，"渺小"这个词都不足以形容与宇宙相比地球是多么微乎其微。然而，自声音中诞生的无垠宇宙，如今大部分却都是寂静的。思考这一巨大的声波深渊也许会诱发存在性焦虑。但不必对这种概念心存恐惧。音乐家乔迪·萨瓦尔说，他更喜欢在半夜两点到四点之间录音，因为在这段时间"无穷的寂静能让你感受到宇宙的深邃"。对这种虚空的感知提供了一扇门户，穿过它，人们可以力所能及地体验、共创并分享已知世界及超越已知的一切，更加快乐地生活。

天体音乐（其一）

温柔如水的夏夜，当月亮、金星、火星、木星、土星如明灯一般装点天穹，或当浩如烟海的群星闪耀明灭时，很难不感觉空气中仿佛有乐声回荡于寂静之外。我不太愿意将这种音乐类比于任何现实存在的旋律。但马克斯·里克特的专辑《睡眠》中一系列名为《月下》的曲目，大致能描述这种感受。

我知道，凝望夜空时所想象的音乐是不真实的——没有任何声音真的在恒星、行星和我之间传播。我也知道，这种想象是受到特定的文化传统影响的。其中包括鲁米的狂喜："我们陷入了一切皆是音乐之境。"有但丁的《神曲：天堂篇》：那里充满和谐之声，与之相比，即使地球上最甜美的声音也只能是风暴与狂怒。还有莎士比亚想象中的恋人们，他们说："你所看见的每一颗微小的天体，在转动的时候都会发出天使般的歌声。"但我仍旧想知道，我所感受到的东西，会不会至少在某种程度上是某种比文化或然性更深层之物的表达。

两千多年来，欧洲等地的许多人都相信，天体的运动创造了"天体音乐"，一种可以通过和声与数学之关系来理解和欣赏的宇宙大和谐，将人类生命与宇宙的神圣秩序紧密联结。据说，此概念在公元前 6 世纪时由毕达哥拉斯首次提出。人们对这位哲学家兼神秘主义者知之甚少。据说，正是他第一个注意到能形成和谐的音符之间的间隔可以用大小和距离的简单比例来描述。毕达哥拉斯认为，基于同样的原理，宇宙也是一件乐器，围绕同一个中心旋转的天体根据自身所在的不同轨道，按比例生成自己的音调。

毕达哥拉斯及其追随者坚信万物的本质就是数字。他们相信，完美的永恒秩序所产生的和谐维系着宇宙的存续，而天体音乐塑造了地球上的生命。模仿宇宙的规则创作音乐是他们修习的重要内容，旨在唤醒、抚慰并净化心灵。

现存最古老的为天体轨道分配音调的尝试出自杰拉什的尼科马库斯所著的《谐波手册》。尼科马库斯是一名数学家，他于公元 60 年出生于现今约旦境内。据说，毕达哥拉斯曾计算出地月之间的距离约为 7 900 万步，并将其规定为一个全音音程。尼科马库斯提出了一个以 D 音为起点的七音符序列。月球是所有天体中移动速度最快的，因此他将 D 音分配给月球。然后他将降 B 音之外的其他自然音阶音依次降序分配给太阳和各个行星。这个序列整体构成了一个 D 自然小调音阶。其他哲学家和音乐家提出了一个包含两个八度的序列，其中固定音符之间或相隔一个纯四度，或相隔一个全音。由于音符之间不会过于拥挤，这个序列中的和弦听起来更加和谐。

公元 510 年左右，罗马哲学家波伊提乌曾尝试建立一个基础理论来系统性理解各种音乐形式。他将音乐分为三类："世界音乐"，即天体音乐；"人类音乐"，即人类身体和灵魂的音乐；"器乐音乐"，即我们经常听到的乐器演奏或演唱。"世界音乐"所代表的太空之声真实存在，只是无法被听到。尽管如此，大自然还是能与宇宙之音共鸣，创造出世间众生和季节变换。像早期的作家和理论学家一样，波伊提乌惊叹于"器乐音乐"这种我们能听到的音乐所具有的唤起强烈情感的力量。他曾写道："音乐与我们的联结如此紧密，即使我们渴望摆脱它，也无法与它分离。"但他也警告说，"器乐音乐"有不同的形式，有的使人高尚，有的则可能诱人堕落。

文艺复兴时期，意大利人重拾对天体音乐的关注。弗兰基诺·加富里奥在他 1496 年出版的《音乐实践》一书中主张，正如占星术用行星位置的影响来解释人类行为，音乐也将宇宙与灵魂联系在一起。此书封面画着一条以地球为头部的宇宙巨蛇，行星和缪斯女神们沿蛇体依次排列。加富里奥给每颗行星赋予的并非单独的音符，而是完整的音阶或调式。他的创新反映了当时音乐风格的变化，尤其是从单一旋律线向复调音乐（多个声部和谐共存）的转变。同时代的其他人，包括他的朋友列奥纳多·达·芬奇和若斯坎·德普雷，也从这种转变之中拓展出了新的情绪和感受。按照加富里奥的说法，每颗行星都按照自己的调式歌唱，它们各自的旋律互相融合形成一个不断变化的整体，就像地球上的世间万象。

在波伊提乌的伟大著作完稿约 900 年之后，该书终于在 1491 年首次出版，让加富里奥和他的同时代人大为着迷，但也引起了很多争议。毕达哥拉斯之后的古代音乐理论认为，唯一真正协和的音程是八度和五度音阶，音阶中十二个半音的调律是以纯五度音程的叠置来构建的。问题是，这种方式无法构建一个完美的八度音阶，而是差了约四分之一个全音，从而产生一种被称为"毕达哥拉斯音差"的不和谐音：这是宇宙和谐机制中的一个小小故障。

15 世纪晚期，欧洲音乐利用三度和六度等音程谱写了很多惊人的作品，挑战了以五度和四度作为唯一纯粹和声的毕达哥拉斯理想理论，但也为毕式调律带来了问题，在处理转调时尤为明显。人们在古希腊音乐理论家阿里斯托克西诺斯（他批评了毕达哥拉斯的音乐理论）的著作中找到了一种解决方案。他的著作《和声要素》在 1564 年首次被译成拉丁文。他在书中指出，八度音程应被划分为 12 个等份。这挑战了人们对音程的既有观点，并暗示了宇宙和音乐理论统一学说可能存在缺陷，数十年后，这些缺陷将再次削弱该学说的可信度。

鲁特琴演奏家兼作曲家温琴佐·伽利雷坚定支持亚里士多塞诺斯的体系，并很可能自其中推导出了哥白尼所主张的、以太阳为中心的新太阳系模型（该模型实际上首次由公元前 3 世纪的阿里斯塔克提出）。在 1580 年《古今音乐问答》一书中，温琴佐并未提及日心说（他的儿子伽利略在 17 世纪 30 年代因这种"异端邪说"而麻烦缠身），但是当温琴佐将八度音阶中的音符与夜空中的行星相类比时，他很可能已经开始暗中思考日心说了。"就像从圆心到圆周画出许多线条，所有的线条都回望着圆心，"他写道，"八度音阶中的每一个音程都在音阶中对镜自照，正如行星回望太阳一样。"

讽刺的是，毕达哥拉斯为了验证宇宙和音乐围绕几个基本比率发展的假设，最终却证明了它的错误。与温琴佐的儿子伽利略同时代的约翰内斯·开普勒从小就相信自己能够解开宇宙和谐之谜。在 1619 年出版的《世界的和谐》一书中，开普勒阐述了他眼中宇宙的最终形式。

在此之前，开普勒已经证明行星围绕太阳运转的轨道并非哥白尼所假设的圆形，而是椭圆。行星的运行速度会随着它们与太阳的距离改变而加快或减慢。开普勒从数据和观察转向推测，为每颗行星分配了音域。水星是女高音，地球和金星是女低音，火星是男高音，木星和土星则是男低音。运行速度的变化意味着行星的音高也会在轨道运行过程中发生改变。水星的运行轨道最扁长，因此它所代表的音高变化最大。金星的轨道几乎是正圆形的，所以它的音高几乎不变。而地球的音高在两个相隔半音的音符之间摇摆。开普勒将这两个音符称为咪（Mi）和发（Fa）。他发现这个小小的音程形成了一种恰到好处的悲伤乐音，刚好适合他眼中这颗被苦难和饥荒统御的星球。

开普勒希望行星合奏能够创造出一种复杂而不断变化的和声。但实际上他发现，这 6 条旋律线在大多数时候都互相冲突。它们在音程之间滑行的方式，对于那个时代的音乐来说，有一种令人不安的陌生感。他还意识到，行星永远不会重复它们的构象，所以无法回到最初辉煌的和谐景象。这些发现使他的同代人和后辈人感到疑惑：由不可闻之声组成的不断变化的复调音乐是否真的有助于人类理解宇宙？相比之下，开普勒的行星运动定律只需要用数学术语来表达，不必借助音乐，就能精确地预测行星在过去和未来所处的位置。使用音乐法则指导或解释宇宙的想法开始变得不那么可信了。

然而，在某种意义上，天体音乐的概念并未彻底消亡，而是以不同的形式涅槃重生，激励音乐家和其他人去创作关于太阳系和遥远宇宙的全新音乐。

天体音乐（其二）

在开普勒将他关于太阳系行星运动的数据编纂成《世界的和谐》发表大约三个半世纪后，即 1977 年，一位爵士乐手和一位地质学家共同将行星运动录制成了一张专辑。威利·拉夫和约翰·罗杰斯根据每颗行星围绕太阳公转的速度和轨道形状给它们分配了不同的音符，并用电子合成器将这些音符演奏出来，形成了一幅宇宙的"声音图像"。

这张专辑同样叫作《世界的和谐》。音乐的开头是一阵尖细而高亢的颤音，仿佛远远传来的汽车防盗警报器声，或动画片里的针织鼠被闷在箱子里发出的痛苦呻吟。这就是水星，它从刚好高过钢琴键盘范围的E8开始快速下滑三度到C8，然后再次上升，音高变化代表着水星椭圆的轨道。接下来是金星，它比水星低两个八度，处在E6，而且音高在3秒的周期内只变化1/4，与它近乎正圆的轨道十分符合。地球在金星下方六度到五度间的G5加入合奏，音高在5秒周期内上下波动大约半音的范围。金星和地球共同组成了在大调和小调之间来回变换的双音组合。火星以C5（比中央C高一个八度）进入，在约10秒钟之内向下横扫三个全音，来到F#4。木星开始于钢琴音域最底端的D，随后摇晃着下降到它下面的B，然后再次回升。而土星则是比木星再低一个八度的低沉咆哮。拉夫和罗杰斯用鼓点表达了外层行星海王星、天王星和冥王星（当时冥王星仍被划分为行星的行列。——编者注）的轨道，这几颗行星的存在当年对于开普勒来说还是未知的。

这段音乐非常接近真正的"天体音乐"，但它并不美妙。《纽约时报》刊登过一篇关于这首乐曲首演的文章，文中将其准确地描述为"一阵混合了尖细高音、哀号、重击和持续单调低音的嘈杂之声"。文章还报道说，一名6岁的男孩称这首乐曲让他头晕目眩，而一名成年男子则称其引发了晕车症。甚至连参与谱曲的拉夫本人也承认，这首歌听起来"令人筋疲力尽"。然而，在人类试图用声音进一步理解天体运行机制的历程中，这首乐曲代表着重生，或至少是一座里程碑。

优秀的可视化呈现往往胜过一切解释。比如，2015年的影片《太阳系的尺度》就明确展示出，当太阳的直径按比例缩小到约1.5米，而地球只有弹珠大小时，整个太阳系的模型还是需要直径超过 11 千米的区域才能放得下。但有时仅仅靠"看"是不够的。拉夫和罗杰斯的音乐作品虽然以当今的制作标准来评判或许很简陋，但能帮助听众集中精力去深度感受行星在时间和空间上的相对尺度和运动方式。而二人的作品只是一个开始。得益于人类创造力和计算能力的巨大进步，"可听化"——将数据转化为声音呈现——的实践工作近几十年间已蓬勃发展起来。

可听化新时代的起源可以追溯到 20 世纪 30 年代人类首次观测到银河系向外发射无线电波时。射电天文学，即通过监测恒星和太空中其他现象在无线电频率上发射的电磁波进行研究的学科自此诞生。像地球上的无线电波一样，这些波很容易转化成声音。但多年来，科学家们认为这样做并无意义，所以只通过数字或图形的方式来研究它们。然而随着时间的推移，情况发生了改变。

21 世纪初，一位名叫万达·迪亚斯–梅塞德的天文学系学生不幸经历了由糖尿病视网膜病变引起的视力下降，对她来说，研究工作变得越发难以进行。某天，一个大学同学给她播放了一段描绘太阳喷发巨量物质和能量的声音文件。"这是非常振奋人心的体验。"迪亚斯–梅塞德后来告诉英国皇家学会，"我能听到太阳实时发出的声音。当太阳爆发结束后，我还能听到银河背景辐射。"她意识到，这不仅说明光能够被转化为声音，还意味着通过可听化处理，她也许可以继续进行研究工作。利用声音，迪亚斯–梅塞德继续进行关于伽马射线暴发射光线的研究，伽马射线暴是宇宙中能量最为强烈的事件。她还证明了可听化处理可以辅助视力正常的天文学家侦测极其细微的信号，从而证实了某个黑洞的存在。这是他们仅用视觉分析数据时未能注意到的。

2020 年，经过天文学家与音乐家的共同研究，可听化处理能够优美而不失准确地呈现夜空。金伯利·阿坎德、马特·拉索和安德鲁·圣圭达汇总了钱德拉 X 射线天文台、哈勃空间望远镜和斯皮策太空望远镜的数据，创造了《来自银河系周围的声音》。在约一分钟内，一条直线扫过银河系中心的图像，与此同时，它扫过的不同亮度的恒星以及其他各种形式的电磁辐射源都通过相应的声音表现了出来。X 射线发出柔和的钟声，红外线产生竖琴般的声音，而可见光的声音像是小提琴或大提琴拨弦。所有声音汇集成柔美的随机氛围音乐，仿佛各种乐器演绎着宇宙之溪中不规则但反复涌现的气泡、旋涡和水流。

在《来自银河系周围的声音》和《钱德拉深度场南部》等其他作品中，研究小组利用能量的半混沌分布创造出许多听觉奇响，无论是横跨银河系中心的景象，还是深空中星系和黑洞的分布。但在另外一些情况下，天体之间的相互运动几乎是完全规律的。在轨道共振这个现象中，围绕同一个中心运行的两个或两个以上天体之间会产生规律的、周期性的引力作用。这些天体通常会持续交换动量并变换轨道，直到共振现象消失。把卡夫卡关于希望的名言代入来描述这种现象就是：和谐存在，但不属于你。不过宇宙中间或许也存在某些能自我修正并维持稳定的共振系统。尽管开普勒并不知晓，但太阳系中确实有这种和谐一致的例证。以木卫一、木卫二和木卫三为例，它们以完美的 1∶2∶4 比例的轨道围绕木星旋转。这就是说，距离木星第二近的木卫二，其围绕木星运转一周的时长是距离第一近的木卫一的 2 倍，而距离第三近的木卫三绕木星运转一周所需时间则是木卫一的 4 倍。

在轨道共振中"共振"的是引力而非声波，但可以很方便地转换成声波。名为"系统声音"的科学艺术推广组织将木星卫星的运转模型的速度加快了数千倍，使它们运转一周的时间从几天减少为几秒钟，从而形成紧凑但动感十足的鼓点序列。当该模型被进一步加速到实际速度的 2.5 亿倍时，节奏就转变成了音调。由于木卫一的速度是木卫二的两倍，而木卫三的速度也是木卫二的两倍，这三者产生的声音刚好是三个连续八度中的同一个音符。（波长翻倍会被人类感知为一个八度的音程差。）

现在，人们已在银河系其他区域探测到了轨道共振现象。在2015 年至 2017 年间，天文学家发现了一条由 7 颗大小与地球相当的行星组成的共振链，这些行星围绕距离地球约 40 光年处的红矮星特拉比斯特–1 运转。这个系统小而紧凑：特拉比斯特–1 本身大概和木星大小相当，而围绕其运行的行星与它的距离都比水星离太阳还要近。从最内侧到最外侧，这些行星轨道之间的比例分别近似为 8∶5、5∶3、3∶2、3∶2、4∶3 和 3∶2。这些比例相当于小六度、纯五度和纯四度音程。如果在这个模型中，最外侧（也就是速度最慢即音调最低）的行星被加速到能够发出 C3（低于中央 C 一个八度）的声音，则其他行星就会依次发出 G3、C4、G4、D5、B5 和 G6 的声音：它们共同构成一组宇宙的 C 大九和弦。

特拉比斯特–1 恒星系统的和谐并不完美，这个 C 大九和弦稍稍有一些走调，但这已经足够维持行星之间的彼此作用，使各自轨道的比例在至少 5 000 万年内保持稳定。音乐，抑或和谐，让整体得以持续存在。

在 2017 年和 2018 年，数名公民科学家发现了另一个接近完美和谐的行星系统。K2–138 是一颗距离地球近 600 光年的主序恒星，它有 5 颗内行星，相邻行星之间运行轨道的比例几乎都是 3∶2。将这个系统转换为声音就会产生五度叠加结构。这些行星的声音现在并非完全协和，但模型推演显示，20 亿年前它们从围绕新生恒星旋转的尘埃盘中诞生之时是完美调律的。K2–138 系统在诞生之初达成了毕达哥拉斯梦寐以求的完美天体音乐。

类似这样的发现也许会被证明只是冰山一角。毕竟在仅仅不到 30 年前，系外行星（围绕太阳之外其他恒星运行的行星）还只是一种从未被观测证实的理论上的可能性。几乎可以肯定的是，目前已发现的数千系外行星在银河系的繁星中微不足道，更不必说在可观测宇宙中还有万亿个其他星系隐藏着无数未知。始于简单主题的变奏也许永无休止。

天体音乐的概念在古典时代构思成形，又在中世纪和文艺复兴时期被广泛认可，如今仍拥有持久的吸引力。1938 年，约翰娜·拜尔将一首开创性的电子作品命名为《宇宙之音》。酷玩乐队 2021 年的专辑也使用了同样的名字（中文译名为《星际漫游》），不过作品本身可能没那么引人注目。约翰·威廉姆斯为 1977 年的电影《星球大战》所作主题曲的风格完全符合传统大型管弦乐电影配乐与其前身 19 世纪交响乐的风格，正是用毕达哥拉斯熟悉的五度音程写就的。乔治·克拉姆同样在 1977 年创作了更为复杂、

对演奏者要求更为苛刻的《星孩》。杰姆·芬纳的《长篇音乐》从
1999 年开始演奏，它将不重复地持续 1 000 年，但其钟声序列终将
重复。作曲家将这种方式类比于行星系统，其每个动作都是预先确
定好的。在迈克尔·哈里森 2012 年的《仅为远古循环 II》中，大
提琴演奏的音程参考了可以追溯到古代律制下木星四颗内卫星的
轨道。

音乐家和其他人也对自开普勒和伽利略的时代以来人类对宇
宙认知的深刻变化做出了回应。在《超新星》（2017）中，特雷
弗·威沙特将一次巨大的恒星爆炸的光谱以及爆炸中创造出的新
元素的光谱转换成了声音。威廉·巴辛斯基的《超越时间之时》
（2019）是基于 13 亿年前两个黑洞合并时发射的引力波数据谱写
而成的。在马克斯·里克特 2020 年录制的《CP1919》中，"出现
了符合古代天文学家描述行星轨道比例"的脉冲和节奏，这正是
向 1967 年人类首次发现脉冲星（一种致密的、会定期爆发辐射的
恒星）致敬。（早些时候，快乐小分队乐队于 1979 年发行的专辑
《未知乐趣》的封面设计也致敬了这一发现。）这些以及其他许多
作品，包括约翰·科尔特兰的《星域》（1967）、凯亚·萨里亚霍的
《小行星 4179：图塔蒂斯》（2005）、法罗·桑德斯的《承诺》（2021）
和娜拉·西内弗罗的《太空 1.8》（2021），都在探索与宇宙本质相
契合的音乐可能呈现的听觉体验。

400 年前，开普勒不无沮丧地发现，他在夜空中观察到的行星
运动并不遵循长期以来人们确信的完美规则，宇宙中也存在着种种
不和谐。不过令开普勒沮丧的这件事，对我们来说实际上却是好消

息。若是宇宙早期的能量分布没有出现轻微的不规则，物质就不会聚集形成恒星和星系。而且，据一种假设所称，如果在太阳系早期的历史上木星没有做出越轨行为（这颗巨大的星球曾经向太阳系内螺旋行进数百万千米，之后又向外转回它现在的轨道上），地球上可能就不会出现生命。因为也许正是木星的这个大动作推动富含水的小行星撞上了地球，从而造就了海洋。如果早期宇宙中没有出现过那些不规则的形状，"你的身形"也就无从谈起。而如果木星从来没有过那些不稳定的摇摇晃晃，莫扎特也就无从谱写他的第41号《朱庇特交响曲》[1]。

完全规律而可预测的音乐是不近人情的，瑕疵往往才是美的所在。误差（error）——并非指因疏忽而导致的错误，我们应回归它的拉丁语语源 errare：漫游或偏离，以及它在梵文中的近似词 arsati：流动——具有生产性。听觉能够处理、思维能够理解的事物是有限的。但是，在"不存在的空无与存在的空无"之间，一种新的天体音乐也许会涌现出我们无从想象的惊喜和无限可能。

金唱片

远在太阳系边缘之外，两艘航天器正以超过每秒 10 英里[2] 的速度远离太阳。它们随船携带着地球的声音，刻在铜制镀金的老

---

① 木星的英文名 Jupiter 来自罗马神话中的朱庇特。——编者注
② 1 英里 ≈ 1.61 千米。——编者注

式慢转密纹唱片上，这些经过改造加工的唱片能保存超过 10 亿年之久。

1977 年，美国国家航空航天局发射了"旅行者 1 号"和"旅行者 2 号"两艘航天器，用于研究木星和土星。利用外行星位置的有利排列，旅行者 2 号也得以近距离飞掠天王星和海王星，成为迄今为止唯一飞掠这两颗行星的航天器，并传回了更多图像和数据。与此同时，已经飞出海王星轨道的旅行者 1 号掉转相机镜头，回望太阳系内部，并在 1990 年拍摄了一张地球只占一个像素的照片——著名天文学家卡尔·萨根将其描述为"暗淡蓝点"。

两艘航天器被沿途行星的引力场向外抛射，将无限期地朝着星辰大海前进。在大约 29.6 万年后，旅行者 2 号将在距其 4.6 光年的范围内经过夜空中最亮的恒星——天狼星。在我写作这部分内容时，它们仍然在向地球家园发送着数据，但是到 21 世纪 20 年代中期，它们最终将耗尽能量，陷入永久的缄默。在那之后，它们只能在某些概率极小的情况下再次"发声"：某个宇宙中的智能实体找到两个航天器或其中之一，并播放随船携带的录音唱片。其他一切皆会改变，唯有它们永不更易，宇宙的变换自有其规律，而时间已遗失其姓名。

唱片中记录的声音是由萨根召集的小组挑选出来的，包括海滩上的冲浪声、风声和雷声、鸟儿和鲸的歌声、55 种语言的问候，以及恋爱中的女人大脑发出的电信号。其中也收录了劳丽·西格尔根据开普勒的《世界的和谐》所创作的一首电子乐曲。唱片上还编码记录了信息和图像：有来自当时的美国总统卡特和联合国秘书长瓦尔德海姆的留言，带有 20 世纪 70 年代特有的橘棕色调的日常生活照片，以及风景、植物、动物和人体的图像——不过对生殖器官和孕妇腹部的详细描绘未被美国国家航空航天局接受。唱片封面上的一张图表展示了如何根据附近 14 颗脉冲星各不相同而有规律的脉冲节奏来确定太阳的位置。脉冲星发出旋转的电磁辐射束，像灯塔发出的信号光一样扫过太空。

这两张唱片中最珍贵的宝藏之一体现在手工蚀刻在唱片表面的文字中："献给音乐的创造者——所有世界，所有时代。"其中收录的 27 首曲目从巴赫到查克·贝里，来源和风格千差万别，无法轻易用语言概括。最突出的一个特点是展现了人类歌声的辉煌和直接。这在某几首曲目中尤为突出，比如《恰克鲁洛》，这是一首来自格鲁吉亚的男声三部合唱，以及保加利亚民歌《伊斯列尔的德尔约·哈格杜廷》，这是一首风笛伴奏下的女声独唱，甜美又强大。

在唱片最后的四首曲目中，有三首印证了人类精神世界中某些最重要的部分在无词的音乐中能得到更好的表达。第一首是《流水》，一首谱写于两千多年前的中国古曲。这首古琴独奏曲由管平湖演绎，旋律引人冥想深思，且在某种意义上极为简约。除了描绘了被古人认为是"世界血脉"的河流之外，《流水》据说还讲述了作曲家伯牙和一位名叫子期的樵夫之间的伟大友谊。传说子期去世时，伯牙折断了自己爱琴的琴弦，并发誓永不再奏此曲。后人一直将这首乐曲奉为对友谊的纪念，也是对生命之美的纪念。

在一位音乐学家的帮助下，金唱片项目的创意总监安·德鲁扬在唱片制作和发行的最终阶段选定了这首《流水》。随后，她兴奋地在萨根的电话答录机上留言，描述了她的发现。两人之前就在交往了，这一次，当萨根回电话时，他向她求婚，而她也答应了。这段罗曼史后来也被录入了金唱片，因为唱片中记录的热恋女子的大脑电信号正是来自德鲁扬。2017 年，民谣歌手吉姆·莫雷基于这个故事，写下了他的《地球之声》。

金唱片倒数第二首曲目是盲眼威利·约翰逊的《黑暗无垠，寒冷万里》。这首歌录制于 1927 年，因此声音刺耳，像观看老电影或褪色旧照片的听觉版。歌曲从吉他演奏开始：一个金属质感的滑棒在介绍性的乐句中划过蓝调音符，随后才开始指弹主旋律。大约半分钟之后，约翰逊开始歌唱。他哼唱着，发出"啊"的吟唱，但一直也没有清晰地唱出这首歌凄凉的歌词。（"黑暗无垠，寒冷万里／主躺卧其上／汗水像鲜血横流／他在痛苦中祈祷……"）但就凭这三分钟多一点儿的时间，这首曲子为后来的几代人定义了何为蓝调，何为滑棒吉他。皮埃尔·保罗·帕索里尼在他 1964 年的电影《马太福音》中使用了这段录音。而在 1984 年，赖·库德尔也基于这首歌为电影《德州巴黎》谱写了主题曲，他将这首歌称为"美国音乐中最有灵魂、最卓越的作品"。

金唱片的最后一首曲子是贝多芬第 13 号弦乐四重奏中的卡瓦蒂纳乐章。卡瓦蒂纳是一种简单、短小的乐曲形式，而贝多芬也正是如此创作的：一个由两部分组成的温柔主题，按照缓慢而极富表现力的方式演奏。这首曲子的简洁感在它的创作背景下显得尤为突出。第 13 号弦乐四重奏是贝多芬后期四重奏作品中时间最长、最雄心勃勃的作品之一。贝多芬有意将这首卡瓦蒂纳放在复杂而狂热的大赋格乐章前面演奏。这样的安排所带来的体验，仿佛是在攀登险峰之前穿过阳光斑驳的林中空地。

音乐学家菲利普·拉德克利夫发现，不同人在这首卡瓦蒂纳中会听到截然不同的内容。"有些人认为这是一段极富悲剧色彩的音乐，而另一些人则强调其宁静，或它蕴含的宗教热情。"德鲁扬说，她初次聆听时，感觉这首卡瓦蒂纳捕捉到了"人类面对巨大的悲伤和恐惧时产生的渴望，乃至希望"，这深深地打动了她。金唱片成了她"答谢贝多芬的良机"。后来，德鲁扬发现了两件令她惊奇之事。一是，贝多芬其实思考过自己谱写的音乐进入太空的可能性。他在一部作品手稿的边缘写道："在乌拉尼亚星上，他们会如何看待我的音乐呢？"（乌拉尼亚星即天王星，它在贝多芬的童年时代被人类发现。）二是，在包含这首卡瓦蒂纳的四重奏手稿上，他写下了"渴望"一词。"这对我影响极其深刻，"德鲁扬说，"因为这就是旅行者号上金唱片表达的核心：渴望和平，渴望与宇宙接触。"

两张金唱片被发射到太空中已是近 50 年前的事情了。如今，电子设备能存储远比金唱片更多的海量信息——尽管可能无法存续同样久的时间。而关于下次人类应该选用哪些音乐和图像发射到太空中的讨论却一直没有结束。喜剧演员史蒂夫·马丁曾开玩笑说，外星人已经联系过他们，要求他们"多发送些查克·贝里的音乐"。作曲家菲利普·格拉斯推荐了巴赫的大提琴组曲。巴赫谱写的音乐已经占据了金唱片所有音乐的 1/10 以上，"能牵着你的手……带你进入你从未知晓的存在状态"。他还建议选用一些来自非洲的音乐、喉音唱法歌曲，以及来自南印度的笛子乐曲。然而，作家米雷耶·朱肖则坚持认为令人满意的曲目单很可能遥不可及："我考虑的时间越长，越觉得它无法捕捉到我们当下正在经历着的美与毁灭的同步演化。"

第二章

自然之声：来自地球的声音

节奏（其一）——行星波

　　已知最早关于湿婆的描绘可追溯至公元前 6 世纪，它表达了一种超越人类认知的时间幻象。其中，湿婆被描绘成舞蹈之王，在代表宇宙不断创造与毁灭的火焰圆环之中舞动。他的一只手拿着"达马鲁"鼓，为纪念造物和时间流逝而敲响。而在另一只手中，他握有"烈火"，这是毁灭之焰，将消灭"达马鲁"所创造的一切。在此幻象中，以及在我们最透彻的科学理解中亦然，许多现象都是由节奏——随时空循环的规律模式——塑造成形的。语言学家文森特·巴莱塔写道："从我们已感知之物的角度来说，这仅仅是一座庞大的海底山峰露出水面的一角。"

　　对人类来说，我们经历的最基本的节奏就是睡眠和清醒的循环：它仿佛一种日常奇迹，每天早晨，我们都会重新拥抱阳光。这种奇迹起源于比地球诞生更早的循环现象。大约 46 亿年前，某个巨大的分子云的一部分向内坍塌，引力、压力和磁场共同创造出一个由气体、尘埃和岩石组成的不断旋转的圆盘。随着时间推移，圆盘中大约 99.8% 的物质聚集在中心，形成了太阳。而其余物质则构成旋转的行星——一个个由于不断向中心聚集而转速越来越快的小旋涡，正如一名花样滑冰运动员或芭蕾舞者向内收回他们伸展的双臂。

地球在形成之初自转速度飞快，每个昼夜周期可能仅有 4~6 小时。之后我们的星球一直在减速，但直到现在它仍转速惊人：位于赤道的岩石、海洋和大气层都以高达每秒 460 米的速度旋转，这比空气中声音的传播速度还要快上约 30%。目前，地球自转速度每过一个世纪会减慢约 1.7 毫秒（1 毫秒为千分之一秒），但这样的速度变化对生命系统来说是难以察觉的。地球生命仍会感觉自己生活在一个光暗变换节奏几乎完美的星球上。

30 多亿年前的蓝细菌是首个通过光合作用从阳光中获取能量的生物，它们进化出了昼夜节律时钟，这种生化振荡器使它们的新陈代谢与太阳时间同步。蓝细菌曾遍布地球各处，向海洋和大气中释放大量氧气，并使我们所知的生命演化成为可能。这些微小的生物也被称为蓝藻，如今它们仍是地球生命的基础，并随着时间推移适应了渐渐变长的白天。

如同所有没有生活在深海或岩石内部的生物一样，人类也具有追踪昼夜变换的分子机制，与蓝藻很相似。我们的体温、血压和激素水平也带有强烈的日常节律。昼夜节律控制着能调节清醒状态、情绪、免疫细胞活动以及身体对食物的反应的化学物质的释放。节律振幅衰减或者模式扰乱，与睡眠质量欠佳和许多疾病相关。

人类远古祖先的身体中演化出的最早的计时机制可能并非对光照做出反应的昼夜时钟，而是对海洋运动做出反应的环潮时钟。潮汐现象（月球和太阳的引力使围绕海盆形成一道绵长、快而浅的波形，在岸边形成潮起潮落）也创造了节奏。而且，在这些节奏的驱动下，海草等生物和以它们为食的动物进化出了更复杂的生命形式，并形成半有序的、紧密关联的生命区域。艺术家西涅·利登和生物学家阿尔延·穆尔德认为，在某种意义上，这些生物体是潮汐的"思维"，是数十亿年间潮汐轮回的产物。利登为了她的项目"潮汐感应"，在挪威北部的罗弗敦群岛海岸安装了一块长达28米的帆布，可以称得上是一块巨大的麦克风振动敏感膜，用来记录水上和水下的噪声。在各种声音之中，她还听到了一种与其他所有声音持续共鸣的深沉、遥远的原始脉冲。

声学生态学家戈登·亨普顿建议，我们可以尝试用听觉想象，当黎明从东方席卷至西方，鸟儿的破晓合唱在每块大陆和每座岛屿上依次响起时那环绕地球的歌声的波浪。除此之外，也许还有两种波形可以加入黎明的声浪。第一种是来自蓝藻和其他浮游生物微小的、几乎无法察觉的声音。每次日出时，它们便开始进行光合作用，制造出小氧气泡，这些氧气泡上升到水面，在咔嗒声和啪啪声中破裂。第二种是各处潮起潮落的声波。水流在岩石缝隙通道中被推挤、抽吸。动物们聚在一起，而后又四散离去。在北部海域的壮观退潮中，比如不列颠群岛附近，被退潮的海水冲刷而出的生物供养着海豚、水獭、塘鹅和其他掠食者的猎物。

潮汐在局部范围内可能很复杂，由于陆地障碍物的阻碍，它们可能与全球潮汐趋势并不同步。在英国，潮汐环绕陆地顺时针移动，形成了一个"潮汐时钟"：高潮潮位到达西南海岸康沃尔的时间，大约比到达苏格兰东北海岸的奥克尼群岛早5个小时，又比到达英格兰东北海岸的亨伯早12个小时。像历史学家戴维·甘奇这样老练的皮划艇运动员，能够在夜间通过潮汐在西海岸巨大的岩石、悬崖和海蚀洞周围奔涌撕扯的声音为自己导航。

一些行星节奏的时间尺度比日夜更迭和潮涨潮落更长。地轴相对于地球轨道的倾斜（这可能是原初地球与某颗刚刚形成、大小与火星相当的行星相撞的结果）使得北半球有半年时间更靠近太阳，在阳光照射下变暖，另外半年则远离太阳。季节性变化能够通过一年内北半球积雪和植被的范围消长中展现出来。从太空拍摄的地球延时图像中，这样的变化仿佛巨大心脏的脉动或是地球之肺的呼吸。巴里·洛佩兹在《北极梦》一书中写道："我想到的是……呼吸着的大地。春天深沉地吸入阳光与生灵，夏季悠长屏息，而秋日的吐息则拥一切南下。"

诗人露易丝·格丽克写道："季节（是）我们最古老的隐喻，（也是）情绪，是感受的结构。"一年一度的季节回归确实让人感到安心。或者若非令人安心，至少也使人对经历的这一切感受到惊奇，如同杰拉尔德·芬齐为托马斯·哈代的诗歌《骄傲的歌唱家》谱写的音乐中所表达的那样。曲中有一种对生命蜕变的惊奇感，抒情而热情洋溢的钢琴声突然消失，空留我们在静寂中回味那些存在过但已经消逝之物。

而季节之外，还有更为宏大的节奏。创造出季节变换的地球的轴倾角，在约 41 000 年的时间里一直在 22.1° 和 24.5° 之间来回变动。在此之上叠加其他周期变动，例如在木星和土星引力场影响下地球轨道与太阳距离的变化，就形成了历时数万年到数十万年不等的区域性气候冷暖变化。变化的部分后果可以在岩层的重复排列中窥得一二，这种排列被称为"旋回层"，看起来像一块多层夹心蛋糕。作家亚当·尼科尔森在苏格兰马尔海峡北侧海岸的岩石中看到了这种"永存的时间图书馆"。在侏罗纪早期的海洋中，灰蓝色的石灰岩、富含石灰岩的黏土和黑色的页岩不断在这里层叠堆积长达数百万年。这是"众多地球之歌中最舒缓的一首"。

"以地质时间来衡量，我们几乎不存在。"诗人兼小说家吉姆·哈里森曾如是说道。但地质时间却时刻存在于我们之中。昼夜、季节、潮汐和更长远变化的节奏在向我们自身传达着信息，也影响着我们感知和生活的方式。正如生态学家奥尔多·利奥波德所说，这是一种浩瀚的、跳动的和谐——它的乐谱镌刻于千山之上，它的音符记录了万种生灵的存亡，而它的节奏跨越数秒直到世纪更迭。

最强音

如果将地球历史换算成一整年，那么历史上的最强音之一——6 600 万年前小行星撞击墨西哥尤卡坦半岛希克苏鲁伯附近时发出的声音，刚好在圣诞节后的第二天响起。这次撞击（也许连同大规模火山活动）灭绝了当时已知物种的约 3/4，包括恐龙。

当时，这颗直径超过 10 千米、重量超过 10 万亿吨的小行星正以每秒 20 千米的速度狂奔。它是一块比珠穆朗玛峰还大的岩石，撞击地球的速度是子弹的 20 倍。在小行星撞击地面之前的几分之一秒内，它猛烈地挤压下方的大气层，使其温度比太阳表面还要高。

撞击本身的能量相当于 100 万亿吨 TNT（三硝基甲苯）炸药，是有史以来最大规模热核武器实验释放能量的 200 万倍。几乎在撞击瞬间，它就炸出了一个 30 千米深、100 千米宽的大坑。在接下来的几秒钟里，地壳仿佛被丢进一块石头的池塘水面一般不断摇晃变形。不久之后，撞击地点周围的波峰和涟漪抬升起一座高度可及喜马拉雅山的巨大山脉。

爆炸产生的压力波以同心圆形态扩散至整颗行星。研究这次小行星撞击事件的科学家杰伊·梅洛什给出了一种也许能够描述当时状况的微缩类比。他曾站在一千米开外，目睹几百吨烈性炸药在空中爆炸。"你可以看见空气中的冲击波，"他告诉记者彼得·布兰南，"就像一个闪闪发光的（肥皂）泡泡，无声但非常迅速地膨胀……直到你听到那声爆炸巨响！但听到响声之前，你已经先感受到脚下在晃动了，因为地震波传播的速度比声音更快。"

另一种感受希克苏鲁伯撞击强度的方法是将其发出的响声与人类历史上有记录的最大声响进行比较。1883 年 8 月 27 日，喀拉喀托火山爆发引起了一次高达 45 米的海啸，冲击了约 30 千米外的爪哇岛和苏门答腊岛海岸，造成 3.6 万至 12 万人死亡。当时在距离喀拉喀托火山 64 千米处航行的诺勒姆城堡号船长写道：爆炸如此猛烈，震破了超过一半船员的耳膜。

在超过 160 千米之外，喀拉喀托火山爆发的声音测量结果为大约 172 分贝。这是人类痛觉阈值的 8 倍多，也是站在运转的喷气式发动机旁边所听到声音的 4 倍。喀拉喀托火山爆发的声音也传到了 2 100 千米以外的安达曼–尼科巴群岛（"不寻常的声音……仿佛是枪声"），3 200 千米以外的新几内亚和西澳大利亚州（"一连串巨响，像是炮火的声音"），4 800 千米以外靠近毛里求斯的印度洋小岛罗德里格斯（"仿佛遥远的重炮发出低吼"）。在世界的另一端，虽然远超火山爆发的声音可被听到的范围，但声波传播也让气象站检测到了一个在爆发后数小时内出现的空气压力峰值。这些压力波——火山喷发的低语——在大约 5 天的时间里，向四面八方传播，环绕地球三至四周，每绕过一周大约需要 34 个小时。

希克苏鲁伯撞击所释放的能量是喀拉喀托火山爆发的 50 万倍，产生的声音和造成的混乱也相应更为巨大。但在撞击后的余震和废墟中，生命最终还是找到了新的繁荣方式。

北极光

北极光的拉丁文名称意为"北方的黎明"。关于极光的古老故事充分展现了人类天马行空的想象力。在格陵兰岛，有人说它们是出生后不久就不幸夭折的孩童的灵魂在天堂舞蹈。也有人说，这种光芒是幽灵在用海象头骨玩抛球游戏，或是海象的幽灵来回踢弄人类的头骨。对加拿大东部的阿尔贡金人来说，北极光是创世神纳纳伯周点燃火焰的反光，以告知人类，神明正记挂着他们。在芬兰神话中，一只狐狸奔跑着穿过雪地时，尾巴会在天空中燃起五颜六色的火焰，北极光也因此被他们称为"狐火"。

关于极光的科学解释将我们的想象与太空之浩瀚和物质之不可思议联结了起来。当太阳风的带电粒子穿越上亿千米的虚无太空到达地球，又被极地区域近乎竖直的地球磁场线拉扯下降时，极光现象就发生了。就在我们头顶上方 100 千米左右的地方，空气分子被带电粒子激发，然后将其多余的能量以光的形式释放：氧气放出绿色或红色的光，氮气则放出蓝色或紫色的光。

更令人费解的是有关极光发出声音的记录。在 20 世纪早期，探险家克努兹·拉斯穆森曾写道，因纽特人有时仿佛会听到漫天回响着的呼啸声、沙沙声和其他声音。他补充说，根据当地的传说，如果回应来自天空的哨音，极光也许会降临至身边，甚至为你翩翩起舞。欧洲也有一些关于极光发出声音的记录。在 1827 年出版的一本关于拉普兰地区的旅行书中，博物学家阿瑟·德卡佩尔·布鲁克爵士描述了这样的场景："极光……非常明亮，移动得异常迅速……那一夜极其平和而静谧，我想我听到了一阵噼啪声……从（极光的）方向传来。"根据多年来的记录，也有其他说法把这种声音比作丝绸裙摆摩挲的沙沙声、热煎锅里培根的嗞嗞声、鸟群飞行之声，甚至还有步枪开火时发出的爆裂声。

长期以来，许多研究者对这些记录不屑一顾：极光现象发生的位置太高，产生的任何声音都无法在地面上听到，所以这些声音都不可能存在。但在 1990 年，一位年轻声学家的经历改变了人们固有的看法。那是在芬兰最北部举行的一场爵士音乐节的间隙中，温托·莱内和一位朋友在寒冷的室外步行。在这个无风的偏远之地，他们原本以为周围会是一片寂静，但事实并非如此，他们听到头顶上空传来细微的嘶嘶声，似乎随着极光的移动而波动。

　　莱内几乎忘却了这次经历，但 1999 年他再次前来参加音乐节时又听到了相同的声音，于是他决定研究这一现象。在经过了数十次观察，并在 2012 年首次录下了这些神秘的声音之后，莱内认为他找到了解释。他表示这些在地面上能听到的声音是由电晕放电引发的，这种现象能够在电线等高压电力设备周围产生蓝光，有时就伴随着嗡嗡声。必须有很高的正电荷和很高的负电荷在邻近的地方积累，才能制造出足以引发电晕放电现象的电压。莱内认为，在异常寒冷的夜晚，当冰冻的地面能够迅速冷却其上的空气时，我们头顶上方的空中就可能发生这样的现象。冷空气上覆盖着一层暖空气，这层温暖的空气位于几百米高的逆温层的底部。靠近地面的带有负电荷的离子上升到这一层的下表面，却无法继续上升。同时，带正电荷的离子则落在其上表面。莱内认为，这种已经十分显著的电势差会被极光进一步增强，直到放电现象突然迸发，放射出紫外线辐射、磁场脉冲，以及声音。所有一切都发生在我们头顶上方几十米到几百米高的地方，远低于通常只有 100 千米高的可见极光本身。

　　这些莱内所描述的开裂声和低沉的爆炸声只能持续不到一秒的时间，并且通常只在 20~40 分贝，大致与人的耳语声量相当。然而，它们偶尔也可以达到 60 分贝左右，和几米开外的普通说话声一样响。这种情况通常发生在磁暴特别强烈、靠近地面的空气非常寒冷之时，但莱内告诉我说，人们经常会对这些声音充耳不闻，因为他们正在聊天或者拍照。他说："必须非常仔细地聆听才能将它们与环境噪声区分开来。"

作曲家萨姆·珀金创作了一首曲子来描绘莱内的探索和发现。在《双弦乐三重奏与电子乐的阿尔塔》中，弦乐器上若隐若现的和声缓缓铺展，直到极光的声响在其上断开碎裂，如同天空的打击乐一般。该作品于 2020 年年初在挪威阿尔塔的北极光大教堂首演。这座建筑高大、纤细，不规则的窗户像北极光一样照亮了祭坛后方的墙壁。北极光——"太阳风暴在地球上敲击的鼓点"——在建筑和音乐中不断回响。

与此同时，也有其他人通过合成器将极光本身无声的电磁波转换成人类能听到的声波，以此来探索声音的世界。转换的结果听上去类似鲸歌、蛙鸣和奇异鸟类的啾啁之声。声音艺术家马修·伯特纳表示："当极光非常显眼时，你会听到一种从高到低或从低到高的扫频。"使用这些极光转换的声音，他创作了一首名为《极光》的曲子。"你会真正感觉到，自己和太阳系紧密相连。"

火山

一只身形庞大的怪物，正在一处巨大的洞窟里喃喃自语。演奏着电子短笛的外星生物，加入了海底甘美兰乐团的合奏。这些都是夏威夷大学次声实验室探测到的来自休眠火山的声音。该实验室的主要任务是监听可能违反《全面禁止核试验条约》的人类活动，但它也收集到了地球自己发出的声音，包括夏威夷岛基拉韦厄火山地下深处的轰鸣。这些声音在未经处理之时非常低沉，人类无法听到。但如果把它们加速一两百倍，它们就能被存储进不断丰富的地球声音库中。

来自地壳运动和火山活动的声音和振动是地球内外最强大、最具穿透力的声音之一。由拉蒙特–多尔蒂地学观测所地震声音实验室制作的"地震穹顶"可视化图像展示了大多数地震如何以同心圆波纹的形式扩散开来，让地球像钟一样持续共振鸣响。位于南大西洋阿森松岛附近的水听器可以探测到地球另一侧的海底火山。火山爆发会发出人类可听到的最响亮的声音，但它们最强烈的振动通常在次声波范围内，远远低于我们听觉所及。其频率通常约为1赫兹（即每秒振动一下），波长为数百米，主要取决于火山口的大小。火山口的尺寸可控制声音，正如小号等乐器喇叭口的大小和形状决定其音高和音色一样。

几十年来，火山学家一直在监测次声波以统计爆发次数并跟踪爆发强度。最近，他们也开始在火山喷发前监听，以监测声音特征的变化，从而更准确地预测接下来的状况。一般来说，在任何给定的时间点，全世界可能有约50座火山处于"持续喷发状态"，其中大约20座（可能位于南极洲到冰岛、日本到秘鲁之间的任何位置）将会在某一天活跃喷发。这些火山发出各种声音，但在声波之外也产生其他种类的波形。2022年1月，汤加群岛火山爆发，在固态岩石中激发了涟漪，以每秒数百千米的速度环绕地球数次，而这次爆发产生的引力波则至少能延伸到太空的边缘。

火山爆发也会发出位于人类听觉范围内的各种声响，几千年来，人们找到了很多记述这些声音的方法。生活在澳大利亚东南部的贡迪吉马拉人讲述了一位巨人的故事（也许是世界上最古老的传说），他的身体变成布吉必姆火山，将他的牙齿化作熔岩喷吐而出——暗指他们的祖先在 37 000 年前观察到的真实喷发事件。18 世纪早期危地马拉富埃戈火山爆发的目击者提到了五花八门的声音：呼噜声、隆隆声、咆哮声和爆炸声。火山学家戴维·派尔告诉我，在几十年的实地考察中，他听到的最奇怪的声音来自伦盖火山。这是一座"奇异而遥远"的火山，位于坦桑尼亚境内。1988 年一个浓雾弥漫的早晨，它发出"吭哧、扑哧、砰和呼呼的声音"，听上去就像一座维多利亚时代的火车站。在 2021 年春季至秋季冰岛的法格拉达尔火山喷发期间，人们也听到了类似的温和声音。这是一次小规模的火山喷发——熔岩溢流而非爆发，在大部分时间里，人们能够安全行走在缓慢流淌的熔岩周围几十米的区域内。火山成了当地名胜并蜚声海外，人们来到火山旁野餐，甚至举办婚礼。编剧兼电影制作人安德里·斯奈尔·马格纳松形容小股熔岩流动形成的舒缓而诱人的声景，仿佛火山在轻声耳语"靠近我"。在他发布在推特上的一段视频中，完好无损的欧石南花在距离橙红色的熔岩几米处盛放。"女神卡利，施展其所长。"他写道，将火山暗喻为那位代表破坏和毁灭，却同时庇护并保佑自然的女神。

当我和马格纳松谈起他在法格拉达尔火山的经历时，他格外强调了火山发出的声音是多么柔软而温和，有点儿像低音扬声器，或者是深沉的呼吸。"就像《小王子》里的宠物火山。"他说。他还写道，自己感受到一种与超常力量连接的感觉，感知到"地球、生命起源、万物创造、物质与大地的循环、造就地球之一切的元素……最后，这个场景与恐惧……或与地狱般的痛苦毫无关联。毁灭与创造同时发生"。

作家海蒂·尤拉维茨在那年春天访问法格拉达尔火山时也得出了类似的结论——尽管在她的讲述中，熔岩发出的声音变化多端，从像肠胃努力消化时发出的液体摇晃声，到海洋的咆哮声，不一而足。她写道："当我把浓烟滚滚的熔岩视频发给我丈夫时，他回短信说'就像看着一座正在经历轰炸的城市'。"尤拉维茨回复说，对她而言"这个场景却让人想起'毁灭'的反面"。但深思熟虑之后，她认为这两种反应都是准确的："一场火山喷发瓦解了'毁灭'与'发展'之间的区别。"

法格拉达尔火山只是一幅极其古老、更加宏大的地球图景的冰山一角。如果没有火山活动，地球的大部分水在数十亿年前就会被困于地壳和地幔之中，陆地不会从海洋中升起，也无从产生可供呼吸的大气。所以，火山爆发的声音，实际上是最初的地球生命得以萌发的过程。它也代表着地球最具破坏性的内在力量，正如在2.51亿年前的二叠纪末期，火山活动急剧增加，释放的二氧化碳使得全球迅速升温，大约70%的陆地物种和80%的海洋物种惨遭灭绝。（人类目前的温室气体排放速度大约是二叠纪火山的10倍，如果排放持续进行，人类活动的破坏性影响将会远超于此。）

声音艺术家杰兹·赖利·弗伦奇认为，"持续倾听"——静静地坐着，长时间集中注意力——"能够让环境影响我们，超越我们日常注意力的极限"。我没有参观过爆发中的法格拉达尔火山，但（在保持安全距离的情况下）坐在火山旁边正是因此而极具诱惑力。我衷心希望，聆听地球开裂的地壳处发出的隆隆声、呼吸声和消化声能成为我延伸注意力的方式，正如熔岩在喷发中拉伸延展成崭新的形状一样。

雷鸣

《圣经·约伯记》如此描述耶和华："听啊，神隆隆的声音，是他口中所发的响声。"而这个关于耶和华的说法也在不同时期，以不同方式被用以描绘横跨六大洲和众多岛屿的其他神灵，他们在天上如雷声一般隆隆地宣告着毁灭，同时也带来赐予生命的雨水。这些神明包括特舒卜（Teshub）、哈达德（Hadad）、塞特（Set）、塔尔赫那（Tarḫunna）、宙斯（Zeus）、塔拉尼斯（Taranis）、霍拉加莱斯（Horagalles）、奥尔科（Orko）、佩兰迪（Perëndi）、佩伦（Perun）、托尔（Thor）、雷公（Leigong）、雷神（Raijin）、武甕槌（Takemikazuchi）、因陀罗（Indra）、瓦基尼扬（Wakinyan）、奎–温–瓦（Kw-Uhnx-Wa）、赫诺（Hé-no）、约帕特（Yopaat）、修洛特尔（Xolotl）、奇布查库姆（Chibchacum）、图潘（Tupã）、尚戈（Shango）、阿玛迪奥哈（Amadioha）、泽维奥索（Xevioso）、苏迪卡–姆班比（Sudika-mbambi）、卡内赫基利（Kanehekili）、马马拉冈（Mamaragan）、伊皮里亚-伊皮里亚（Ipilja-ipilja）、怀蒂里（Whaitiri）和塔维利马泰阿（Tāwhirimātea）。

不同民族普遍想象出了以雷声说话的雷神，这一点并不令人意外。每秒内，雷暴会击中地球上不同位置45~100次，换言之，每天大约300万~800万次。除极地区域之外，地球上所有地方都会发生雷暴。极地区域通常太寒冷，无法在大气中积聚足以引发雷暴的对流热量。但随着地球升温，这种情况也可能会被改变：2021年夏季，气象学家曾震惊地观测到在短短一周之内就有三场雷暴自西伯利亚席卷至阿拉斯加北部。

在雷暴中，风暴上层落下的冰雹与下部上升的水滴相撞，表面被微微加热，变成软冰雹，也就是所谓的霰。当霰与更多上升的水滴碰撞时，它会夺走水滴上附着的电子，并裹挟这些带有负电荷的电子向下运动。随着时间推移，在风暴下层或地面附近积累了负电荷，而在上层则积累了正电荷。空气是极好的电绝缘体，所以上下两部分之间的电荷分离必须非常高（百万伏特级别），然后闪电才会出现，以消除这种电荷不平衡。

正如英国气象局调侃的那样，闪电"只有拇指宽度，却比太阳还热"。它穿过的狭窄空气通道几乎瞬间升温至30 000摄氏度——大约是太阳表面温度的5倍。这使得空气迅猛膨胀并产生冲击声波：雷声即是空气炸开的响声。不过，即使是最响亮的雷声，释放的能量也仅占放电总能量的1%左右，另有9%以光的形式释放，而其余90%均是热能。

距离较近的雷声听起来是尖锐的爆裂声或短促的轰然巨响。

更远处的雷声隆隆作响，声音更深长和低沉，这是因为听者听到的声音更多沿着闪电的方向而来，也因为原始噪声中更高频率的部分被传播过程中的空气更快吸收。雷声的频率范围很广。爆裂声通常在 2 000 赫兹左右，紧随其后的是 600~800 赫兹的低谐波，以及大多在 70~80 赫兹，最低可至 40~50 赫兹的摇撼胸腔的隆隆共振。大气中不同分层之间的反射回响和温度差异会给声音添加回声或延迟，也会让其听上去更响，更深沉。

如果距离很近，雷声能够达到 120 分贝。这种声音大概和气动钻的声音一样响，或者相当于站在一场摇滚音乐会中最大的喇叭正前方所听到的音量。通常我尽量避免这种风险，但我确实知道当雷声几乎就在你头顶的时候听上去如何。我曾在尼泊尔的一座山中迷路一整晚，并试图在一块巨石下方的裂隙中躲避雷雨（后来我才知道，那正是最危险的地方，我做了一件最愚蠢的事情）。我闭着眼睛捂着脑袋面朝岩石，刹那间，周围的一切都化作足以致盲的闪光，我身体的每个部分都像遭受到剧烈的撞击。《约伯记》中的一首短诗在提到雷声时这样说道："因此我心战兢，从原处移动。"现在距离那时已经过去超过 25 年了，那次刻骨铭心的雷击仍历历在目。

《约伯记》中说："神发出奇妙的雷声。他行大事，我们不能测透。"然而，后青铜时代的科学揭示了雷电所行大事背后的部分秘密。植物生长需要大气中的氮，虽然它们享用的大部分氮是由细菌和真菌提供的，但雷电也能提供一部分。闪电产生的极端高热将通常不活泼的氮气与氧气结合形成硝酸盐，与水混合后就化作滋养生命的丰饶雨水。

雷声或许也与火山运动一样，是伴随生命萌发的伟大过程所发出的声音。地球上的所有生命都依赖磷元素，磷是DNA（脱氧核糖核酸）和相关分子RNA（核糖核酸）的螺旋骨架中不可或缺的成分。约40亿年前，磷元素在年轻的地球上广泛分布，但其中大部分被锁定在不活泼和无法溶解的矿物质中。陨石曾给地球带来一些以活性状态存在的磷，闪电的冲击使地球上已有的岩石中释放出了更多的磷。

当火山爆发产生的羽流在周围大气层制造出电荷不平衡时，也会伴生雷鸣和闪电。这种现象在地球历史早期同样常见，即使是在40多亿年前地球刚刚失而复得了一次海洋的冥古代和太古代时期。展望未来，10亿年之后，我们所知的生命形态已不太可能在地球上存续，但雷依旧会洪声咆哮。

就像聆听彩虹那样

道格拉斯·邓恩在一首诗作中写下了他偶然翻看自己年轻时的草稿和笔记时发现的一句未完成的诗句："就像聆听彩虹那样。"这是一个惊人的比喻，美丽，但也毫无意义。

这行文字中的美不言而喻。我们不必像画家瓦西里·康定斯基所声称的那样具有"通感"——对他来说，音乐和色感相互纠缠，密不可分，视觉或听觉所触动的强烈情感会唤醒另一种对应的内在感受。这种通感甚至也会发生在像我这样古板而刁钻的人身上，比如我去参加"锣浴"的那一次。参加锣浴的人在锣前或坐或卧，让锣发出的声音"涤荡"全身。尽管我对这种活动心存偏见，思绪也如一只服用了兴奋药的猴子一样跳跃不定，但当声音的振动泛着轻柔的涟漪穿过身体时，我感到身心愉悦，脑海中仿佛看见明媚炫目的阳光，巨大的水幕飞流直下滑过岩壁。

但换个角度看，邓恩的这行文字也可以说是毫无意义。艾萨克·牛顿和其他自然哲学家曾经试图将光的颜色与声音对应，但他们失败了，因为光和声是两种完全不同的物理现象。声是通过物质传递的压力波，是原子之间传递振动时发生的碰撞和颤动。而光是一种电磁波，可以通过真空传播，这是声永远做不到的一点。构成彩虹的光是无声的。

尽管如此，类比和隐喻还是能在不掩盖真理的同时，丰富并深化我们对事物诗意以及科学的欣赏。例如，当光被描述为一种"波"时，描述本身就解释了光的一些行为。两道光波可以被设置成彼此干涉，从而创造出黑暗。同样，两个声波也可以被如此设置，从而创造出寂静。

我们也可以谈论声音的"颜色"，也就是与声具有相同功率谱（波的频率和强度之间的关系相同）的光呈现出的颜色。最广为人知的例子即是白噪声：收音机的嘶嘶声或老式电视机播放的"雪花"。这种声音包含能量强度相等的所有波长，与白光类似。声学工程师可以愉快地向你详细讲述其他各种各样噪声颜色的细节，包括蓝色、紫色、红色和绿色。几乎所有这些噪声都是人造物，仅存在于电子音响系统或者计算机中。但至少有一个重要的特例，可以将我们带回彩虹这个话题。

有一种"粉色噪声",其声音的强度和频率成反比例关系,也就是在越高的频率处越安静。从类星体光发射到潮汐和河流的高度变化,从心跳到神经元的放电模式,粉色噪声与许多自然现象遵循着相同的统计波动特征。而且像许多自然现象一样,它是分形的,这意味着它在不同的尺度上具有自相似性:无论你缩小或放大,相同的模式总会重复出现。在这方面,粉色噪声一定程度上也与人类音乐相似(尽管音乐几乎总是包含整体结构、和声和节奏的变化)。像乐音一样(与白噪声刺耳的静电嘶嘶声不同),粉色噪声对人耳来说是舒适的。它很像瀑布、拍打的海浪或绵绵细雨的声音。一些研究宣称接触粉色噪声(以及与它类似的棕色噪声)与安宁舒适的睡眠之间有正向关系。

"现在它能被听到了。"道格拉斯·邓恩在另一首诗《奇妙的陌生》中如此写道。但他又立刻纠正了自己:任何存在于此的声音似乎都"不完全在此地",但仍然"在几乎能到达的附近"。正因如此,我喜欢把声音想象成一道彩虹。如果你从远处看到一道彩虹,并在雨还没有停的时候快步走近它,你当然也就看不到它了,因为水滴因反射和折射产生的彩虹需要一定的距离才能看到。但此时的你会置身于那些和光线以及人类的见证一同创造出彩虹的物质之中:那无数细小的、轻柔落下的水滴。如果你非常仔细地聆听,你也许还能听到这些水滴(其中一半的水来自比太阳更古老的星际尘埃)落下的声音。你会发现,对其他地方的其他人来说,你也是彩虹的一部分。

第三章

生物之声：聆听生命的声音

节奏（其二）——身体

心脏："节奏，首先是有机体的节奏，由心跳和血液循环掌控。"诗人切斯瓦夫·米沃什如此写道。他这番话并不完全正确：我们的身体一直遵循着昼夜节律——行星的昼夜运行波动，这一规律的建立比 5.2 亿年前动物第一次进化出心脏更早。但心脏的稳定跳动是我们生活的节拍引导音，在人类 80 年的生命历程中，心脏会跳动超过 30 亿次。在静息状态下，心脏跳动的速率可降至每分钟 50 次以下，而在剧烈运动或发烧时，心率则可能超过 200。这一范围十分接近音乐和舞蹈中的节奏范围。研究人员还发现，能更敏锐地察觉自己心跳的人更善于感知周围人的情绪。

呼吸：对于莱内·马利亚·里尔克来说，呼吸是"一首看不见的诗，纯粹的交流……是自我融入其中的节奏"。记者詹姆斯·内斯特报道说，与很多文化中的祈祷和冥想相关的节奏呼吸练习能够明显改善健康状况，每次呼吸持续的理想时间是 5 到 6 秒钟。然而，有节奏的呼吸在一些最为日常的活动中也发挥着核心作用。神经科学家索菲·斯科特说，人们在友好地深入交谈时，呼吸会开始同步，逐渐匹配彼此的节奏和音调。

脚步声：袋鼠弹跳，蓝脚鲣鸟昂首阔步，但人类却是唯一能够远距离直立行走和奔跑的动物。行走和奔跑都是一种有控制的坠落，动作过程中每条腿依次向前摆动，避免我们的身体撞击地面，并为继续前行提供动力。（正如劳丽·安德森所唱：一次又一次你不断跌倒，却又在跌倒中找回身体的平衡。）心理学家阿尼鲁德·帕特尔认为，用两只脚走路和跑步需要精准的平衡感，习得此种行为也许帮助了我们发展丈量和预测身体动作的能力，也完善了我们对时间和节奏的感知。舞蹈、歌唱以及感受一段旅途的长度，也许都能够从我们有规律的脚步声开始。

大脑：大脑有几种计算时间的方法，从间隔计时器（记录持续数秒到数小时时间的神经元网络）到视交叉上核（大脑中让身体进程与昼夜过渡同步的一小块区域）。这些，以及很多其他功能，都是由跨越多个细胞、每秒 0.02~600 个周期的脑电波支持实现的。脑电波是一种重复的振荡模式，也可以理解成神经元中动作电位的激发。神经科学家捷尔吉·布扎基说："大脑是预测设备，其预测能力来自其不断产生的各种节奏。"他说，由于它们的频率之间呈现非整数关系，各种振荡永远不可能完美协同，或者说相互步调一致。相反，它们产生的干扰"会带来亚稳态，即不稳定状态和暂时稳定状态之间的永久波动，就像海洋中的波浪一样"。布扎基将大脑节奏的多重时间尺度组织形式与印度古典音乐类比。在印度古典音乐中，"用'韵律'的概念来解释的多层次嵌套节奏结构，是作品的特征"。

听觉

我有时会在菜地里发现小蜗牛。通常我会清除掉这些小角色，但有时清理它们之前，我会仔细观察其中一个，赞叹那些末端长着眼睛的可伸缩的小触角，形状完美的蜗牛壳，以及宛若无物的轻盈身体。如果把这些蜗牛缩小到只有豌豆大小，其外壳尺寸及形状都类似耳蜗：我们内耳骨质迷宫的这一部分，能将周围空气的振动转化为我们的声音体验。通过左右两个这样的结构，嘈杂世界的车水马龙，以及它所有的声音和音乐，最终进入了颅骨薄壳内重约 1.5千克的柔软且摇晃的白色香草布丁状物质中。这里就是我们的大脑，是我们的无限空间王国。

越是研究听觉，就越感到听觉像是一种超能力。贝拉·巴瑟斯特在回忆录中讲述了自己的听觉是如何失而复得的，她谈到听力正常者对人类声音的微妙区分："从……丈夫说'太棒了'或'管弦乐队'时的特定声音……儿子与女儿第一次哭泣的声音的不同……老板紧张时的说话声……伴侣的声音……再到几千种用不同声音所说的'不'。"这种能力使人类能以其他物种（尽管鲸、鹦鹉和其他一些物种不应被低估）少有的方式合作、共情和彼此操控。

它还使我们中的一些人能惊人地准确"阅读"非人类世界的某些信息。花点儿时间和熟悉鸟鸣声的人一起漫步森林，他们可能会告诉你鸟鸣的多样性，以及你未曾想到的各种细节。这种能力在技术领域同样引人注目。记者乔治·蒙比奥描述他的一位朋友只需通过听电话，就能以令专业机械师大吃一惊的准确性，诊断出汽车发动机的故障。

触觉一般被认为是最为原始的感觉。作家尼基塔·阿罗拉评论道，触觉"引导我们了解存在的基本条件：他人——人类或非人类——存在之必然"。但是，在我们和周身世界能够彼此触碰之前，即在自我和他人的区别形成之前，听觉就已经产生了。内耳在胎儿时期迅速发育，在妊娠第5个月达到成人大小，并将信息传递到负责处理声音的大脑颞叶。低频声音在子宫内传播得最好，当婴儿仍在母亲体内时，对声音的记忆就已经开始形成了。

在成年人的生活中，听觉通常也是我们最迅速敏捷的感觉。短跑运动员对发令枪声的反应比对旗帜等视觉信号的反应更快，尽管光的传播速度是声音的近90万倍，并在声音传至耳朵之前就到达了眼睛。当生命终结时，听觉往往也是最后消失的感觉。即使是在无意识状态下，垂死的大脑仍然可以记录声音，直到生命的最后几小时。

听觉起源于数亿年前单细胞生物体外部微小毛发状结构的演化。细胞的一些"纤毛"（cilia，来自拉丁语，意为眉毛）来回摆动，推动细胞自身在水中前进，另一些纤毛则会感知水中的振动、运动，以及与其他物体的接触。它们也将这两种类型的纤毛——活动的和不活动的——遗传给了后代。直到今天，前者依然存在于我们的肺和呼吸道的细胞中，负责将黏液和污垢向上推出体外；后者则出现在我们古老鱼类祖先的身体后侧线上，也出现在现存的大多数鱼类身上。这些鱼身外部排列着整排的小型杯状物，上面长有成千上万根纤毛，对微小的动作和振动非常敏感。科学哲学家彼得·戈弗雷-史密斯写道："将鱼的身体说成是一只巨大的、对压力敏感的耳朵，并不过分。"

但是在充满活力而往往危险的环境中，仅有一种耳朵对许多自尊心强的鱼类来说是不够的。它们和我们的水生祖先也进化出了内耳，在内耳中，纤毛感知到的并非水对身体的推挤，而是耳石（头颅里的小小碳酸钙团块）的运动。鱼类的密度与水相当，耳石则密度更大，所以当振动穿过鱼体时，耳石会相应地以不同的振幅和相位移动。纤毛记录下这些运动后，鱼再将其转译为声音。一些鱼类也进化出了其他方法来提高听力，如利用鱼鳔作为扩音器或助听器。鱼鳔是充满气体的囊，其主要作用是提供浮力。在鱼鳔的作用下，像美洲西鲱这样的物种能听到高达 180 000 赫兹的声音，是人类听觉的 9 倍，并且能够探测到想要捕食它们的海豚发出的超声波叫声。其他一些鱼类能听到频率远低于人类听觉最低阈值的次声波。这使它们能够感觉到潮汐的翻涌，以及水流在岩石海岸边拍碎、流淌的运动，从而帮助它们导航。在 8 000 米以下的最深水域，狮子鱼通过下颚中充满液体的腔室中细微的振动来探测片脚类动物。

听觉在陆地环境中遇到了新的挑战。覆盖鱼体的纤毛侧线在更稀薄的空气介质中不起作用，而且，当空气传导的声波进入更为致密的动物体内时，声音会被大幅削减。一些早期的四足动物（第一批有四肢和手指的脊椎动物）即使没有像它们的后代一样进化出复杂的器官，可能也已经能在水面之上听到声音。现代肺鱼类似于第一批登上陆地的冒险者，它们使用肺部作为听觉放大器，正如水下鱼类使用鱼鳔一样。这是一个起点，不过只是一个相当基础的起点。完全陆生生物还要经历超过 3.8 亿年的漫长历史才能进化完成。

这个故事的一部分始于呼吸孔：能呼吸空气的鱼类头顶长有一种小管道，使它们能从穿行而过的浑浊水面上方的空气中吸氧。早期的两栖动物将这些呼吸孔改造成鼓室——顶部覆有薄膜的管道，你现在仍能在蛙类眼睛后方的圆圈里看到这种结构。青蛙的鼓膜是一种简易耳膜，由一块小小的耳柱骨连接至内耳，那里是敏感纤毛所在的地方。它还通过一条开放通道与肺部相连，使得青蛙能够平衡两侧的压力，不会因为鸣叫而震聋自己的耳朵，毕竟波多黎各常见的树蛙叫声可以超过 100 分贝——大约相当于你身边的割草机或者 300 米外起飞的喷气式飞机发出的声音。哺乳动物的气孔已经演化成连接中耳到鼻子和喉咙的咽鼓管。当你闭上嘴巴捏住鼻子，通过吹气来平衡耳压时，请感谢提塔利克鱼这种四足鱼。

故事的另一部分始于和奥维德的《变形记》中所述之事一样怪异的转变——一种难以置信的缩小折纸术：随着时间推移，我们祖先下颌的一部分进化成了一个微小、精密的传动装置。舌颌骨最初是支撑早期鱼类下颌的长骨，后来变成了我们现在所说的镫骨，而支撑鱼类下颌和上颌的方骨和关节骨变成了锤骨和砧骨。这三块"小骨"尺寸跟迷你乐高积木差不多，其拉丁名称源自它们形似马镫、锤子和铁砧。它们组合起来就像一组杠杆。锤骨的一端连接到鼓膜内侧的中心。振动自外部敲打鼓膜使其移动，鼓膜内端推动砧骨，砧骨继而推动镫骨。镫骨的内端或其面板，通过前庭窗靠在耳蜗上。鼓膜面积约为 55 平方毫米，镫骨面板面积约为 3.2 平方毫米，因此，空气中的振动会集中在较小面积上的较大运动中。这使得空气中相对较弱的振动能够进入致密而充满液体的耳蜗内部。用彼得·戈弗雷–史密斯形象的比喻来说，如果下颌是脸部的大拇指，那么下颌骨进化而成的小骨就是你耳朵里的千斤顶。人类体内的这种机制非常灵敏，所以我们能够感知到普通讲话声产生的振动，微弱到只能瞬间让大气压力变动几十亿分之一。计算显示，最安静的可听到的声音使耳膜位移了仅仅不到一皮米——千分之一纳米，大约相当于氢原子直径的六十分之一。

然而，出色的听力并不非得靠这样精心设计的建筑结构来实现。鸟类的外耳是一个平坦的孔，通常被羽毛遮住，中耳与两栖动物和爬行动物类似，只有一根骨头。它们的耳蜗则是一个相对简单的直管。但是，鸟类能听到的音调范围大致与人类相同，听力也和人类一样好，甚至更好。只是它们的听力灵敏度峰值在 1 000~4 000 赫兹之间。有些鸟类还能探测到更低沉的声音。鸽子可能对低至 0.05 赫兹的次声非常敏感，这或许帮助了它们利用深海波浪和地震产生的振动来长距离导航。除非响度很大，否则人类通常只能听到不低于 20 赫兹的声音。此外，所有鸟类都比人类多一项能力：它们内耳中的纤毛可以再生，而我们的纤毛一旦受损就将永远失去。许多鸣禽的大脑处理声音的速度比人类快 10 倍，这使它们能够跟上不同音调的复杂序列，而我们只能听到模糊的响声。如果这些鸣禽能听懂英语，它们说不定能成为遗传学家史蒂夫·琼斯的好学生。琼斯曾开玩笑说，问题不在于他讲得太快，而在于他的学生们听得太慢。

几乎所有哺乳动物，从最小的（两克重的凹脸蝠）到最大的（重达 170 吨的蓝鲸），都长有蜗壳形状的耳蜗。唯一的例外是单孔目——产卵的哺乳动物，比如鸭嘴兽，奥格登·纳什曾经恰当但不准确地将其描述为半鸟类半哺乳动物，而它们的耳蜗形状像香蕉。人类的耳蜗围着中轴绕了三圈，总长约 32 毫米。如果解开拉直，它大概和拇指的最后一个关节一样长。

基底膜沿着螺旋内部延伸，因其底部连接到耳蜗的开放端而得名。振动到达时，这层膜就开始随时间起伏。它的上面有一种特殊神经元，拥有毛发一样的突起，就像平头上的头发。在它们之上还有一层更坚硬的薄膜。当基底膜和毛细胞在振动中上下起伏时，毛发会不断运动，刮擦这个"屋顶"。神经科学家珍妮弗·格罗将这种运动描述为"就像皮划艇运动员用头撞击海底洞穴顶部，但产生的结果更有用"。在来回刮擦产生的压力下，细胞中的孔道被交替拉开、关闭。毛细胞周围的液体"海洋"中含有带电荷的离子。当毛发向一个方向弯曲时，离子流过窄小的分子门，而当毛发向相反的方向偏转时，孔道关闭，离子停止运动，记录声音的电信号就此产生。以这种方式，空气分子在体外的运动被转化为电信号，由听觉神经中的神经元传递到丘脑，再传递到颞叶中的听皮质，这些皮质位于颅骨内，紧邻耳朵。

由于基底膜延展方向各处的物理特性不同，人耳可以探测到一系列的频率。基底膜靠近前庭窗的位置很窄（大约 1/5 毫米宽），而且相对较硬，但它穿入耳蜗的一端则变得很宽，形状就像 20 世纪 70 年代的鲱鱼领带一样，材质却软了大约 100 倍。较硬部分的振动响应较高频率的声音，对人耳而言可高达 20 000 赫兹；较软的一端则响应低频声音。这就好像我们的内耳里有一个盘绕起来的钢琴键盘或者是一张频率响应分布图，将声音与位置一一对应。通常情况下我们会同时听到许多频率，此时，沿着基底膜会同时形成数个波形。随着年龄增长，人类倾向于丧失对较高频率的听力（比如蟋蟀的歌声，或者最高音调的鸟鸣），因为这是振动衰减最少的区域，也因为在基底膜更窄处，毛细胞的数量也更少。

巨大的声音能轻而易举地使基底膜振动，刺激内部毛细胞，从而产生神经冲动。在健康的耳朵里，耳蜗能将安静的声音放大 1 000 倍，这要归功于基底膜另一侧更多的毛细胞。当微弱的声音移动这些外层毛细胞时，"快蛋白"会做出反应，放大声波。这种蛋白质是活细胞中已知最快速的力发生器。它放大的声波后续又会触发在内侧等待的内层毛细胞。这种安排使得人类的耳朵能够感知能量水平有百万倍差异的声音，从一片雪花簌簌落下到滚滚雷鸣。

我们通常将人类的外耳——那些在头部两侧折叠而成的皮肤

和软骨瓣，简单地称为"耳朵"，但它的专业术语叫作耳廓。坦率地说，与耳廓狐巨大的器官相比，人类的耳朵看起来有些奇怪，也没有什么吸引力。但是人类的外耳不应该被低估。我们的耳廓可以将声音放大15~20分贝，也就是将声音响度翻倍，相当于穿过一个大房间走到说话者身旁。耳廓的功能还不止如此。我们周围世界中的大多数声音频率范围都很广。当声音在耳廓中盘绕的"山峰"和"山谷"之间来回反射时，一些声波会被抑制，另一些则会被增强，变得更响亮。格罗说，耳廓上的褶皱"就像立体声系统中的均衡器"，能"根据声音的来源增强基音或高音"，并优先选择人类语音频率范围内的声音。耳廓还可以帮助你判断声音是来自前方还是后方，上方还是下方。例如，耳道前面的一小块皮肤被称为耳屏，它能反射并过滤从后方传来的声音。

因为我们两只耳朵之间隔着一个头颅（至少我基于自己的情况如此判断），两只耳朵记录的声音的细微差别也能帮助判断声音来源的方位。声音在空气中传播的速度很慢，大约每秒344米，因此到达两只耳朵的时间有可被察觉的差别。正对你左侧或右侧的声音大约需要半毫秒（1毫秒等于千分之一秒），才能到达位于头部另一边的耳朵，并且声音会稍稍安静一些，大脑可以很容易地分辨出不同。但大脑中的听觉处理比这灵敏得多，能够检测到10~30微秒（1微秒等于百万分之一秒）的时间差。这一时间要快上几百倍，只够声音传播3~9毫米。正是得益于这种能力，我们可以清晰分辨出两个距离我们两米远、相距3~7厘米的声源。你可以试着让一个人坐到桌对面，闭上你的眼睛，让他把手伸得离你越来越近，再看看你能否分辨出打响指的是他的左手还是右手。

尽管我们人类能够感知每秒振动 20 000 次的声波，这是分辨视觉信息速度的 1 000 倍（毕竟听觉是人类的超能力），但另外一些动物的听觉则更加神奇。狗可以听到高达 40 000 赫兹的声音，是人类的两倍；猫可以听到高达 80 000 赫兹的声音；小鼠和大鼠以 90 000 赫兹的频率互相叽叽喳喳地聊天；鼠海豚的听力上限可达 140 000 赫兹；蝙蝠的听力高达 200 000 赫兹。与这些动物相比，我们是声波世界的"低地居民"，对大部分声波频谱毫无知觉，从海洋风暴、地震和火山的深层噪声，到雅克塔·霍克斯所说的"难以察觉的细微声音：植物生长，花叶翻动，所有生长与衰退引起的扰动"。除此之外，还要加上高亢的昆虫鸣歌、蝙蝠的尖叫，以及水和树液在植物脉管中流动时发出的轻微嘶嘶声和噼啪声。"如此限制令人不禁心酸，"戴维·乔治·哈斯凯尔写道，"世界不断诉说，而我们的身体却无法听到周围的声音。"

但如果我们认识到自己的局限性——正如乔治·艾略特所写，"我们中最迅捷之人，被厚实的愚蠢包裹着行走"——我们可能也会欣赏已拥有的一点点，并开始思考如何才能理解更多。赫尔曼·黑塞写道："当学会聆听树木的声音时，我们思维的简短、敏捷和孩童般的匆忙就会带来无与伦比的快乐。"

远古动物之声

1832 年 2 月 29 日，在为期五年的环球航行已进行两个月之后，查尔斯·达尔文登上陆地，进入了巴西沿海的雨林。"树林阴暗处弥漫着嘈杂与寂静最为矛盾复杂的综合体，"他如此写道，"昆虫发出的声音如此响亮，身处锚停在离岸数百码远的船上都还能听到；然而在林中幽深之处，一种无处不在的寂静似乎主宰了一切。"

如果这种对比效果令达尔文惊奇，那么对于 3.6 亿到 3 亿年前遍布泛大陆的大片石炭纪森林，他又将做何感想呢？此处，在无际的沼泽中，类似庞大蕨类植物和巨大马尾草的树木高耸入云。像鳄鱼一般大小的两栖动物，以及大如拉布拉多犬的蝎子在倒伏的原木之间摸索寻路，细菌与真菌尚未习得如何分解这些原木。头顶，海鸥大小的蜻蜓飞掠而过。那时的空气之中，又会充满怎样的叽喳声、咔嗒声、咕噜声，以及何等深沉的静寂？

数亿年的生命被永久锁进时间的深渊，但零星的证据，加上基于现代一些动物发声的推论，使我们能够重新想象并再现一些史前动物发出的声音。

人们认为，陆地上的声音交流行为只演化过一次，发生在大约 4.07 亿年前陆地动物和肺鱼的共同祖先身上。在大约 1.65 亿年前，一种叫作美洲大螽斯的蟋蟀演唱出了迄今为止最早的音符。这种蟋蟀用一只翅膀上的锯齿状血管摩擦另一只翅膀上的拨片，这正是所谓的摩擦发声。这种声音的确切音高可以通过解剖琥珀中的昆虫遗骸推断出来。其音高为 6 400 赫兹，略高于 G8，比钢琴的最高音高出 1/5。在 2012 年发表的声音重建中，它听起来是一种细小的带有电子风格的声音：仿佛一枚快要耗尽电池的微小的火灾报警器。

恐龙一定曾利用声音相互交流，并监听捕食者或猎物。古槽齿龙是一种灵活的两足杂食动物，大约生活在 2.05 亿年前，体形与一名 10 岁的儿童相当。它的内耳化石表明，这种恐龙能识别其他多种动物的尖叫和低沉有力的鸣叫。单爪龙是 7 000 万年前生活在蒙古沙漠中的一种长羽毛的小型恐龙。它的面部有一个由羽毛构成的圆盘，极像现代仓鸮，可以放大声音，并像现今的猫头鹰一样将声音传到自己的耳朵里。

然而，关于恐龙发声的直接证据却很稀少。古生物学家认为为数不多的可信案例之一是副栉龙，这是一种食草的鸭嘴龙，大约 7 500 万年前，它们曾生活在现在的北美西部。这种生物高达 4 米，长度超过 9 米，大约相当于一辆公共汽车的大小。它可能会通过头部连至鼻孔、向后卷曲到头盖骨顶部再向远延伸的中空骨质管发出声音，就像一根有些松弛的倒置迪吉里杜管。20 世纪 90 年代，美国新墨西哥州桑迪亚国家实验室的科学家（他们的主要业务是研制核武器零部件，但生意时有低谷）制造出了这种发声元件的等比例复制品，并发现它能发出一种极为出色的声音。这种声音的音调约为 30 赫兹，略低于钢琴的最低音；它的音色类似长号，所以副栉龙有时也被称为"长号恐龙"。在我听来，这种声音也带有一点儿圆号或者苏萨号的味道，伴随一点儿金属门扉吱吱作响的声音。也许，就像《苏斯博士的睡前故事》中的"嘟嘟按喇叭俱乐部"成员一样，这些生物每天都会吹喇叭直到失去意识，而第二天早上醒来，它们又会精神抖擞地重新开始吹喇叭。

霸王龙之类的巨型食肉恐龙并不会像《侏罗纪公园》电影里

表现的那样咆哮。电影里的声音是由一头小象缓慢的咆哮声、老虎的吼叫声、一些鲸歌、鳄鱼的嘶嘶声和工程师的宠物狗叫声（显然，没有使用厨房水槽的声音）混合而成的。然而，古生物学家通过研究恐龙的现代近亲，如鳄鱼和现代飞行恐龙（我们大多数人称之为鸟类）所得出的结论是，霸王龙可能会像鳄鱼一样闭着嘴发出低沉的轰鸣，声音在人类听力范围的最低端，进入次声波范围，也许还伴随一些低沉的嘶嘶声。在你听到或者看到发出这些声音的猛兽之前，你身上即将被咬碎的骨头会率先感受到这种振动。

在希克苏鲁伯陨石灭绝非飞行恐龙的数百万年前，现代鸟类的祖先已经演化出一种新的发声器官。迄今为止发现的最古老的此类发声器官化石来自维加鸟，这是一种约 6 700 万年前生活在如今南极洲的鸟类。位于肺部上方气管中的喉管使得维加鸟能够嘎嘎叫或者高声鸣叫，就像它现在的同类鸭子、鹅和天鹅一样。一些生物学家认为，鸟类喉管等同于人类和其他哺乳动物的喉部，其进化使得鸟类能更好地互相交流，做出更复杂的行为，从而帮助鸟类生存并多样化发展。

起初，鸟类的新型发声器官功能可能比较有限，但随着时间的推移，它逐渐发出了一些动听的声音。这一转变的决定性因素似乎发生在约 3 000 万年前，此时澳大利亚的气候变得更加干燥，为适应气候变化，植物将自体生产的糖分更多地排出体外，而不是将其转化为叶子、种子和木质部分。这反过来又引发了另一种现象，至今仍然发生在不完全干旱或是未被人类焚烧殆尽的大陆——澳大利亚。正如生物学家蒂姆·洛所写，澳大利亚的森林"能够散发出能量"。这里的许多花朵拥有丰盛的花蜜，桉树的树皮渗出甜美的"甘露"。昆虫吸收的植物汁液远比它们能消化的要多，它们会把大部分的汁液再排出体外，形成"糖露"，或者叫"蜜露"。澳大利亚鸟类很快进化出了品尝甜味的能力，并开始利用这种越来越丰富的资源。在这股"糖分冲击"的推动下，它们发生了变化。今天这块大陆上体形异常庞大、好斗、聪明又饶舌的鸟类是变化的结果之一，但世界上其他地方的鸣禽也都是这种演化的成果。它们的祖先诞生于澳大利亚，之后扩散向世界各地，占现存约一万种鸟类的一半。正如科学记者艾德·扬所说："所有这些鸣禽都来自同一个祖先，其鸣声曾轻快地穿过澳大利亚的林间，其味蕾曾被甜美的澳大利亚花蜜刺激。"毫不夸张地说，夜莺、乌鸫、椋鸟、斑噪钟鹊、知更鸟、红雀、歌鸫、雀鸟和其他许多现存鸟类复杂、笛音般的歌声，都是远古澳大利亚阳光的馈赠。但有人可能会补充说，对于食蜜鸟家族中食用"糖露"的成员们来说，它们的歌声来自昆虫的排泄物。

在东非大裂谷，人类从约 200 万年前开始进化，那里曾充满了昆虫、青蛙、鸣禽和其他动物的声响、号叫和歌声。生态学家彼得·沃歇尔认为，蝉可能是人类文明的第一个音叉：一种可靠而持续的音调，可以用来衡量人类最初的歌声。鸟类的和声音程和复杂的声音信号应该也影响了我们最初的音乐和语言。在这些声音的环境中，我们逐渐尽我们所能了解自己，正如 W. S. 默温所写，"一个音符一个音符地向上翻滚，脱离黑暗……歌声没有迟疑，也没有边界"。

植物之声

作家 J. A. 贝克曾说："造就森林的……并非树木，而是树间滤过的天光的形状和布局。"在声音方面，类似的现象可能也存在，因为对许多有感知的生物来说，森林的存在也通过树木之间空隙产生的共振得以彰显。雨滴落在树叶上的敲打声、树枝的噼啪作响、植被沙沙摩挲的声音共同塑造了我们对周围世界的感知。根据植物学家黛安娜·贝雷斯福德–克勒格尔的说法，在古老的原始森林中，树木内部运输重要液体的木质部和韧皮部可能特别长，并且会以鸟类觉得有吸引力的方式产生共鸣，这是为了鼓励它们筑巢。

植物在字面意义上和象征意义上都会产生回响。从字面角度来说，古巴雨林中有一种藤蔓演化出了碗状的叶子作为声音反射器。这些叶子能帮助蝙蝠利用回声定位找到藤蔓上的花朵，比找到其他植物的花朵的速度快两倍，而作为畅饮花蜜的回报，蝙蝠也会为藤蔓传粉。从象征的角度来说，在日本诗人松尾芭蕉的想象中，他听到寺庙的钟声在停止后，会继续在花朵中绵长回响。

在诗歌《讲述俄耳甫斯之树》中，丹尼丝·莱弗托夫想象了一棵被音乐家的歌声感动而舞蹈的树。但是植物真的能听到声音吗？查尔斯·达尔文试图通过向含羞草演奏巴松管来找到答案。他不确定这棵植物会不会像它被轻触时那样，做出合上叶子的反应。然而含羞草并没有动，达尔文得出结论，认为自己做了一个"愚蠢的实验"。他的失败并没有阻止女中音歌唱家多萝西·雷塔拉克在20世纪60年代——至少以让她自己感到满意的形式——展现了植物在巴赫音乐的影响下生长得更好，但在吉米·亨德里克斯和齐柏林飞艇的音乐的影响下变得更枯萎。

雷塔拉克的实验方法存在很大的缺陷，但是 20 世纪 70 年代更精确的实验一开始似乎确实表明，当玉米暴露在任何类型的音乐中时，无论是莫扎特的曲子还是密特·劳弗的歌，玉米发芽的速度都比无声状态下更快。但事实证明，这一发现也是错误的。实际上，起关键作用的是实验使用的扩音喇叭传来的热量。

21 世纪初，一些研究人员自信地声称，植物王国的成员对声音不敏感。诚然，许多树木和其他植物对个体通过土壤中的菌丝体网络等方式传递的信号非常敏感。但探测声音能为植物带来什么好处？如果没有大脑，甚至没有神经系统，它们又怎么可能探测声音？问题看起来已经有答案了。

然而，一切并非如此。事实证明，像海边月见草一类的植物确实能听到动物传粉者的声音。这种植物会用其花朵放大并集中声音，就像老式的喇叭助听器，在感受到蜜蜂翅膀的嗡嗡声时，它会通过增加花蜜中的糖分浓度做出反应。植物只要不到 3 分钟就能完成这项工作，速度之快足以影响到一只正在探索附近区域且还没着陆的蜜蜂。即使这只蜜蜂过早飞离，它也能更好地引诱下一只。

研究人员也越来越多地了解到，一些植物对振动非常敏感，还能辨别出引起振动的原因。拟南芥可以探测到它们的叶子被昆虫咀嚼时产生的小于万分之一英寸（0.002 54 毫米）的振动，并释放出一种具有驱虫作用的化学物质作为应对。而当它们暴露在风或不同的昆虫引起的其他振动下时，却不会产生更多化学物质。普通豌豆的根可以通过水在管道中流动时产生的振动来定位水，然后让根部向管道的方向生长，尽管管道旁边的土壤并不比植株周围的土壤更湿润。

达尔文最初的实验可能失败了，但正如经常在他身上发生的那样，他的第一直觉并未偏离轨道。在他的倒数第二本著作《植物的运动本领》中，他提出"根尖的作用就像简单动物的大脑"，这一论断是正确无误的。对于一些植物如何处理声音并对声音做出反应，我们仍然知之甚少。但是我们确实能用真实世界的例子来为莎士比亚笔下"树木中有舌，溪流中有书"的比喻背书，因为在这个世界里，有一些花儿是能够听到声音的。

对于人类来说，聆听植物生长，以及对外界环境做出反应时发出的声音也变得越发容易。放置在树干上的麦克风能捕捉到水和营养物质通过细胞传导的声音：一种美味的木质饮水声。杰兹·赖利·弗伦奇说："植物发出的声音比我们从前意识到的更加迷人，也更加挑战我们对它们的感知。"他认为，随着倾听植物之声的技术更普及，人类作为生态系统的一分子，能够学会更平等地尊重并展现生态系统；我们能够学到，生态系统的繁荣依赖根系和土壤，而不仅仅是引人注目的花与叶。

昆虫之声

昆虫不像你我。它们有更多耳朵，而且有些长在相当怪异的地方。一些蝴蝶和飞蛾的口器上长着耳朵，还有一些昆虫的耳朵长在翅膀根部，相当于我们在腋下长出了耳朵。一种被称为眼蝶的蝴蝶可以通过翅膀上肿胀的血管将声音传导至这些小小的耳朵，这使得它们用以飞行的器官等同于我们的外耳。蟋蟀在前腿上长有听觉器官；苍蝇使用触角上的传感器聆听；螳螂通过胸部中央的一只耳朵听声音；炸蜢则通过腹部的薄膜探测声音。

昆虫解剖学中几乎无穷而超现实的丰富性早已远超听觉器官的范围。例如，有一种蝴蝶，它的阴茎上长着一只"眼睛"，严格地说，这是一个"眼外感光器"。但昆虫已进化出各种不同的听觉器官，并且在不同的种群中独立进化了至少 19 次，这一事实正表明对许多（尽管不是全部）昆虫来说，声音在它们的生存和繁殖中是多么重要。

节肢动物（有外骨骼、身体分节的无脊椎动物门，包括昆虫在内）在 4.5 亿年乃至更久之前自海洋登上陆地。它们中的一些来到奥陶纪海滩的沙中产卵，就像现在的鲎一样。另一些来这里寻找食物，如藻类、简单的植物、蠕虫以及其他节肢动物。最初的昆虫（6 条腿的节肢动物）在约 4 亿年前从陆地环境中进化诞生，那时的陆地已经遍布蜈蚣和马陆，以及肉食性的蝎子和蜘蛛（8 条腿的节肢动物）。大多数或所有这些生物都可能通过腿上的传感器探测土壤或者植被的振动，因此植物应尽可能保持安静并且监听危险的来临。

但在某些情况下，昆虫也有充分的理由故意制造出声音和振动。突然发出嗡嗡声可以惊吓捕食者，从而为逃跑争取时间，这种能力（与触电握手恶作剧装置的原理相同，但目的更严肃）可能早期就已进化出现。直到今天，蜘蛛、马陆、蟋蟀、甲虫和鼠妇仍具备这样的能力。另外，使用声音来标榜自身的存在对求偶或吓退竞争者也很有帮助。

昆虫可能创作了地球上第一首陆地歌曲——用生物学行话来说即是"古生代间性生物呼唤互动"。这一行为确切的方式和时间还不清楚，但可能至少有两个不同的起源。第一种确切来说是利用振动感应——感受嗡鸣、晃动或其他通过植被或地面传播的运动的能力。今天我们可以在角蝉的活动中听到这一起源的部分结果。角蝉是一种吸食树液的小昆虫，它们的背部有着标志性的膨大结构，通常类似棘刺，但也能呈现奇异的颜色和形状，比如迷幻的普鲁士尖顶头盔、直升机旋翼和新月。通过迅速收缩腹部肌肉，角蝉制造出的振动穿过它们落脚的植物，沿其他角蝉的腿部向上传导。这些振动是人类听不到的，但很容易通过电子处理转换成声音。由生物学家雷金纳德·科克罗夫特编纂的一个音频库里包含了不同种类角蝉的歌声，这些声音各种各样，有的像沙哑的迪吉里杜管，有的像猿猴啼叫结合机械的咔嗒声，还有的像卡车倒车时发出的警告声与鼓声的结合。通过表面振动，这些微小的昆虫可以发出仿佛来自更大型身体的声音，它们从绿叶覆盖的小隔间里制造出了巨大的响声，就像 1939 年电影《绿野仙踪》的节肢动物版。角蝉能发出和短吻鳄一样低沉的求偶叫声，尽管短吻鳄的体重远超其数百万倍。

昆虫歌声的第二种起源是对已经进化出飞行能力的身体器官的适应。在这种情况下，歌唱的能力来自翅膀。一些研究追溯了多个物种所具有的不同基因的共同根源，结果表明，第一种长有翅膀的昆虫在 4 亿至 3.5 亿年前进化而来，而使翅膀能发出声音的改造的最早的化石证据可以追溯到大约 3.1 亿年前的石炭纪晚期。巨翅目昆虫是一种乌鸦大小的昆虫，与现代蚱蜢有亲缘关系。当它们聚集在一起时，翅膀上的特殊区域很可能发出嘎吱的爆裂声，甚至可能产生闪烁的光。两者都有助于这种生物互相交流。

摩擦发声——翅膀或其他肢体互相摩擦发出的沙哑乐音——最古老而无可争议的证据，来自数千万年后二叠纪形成的化石。二叠振虫是现今蟋蟀的远亲，它的一只翅膀上有一条细小但因变厚而凸起的血管。当两只翅膀重叠摩擦时，这条血管会擦到另一只翅膀的底部。这简单而刺耳的声音是一部持续 3 亿年的交响乐的开始。

现代蟋蟀拥有比其更复杂却本质相同的结构，它们拖着左侧翅膀上的凸起，擦过右侧翅膀上的多条脊线，就像一枚划过梳齿的拨片。它们还通过翅膀上鼓状的薄膜"窗口"来放大声音。每种蟋蟀的发声锉刀和薄膜窗的形状都不一样，旋律也因而不同，它们能发出各种各样的歌声，从轻柔的鸣叫到高亢的颤音和超出人类听力范围的哀鸣。有些蟋蟀会在树叶上咬出一个洞来放大歌声，它们把头伸进洞里，用树叶的其余部分作为扩音器。其他种类的昆虫则已进化出了完全不同的发声方式。例如蝉，它们的腹部有"鸣器"，这种波纹状的结构，在身体两侧的鼓室中快速振动，发出昆虫界最响亮的声音。

二叠振虫和其他二叠纪的昆虫所生活的世界，除了偶发的咯吱声、扑通声、嘶嘶声、重击声和刮擦声之外少有其他的动物声音。我们远古的祖先在那时多半也听不到它们的叫声。兽孔目动物——我们笨拙而形似蜥蜴的远古祖先——只对低频声音敏感。然而随着时间推移，我们的一些亲戚缩小体形、长出皮毛，在某些情况下还学会了飞行，成为昆虫的可怕掠食者。

大约在 5 200 万年前，蝙蝠进化出了回声定位能力，即它们能发出音调极高的声音，并能通过读取回声来定位空间中的物体。这使它们即便在完全黑暗的环境中，也能发现并跟踪飞行的昆虫。它们狼吞虎咽，茁壮成长：如今，每五个哺乳动物物种中就有一种是蝙蝠。但昆虫也进化出了对策。当螳螂用它胸部的耳朵听到蝙蝠的声音时，它会像战斗机飞行员为躲避导弹而让飞机突然坠落那样翻滚下落。时机是关键，而螳螂在 80% 的时间里都能成功逃脱。许多蛾类的鼓室感知到蝙蝠发出的超声波咔嗒声时会触发飞行肌群的不规则抽搐，昆虫的飞行轨迹随机骤变，使蝙蝠难以跟踪。其他种类的飞蛾进化出了更加天才的防御措施。虎蛾的外骨骼上有很多突起，这些弯曲变形突起会发出超声波咔嗒声，干扰蝙蝠的回声定位，同时也向蝙蝠表明这种蛾是有毒的。月蛾有尾状的翅膀附属结构，在飞行时旋转拍打，制造出声音干扰以迷惑蝙蝠。甚至还有一种飞蛾的翅膀上带有"隐形"的鳞片，其原理就像先进战斗机上的吸声瓦，能够吸收蝙蝠发出的咔嗒声中约 80% 的声音，使得任何返回信号都难以探测。

自然界中至少存在一种学会了用声音来利用其他昆虫的蝴蝶。霾灰蝶是一种遍布欧洲和亚洲北部、翅膀带有斑点的蝴蝶，它们的幼虫会制造一种吸引红蚁的甜味物质，然后发出模仿蚁后歌声的声音。工蚁们会收养这只毛毛虫，把它抬回自己的巢穴，在那里毛毛虫继续唱歌，而蚂蚁们则会优先喂养它，而非自己的幼虫，直至毛毛虫长大百倍：就像一种巨大的无脊椎杜鹃。

我们对昆虫和其他无脊椎动物的声音世界了解得越多，就越会感到惊讶。例如，人们最近才发现，黑寡妇蜘蛛可以通过改变它们在蛛网上的姿势来调整腿部的振动频率。"这就好像一个人可以通过深蹲来集中关注红色，或者通过下犬式（或'下蛛式'）来发出高音调的声音。"艾德·扬描述道。眼蝶的翅膀则拥有接近理想麦克风的性能，精准地呈现周围所有的声音，不会优先放大任何一种音调。即便使用复杂的技术，人类也很难做到这一点。

1962 年，蕾切尔·卡森发出警告，寂静的春天即将到来——由于主要食物来源受到滥用的杀虫剂的污染，大量鸟类死亡，鸟鸣也将消失。生物学家戴夫·古尔森写道："如果她看到现在的情况变得多么糟糕，她可能会伤心流泪。"蕾切尔强调的问题现在变得更加严峻，部分原因是（尽管不仅是）新型杀虫剂的毒性是几十年前的数千倍。所以，安静下来的不只有鸟儿。在英国，2004—2021年间，飞虫的数量下降了近 60%。据估计，其他国家也出现了类似的下降。古尔森说，几乎没有人意识到这有多大的破坏性。他说，昆虫的消失将深刻影响人类的福祉，因为我们需要昆虫为庄稼授粉，回收排泄物、树叶和尸骸，保持土壤健康，控制害虫等。鸟类、鱼类、青蛙和其他以昆虫为食的动物，以及依靠昆虫授粉的野花也都会受其影响。如果昆虫的数量继续减少，我们所知的生命世界将慢慢趋于停滞，因为离开昆虫，世界便不能运转。

蜜蜂

蜜蜂会被回声扰乱吗？我们很多人可能都不会想到这个问题。但 18 世纪的牧师和博物学家吉尔伯特·怀特在罗马诗人维吉尔的作品中发现了这个"狂野而奇特的断言"，并决定去一探究竟。他在花园里的蜂巢附近举着一个大号喇叭，"用力地说话，声音之大，仿佛在向一英里开外的船舶发出信号"。他记录道，蜜蜂"不受影响地从事着各种各样的工作，没有表现出丝毫的情感或怨恨"。

蜜蜂对许多声音毫无反应，甚至可能完全听不到，这在怀特的时代并不是什么新鲜事。生活在维吉尔之前 3 个世纪的亚里士多德表达了同样的观点，怀特也知道自己所处时代的自然哲学家都认为生物"没有任何听觉器官"。但是养了一辈子蜜蜂，也是一名自然界的敏锐观察者的怀特，怀疑哲学家们是否遗漏了什么。即使蜜蜂听不到声音，它们是否能够感觉到声音带来的后果——振动呢？有时候事情远比听到的更复杂。

人类长期以来一直在利用蜜蜂，并将继续利用它们。除了养殖蜜蜂并收获蜂蜜，我们还向它们的种群投射了各种各样的想法：关于我们的社会应该如何组织，或者不应该如何组织。但与此同时，我们也惊叹于它们作为一个个独立个体的存在。维吉尔在记述蜜蜂对回声敏感的同一作品《牧歌》中写道："有人声称蜜蜂拥有一份神圣的智慧和一掬天堂的泉水。"一个世纪后出生的普林尼在他的《自然史》中提出，蜜蜂的蜂蜜可能是星星之涎，也可能是天空之息。

关于蜜蜂的科学知识和人们编造的关于它们的故事一样惊人。首先，蜂的种类繁多。除了 9 种蜜蜂和约 250 种大黄蜂，还有 2 万多种其他种类的蜂，生活在各种各样的栖息地。例如，在北美洲索诺拉沙漠的管风琴仙人掌、泰迪熊仙人掌和观峰玉之间，生活着仙女蜂。它的全长不到两毫米，是世界上最小的蜜蜂，在这里还生活着一种比它大 20 倍的木蜂以及其他几十种蜂类。

蜜蜂是灵活而适应力强的学习者，而不是预先编程的机器人。它们在复杂而陌生的地形中寻路、记忆，并与其他个体分享所学，但它们能做的远不止这些。例如，蜜蜂可以识别人类个体的面孔。大黄蜂会故意破坏一些植物的叶子，因为这会缩短植物从开花到产生花粉的时间。有些蜂类还能解决它们在自然环境中永远遇不到的难题，比如学习如何通过拉动一根绳子来接近透明板下方可见的人造花朵。H. 萨马迪·加尔帕亚奇·多纳最近的研究表明，大黄蜂会做出在实验室里滚木球一类的行为，这些行为符合动物玩耍的所有标准。它们用来完成所有这些行为的大脑仅有一粒沙的大小，里面包含将近 100 万个神经元，大约是人类大脑 860 亿个神经元的 0.001%。蜜蜂大脑中的每个神经元都会像橡树枝干一样分岔，并且与其他成千上万的神经元建立起突触连接。

如此有能力的生物真的不会利用声音吗？追随吉尔伯特·怀特的脚步，作家莫里斯·梅特林克在 1901 年指出，蜜蜂对作为养蜂人的他在蜂巢附近发出的噪声一点儿不会感到困扰，但他也认为，蜜蜂只是在无视他。"是否存在一种可能，"他问道，"人类只能听到蜜蜂发出的声音的一小部分，而它们其实拥有我们的耳朵无法捕捉到的更多和谐音律呢？"

梅特林克的推论得到了先驱生物学家查尔斯·亨利·特纳的证实，他证明蜜蜂能够听到并且分辨音调。进一步的证据来自对"摆尾舞"的观察。行为学家卡尔·冯·弗里希在20世纪20年代首次对这种行为进行了详细研究。一只觅食成功的蜜蜂会在蜂巢内按8字形盘旋，分享有关食物、水源或潜在新巢址的信息。当蜜蜂摇摆时，它会释放烷烃和烯烃等化合物，并制造出一个独特的电场。这些都可能是沟通的一部分，但研究人员现在认为，由摆尾动作引起的表面和空气振动也起到了一定的作用。研究人员蓝浩之和他的同事写道："在摆尾阶段，舞蹈者的翅膀拍动产生一连串的振动脉冲，从其尾部传递给跟随者。"跟随者用它们触角上的江氏器探测到空气振动，也就是近场声音，然后在它们的主要听觉中心处理这些信息。21世纪的神经科学家能看到蜜蜂神经系统的这一部分，但是18世纪的自然哲学家却不能。人们还发现，当蜜蜂彼此撞到时，它们会发出"呜呜"的叫声。起初，研究人员认为这是一个让其他蜜蜂停止前进的信号，但现在看来，它们只是在表达惊讶。

还有一些证据表明，蜜蜂能够探测到距离蜂巢很远的声音。高端音响系统的制造商曾录下蜂巢的嗡嗡声，然后在几米之外重放，蜂巢里的蜜蜂似乎大量向播放录音的扬声器靠近。

此外，大黄蜂也使用振动作为工具。如果你曾在鲜花盛放之处度过一个夏日，那么你很可能听过它们这样做。大黄蜂懒洋洋、低沉的嗡嗡声会时不时变成一阵阵音调更高的声音，有点儿像小钻头钻进木头的声音，或者像被蜘蛛网缠住的焦躁的绿头苍蝇的声音。有人怀疑这种行为表示大黄蜂感到痛苦，但事实并非如此。许多植物只需让昆虫与花药相撞就能将花粉传递给授粉昆虫，但是大约十二分之一的植物物种，包括人类许多宝贵的食物来源，都有着管状的"孔裂"花药，花粉只能通过顶端的一个小孔溢出。大黄蜂通过收缩飞行肌肉产生相当于 30 倍重力的力，发出尖锐而高强度的嗡嗡声，使得花粉倾泻而出。这就是所谓的嗡嗡传粉，或声裂传粉。

故事的后续情节是这样的，在"一战"结束后不久，电影大亨塞缪尔·戈德温招募了一批杰出作家，试图提升他的电影的基调。其中一位正是莫里斯·梅特林克，此时他已获得诺贝尔文学奖，开始致力于剧本创作。戈德温开始阅读翻译后的剧本，起初他感到困惑，之后越读越沮丧，最后他再也无法控制自己的情绪。"我的上帝！"他怒气冲冲地说，"主角竟然是一只蜜蜂！"

梅特林克的好莱坞生涯就此结束，但他对蜜蜂的热爱继续激励着其他人，而他关于蜜蜂声音的直觉判断也被证明是正确的。蜜蜂确实能发出"我们的耳朵无法捕捉到的更多和谐音律"，并可能还有更多有待发掘的真相。

了解生命世界中超出我们听觉范围的声音总是一件令人惊奇的事情，而且，当它们被电子放大处理等方式转化为可听到的声音时，往往令人着迷。但有时候，我们只要更加密切地关注使用未经干涉的感官能捕捉到的东西，就已经足够，或者更好。"专注力本身就可媲美最强大的放大镜。"生物学家罗宾·沃尔·基默尔在谈到苔藓研究时如此写道。对蜜蜂来说也是如此。

你的人生中应至少尝试一次，让耳朵在安全的前提下尽可能接近一个活跃的蜂巢。"在我们与天堂或地狱之间只有生命，那是世界上最脆弱之物。"布莱士·帕斯卡尔写道。但是，在成千上万只蜜蜂形成的智慧群体中，透过声音的强度和频谱，只要愿意，我们就能听到生命迸发而出的、远超我们自身短暂寿命的力量与可能性。

青蛙

青蛙着实是自然的一件奇妙造物。它通过皮肤呼吸，是如此高贵。它的舌头较之人类柔软数十倍，虽被黏稠百倍的唾液覆盖，却仍如此敏捷。它吞咽时，会将眼球向下挤进头骨推动食物进入喉咙，这是如此令人钦佩的动作。而认知方面，它那基于视杆细胞的彩色视觉系统，让它能在人类全然看不见的漆黑环境中看到各种色彩。

人们认为，真正意义上的青蛙最早在约 2 亿年前的侏罗纪时演化形成。魔鬼蛙是青蛙族群的一位早期成员，其体形大到能嚼碎幼年恐龙。如今，除南极洲之外的所有大陆上生活着超过 7 000 种蛙类。其中包括世界上最小的脊椎动物，比铅笔一端的橡皮头还小的阿马乌童蛙，以及身形庞大、能与玩具贵宾犬过招十二个回合的非洲巨蛙。在身形构造和运动技能方面，蛙类几乎拥有无限潜能。在婆罗洲和苏门答腊的热带雨林中，有些蛙类运用降落伞般的脚蹼滑翔穿行，而在的的喀喀湖，因其皱巴巴的外观而得名的"阴囊蛙"

则终生生活在水中。澳大利亚穴居蛙能在泥浆里生存多年。在越南，北部湾棱皮树蛙的身形与河岸岩石几乎完美融合。而中美洲和南美洲的毒蛙身上则装饰着明艳的金色、蓝色、红色、橙色和黑色的斑点和条纹。

声音在青蛙世界中至关重要。有些物种的雄性个体会以鸣叫的方式向雌性展示自己，对它们来说，叫声越深沉，就越有吸引力。而且，由于"表观性尺寸象征"，个体体形越大，叫声就越发低沉，在这一点上青蛙们伪装不了：对于它们来说，真即是美，而美即是真。生态学家彼得·沃歇尔在关于20亿年间动物声音的演讲中说："如果你是一只雄性个体并且不想斗殴，就去找一只已经在与雌性交配的雄性，然后轻拍它的背。如果对方的声音比自己的更低沉，你就得继续寻找。如果相反，你就能与对方交换位置。"蛙类已经如此实践了很久，因而了解常规流程。假如你是一只雄蛙，有时在最终吻到属于你的公主之前，你可能得先拍过许多其他雄蛙的后背。

雌蛙也能产生一种声音奇迹。在很多蛙类喜欢栖息的温暖潮湿的区域，常有几十种不同类的雄蛙同时呱呱鸣叫，形成所谓的"鸡尾酒会难题"：在一片嘈杂中如何捕捉到正确的声音。为了攻克这一难题，雌蛙会在肺部发出与其他物种同样频率的声音。它们将这些声音传导至鼓膜，然后利用与降噪耳机相同的原理，将其消音处理。正因如此，雄性同类的声音才能在喧闹中清楚地被分辨出来。而不久之后，各方面堪称完美的新生蛙类后代又将爬出水面出世，重新开启这场游戏。

在一些人看来，蛙类是带来愉悦而非伤害的声音和甜美气氛之源。1860 年 5 月，亨利·戴维·梭罗曾写道："伴随一个接一个越发温暖的夜晚，河边蟾蜍与青蛙的鸣叫越来越响亮……这是最初的地球之歌。"这仿佛是"田野最终唱出了田野之歌"。对于音乐家埃尔梅托·帕斯库亚尔来说，雨天里呱呱叫的青蛙是在邀请他合奏，于是他也拿起短笛加入其中。

然而，蛙声也并不总能取悦人类或人类崇拜的对象。公元前405 年，在由阿里斯托芬创作的戏剧《蛙》中，青蛙的呱呱叫声激怒了酒神狄俄尼索斯。而在 2014 年，青蛙交配期令人难以忍受的大声鸣叫几乎使女演员兼歌手阿里安娜·格兰德焦躁到无法集中精力。幸运的是，格兰德后来在手机上安装了一款海洋声音应用程序来屏蔽它们的叫声。

蛙类正饱受多种人类活动造成的污染和其他干扰的威胁。但是它们仍有存续的希望，因为一些蛙类能够表演"哑剧"。在奔流咆哮的瀑布周围，水声太嘈杂使得蛙们听不到彼此的鸣叫声，于是它们学会通过简单地挥手打招呼来吸引异性同类。

蝙蝠

蝙蝠使用回声定位寻路，并通过聆听自己叫声的反射来狩猎昆虫，这在现今早已是一般常识，以致人们鲜少更深入地思考该现象。这真是遗憾，因为越是深入探究，就越能感受这一现象的神奇。

不妨先从历史讲起。这场摘除蝙蝠眼球的手术发生在拉扎罗·斯帕兰札尼生活中平常的一天。1786年，这位多才多艺的牧师兼生物学家成了首位给青蛙体外受精并给狗人工授精的人。1793年，他试图研究蝙蝠这种小型毛茸哺乳动物是如何在黑暗到连仓鸮都无能为力的空间里安然无恙地飞行的。当观察到被摘除眼球的蝙蝠能像以前一样飞行时，斯帕兰札尼推断它一定是通过视觉以外的方式探路的。为了找到原因，他用蜡和其他物质堵住了未失明蝙蝠的耳朵。当这些失聪的蝙蝠在飞行中一头撞到墙上时，斯帕兰札尼确信，它们一定是通过听觉来寻路的，只是他还不知道具体原理。

100多年后，当技术进步开始拓展我们可想象和可测量的领域时，答案才逐渐浮现。1912年5月，泰坦尼克号沉没一个月后，气象学家刘易斯·弗赖伊·理查森为一种水下回声测距设备，即我们现在所说的"声呐"，申请了专利；同年，以发明自动机枪而闻名的海勒姆·马克沁提出，蝙蝠通过聆听低于人类听觉范围的回声来导航。8年后，生理学家汉密尔顿·哈特里奇提出，蝙蝠发出的声音实际上高于人类听觉范围，这一点得到了年轻生物学家唐纳德·格里菲思的证实。格里菲思在20世纪30年代开始研究这种生物，他使用了一种全新的设备，能探测到那些高频声音。他于1944年创造了"回声定位"这个术语。然而，自格里菲思（他后来继续支持着许多动物能思考和推理这一不受欢迎的观点）与合作者共同证明了蝙蝠用声音"视物"这一在那个时代几乎无法想象的事实至今，也只过去了等同于一个人寿命的时间。

艾德·扬关于动物感知的书《五感之外的世界》曾出色地讲述了蝙蝠的感官世界。下面是其中几个关键信息。首先，蝙蝠在我们看来是沉默无声的，但实际上它们发出的声音大得几乎令人难以置信。一只大棕蝠的重量只有15~26克，相当于大约3~5张信用卡的总重，但其叫声可达138分贝，和喷气式发动机的声音相当。即便是蝙蝠的"低声耳语"也高达110分贝，响度大约相当于电锯发出的声音。人类无法听到蝙蝠的声音，是因为它们的叫声频率高达200 000赫兹，远超人耳能处理的频率范围，然而这些声音真实存在。

蝙蝠之所以如此大声鸣叫，是因为频率很高的声音会被空气迅速吸收，无法传播很远。为弥补这一点，蝙蝠将其叫声的能量汇集到一个从其头部延伸向外的锥体中，类似头灯发出的狭窄光束。使用这种集束的强声，它们能在5~8米开外找到飞蛾或其他昆虫猎物。而且，为了避免叫声震聋自己，它们每次鸣叫发声的同时都会收缩中耳肌肉，以"捂住耳朵"，并在之后及时放松，以便聆听每道回声。

为躲避障碍物并定位猎物，蝙蝠需要不断用新的叫声和回声快速更新感知到的声音，不然就只能获得一张"静态快照"。它们的发声肌肉能够达成这一目的。当蝙蝠快速接近一只俯冲的昆虫，进入"终结嗡鸣"的追捕状态时，它的发声肌肉会以每秒200次的速度收缩，这是所有哺乳动物肌肉中收缩速度最快的动作。这种状态下，蝙蝠能将每次鸣叫的时长控制在短短几毫秒，即使在最为迅捷的最终追捕阶段，鸣叫和回声之间也不会发生重叠，干扰蝙蝠的判断。

蝙蝠具有的这种"听觉视物能力"准确得惊人。研究人员发现，它们能够探测到二百万分之一到一百万分之一秒的回声延迟差异，即声音传播不到一毫米所需的时间。在与此相当的距离内，这比人眼的敏锐度更高。此外，一些种类的蝙蝠会使用音高跨越一个八度还多的叫声进行回声定位：你可以把它想象成世界上音调最高、最狂野的滑音哨声。在此范围内，较低频率的声音向蝙蝠传达目标较大的特征，而较高频率则描述精密细节。蝙蝠能够在远短于一秒的时间内分析所有这些以及更多信息，构建出猎物和行进路线的详细声学图像。研究人员最近发现，有些蝙蝠也会发出更低频的声音来相互问候。它们可以说是长翅膀的小型死亡金属咆哮歌者或者图瓦喉音歌手。

生物学家莱斯利·奥格尔曾说："进化远比你更聪明。"当然，他的意思并不能从字面上理解："进化"这一现象并不具备我们通常所说的"思想"。这句话的关键在于，进化过程产生的形式和能力，是我们的思维很难或者完全无法构想出来的。或者，用我常说的话表述就是，进化不仅比你聪明，它还具有更天马行空的想象力。

哲学家斯蒂芬·阿斯玛将想象力定义为将思维与直接的感知流分离，并进行反事实的虚拟现实模拟的能力。据我们所知，人类的想象力比任何其他动物都要发达得多，这也许是我们最非凡的能力。但我们也会遗忘或滥用它，在这种情况下，我们则会陷入瓶颈或进入恶性循环。

因此，我推荐的重新激发想象力的方法之一，就是认真观察蝙蝠的脸部。它们惊人而多样化的脸部体现了巨大的奇异感和进化的意外感。有些蝙蝠的脸部形态比人类曾想象过的任何面具、滴水嘴兽、恶魔乃至外星人都更加怪异。但不是所有蝙蝠的脸部结构都是为了回声定位而进化出来的。许多种类的蝙蝠也会通过视觉和嗅觉探路、寻找配偶以及觅食，但每一种蝙蝠都为应对生存挑战而给出了巧妙（尽管看上去不无怪异）的答案。

恩斯特·海克尔在他 1899 年出版的《自然界的艺术形式》一书中用一幅插图展现了这种多样性。这本非凡的图册中包括了水母、海绵、放射虫和其他生物，也包括真菌和植物。海克尔在其中排布并强调了蝙蝠的特征以产生戏剧性效果，但并未歪曲这些特征。小长耳蝠像长着象耳的皱眉白鼬神。安替列怪脸蝠是长有海象胡须的狮子、果冻耳菌和神话中的绿人结合起来的样子。马铁菊头蝠则像一只目光锐利的龙猫，装饰着复杂的花样线条。

而这仅仅是我们了解蝙蝠的开始。海克尔只展示了 15 种不同的蝙蝠，但全世界总共至少有 1 400 种，约占所有哺乳动物物种的1/5。除了海克尔的书中描绘的蝙蝠之外，我最喜欢的还有锤头果蝠，它的口鼻部呈管状，有点儿像高鼻羚羊，但末端形似一朵长疣的兰花与骷髅的杂交体。兔唇蝠则有着目光锐利的眼睛、斗牛犬般的下颌和怪异向下的耳朵，这些都是其适应能力的延续，使它能侦测到水下的鱼类猎物时在水面上产生的涟漪。这些古怪的头部结构和各种探测器官只是为了使生物能在这颗快速转动的星球上得以短暂存在而已。

象

大多数人类能在大约两个八度的音高内歌唱，但弗雷迪·墨丘利能驾驭三到四个八度，而男高音歌手蒂姆·斯托姆斯则保持着唱到将近十个八度的纪录。然而，对于非洲草原象来说，十个八度的音域只是正常水平。成年象能在远低于人类听觉阈值处发出隆隆低吼，连小象幼崽都能发出低沉如教堂管风琴最低音一样的声音。在中音部分，大象会发出呼噜声和响亮的叫声，同时，它们也能以远高于钢琴最高音的声音鸣叫。大象家族中的其他幸存物种——非洲森林象和亚洲象与它们的非洲草原表亲一样，也具有类似的发声能力。

与人类相似，大象也通过空气感知声音，但它们的听力远比人类敏锐得多。在利于声音传播的环境中，通常是平静无云的黄昏时分，大象能够探测到 10 千米之外其他同类个体的叫声。但它们的本事不止于此，因为大象也能通过脚部感知声音，即地面的震动。

当感知地面震动时，大象会将身体前倾，将更多体重转移到前脚上，随后静止不动，以使震动通过骨骼向上传导至中耳的空腔中。与此同时，其耳部括约肌样的肌肉收缩并关闭耳道，抑制听觉信号，并放大地面震动探测的信号。压力在封闭空气腔中积累，形成密闭管道，这也增强了骨传导。除了静止不动，大象有时也会单脚抬起再放下，或根据震动传来的大致方向调整自己的姿势来更精确地定位，正如我们转动头部迎着声音方向那样。

大象脚部的骨骼不像人类那样直接贴着地面，而是在脚后跟位置被一块厚肉垫支撑，从而使骨骼向上向前倾斜，像高跟鞋的后跟使人类脚部的骨骼提起并倾斜一样。大象平底脚掌后方的肉垫部分充满脂肪和软骨，能最大限度地将震动传递给敏感的机械感受器，即"触觉细胞"，我们的指尖和生殖器官也具有同样的细胞。这些触觉小体和环层小体的细胞，使大象能识别出其他同类经地面发出的钝响和杂音中极为细微的频率变化（仅仅相当于不到一个半音）。这些声音有的被用作警报信号，有的只是向同类传达自己就在附近。成年雄象和雌象大部分时间的生活场所都相距甚远，正是对地面震动的敏锐感知能力，才使它们能在雌象一年一度为期4天的短暂发情期期间找到彼此。

震动在地表的传播比声音在空气中的传播距离更远、速度更快，因此大象能够通过地表震动探测到比它们耳朵能听到的距离远得多的现象。例如，它们能感知130千米之外直升机桨叶的隆隆旋转，将其识别为潜在危险，随后往相反方向逃跑。也有人说，大象可以感觉到240千米外地表被瓢泼雨水冲刷的持续颤动。

地震探测如此有效，让大象的近亲物种之一几乎完全放弃了用听觉感知声波。除了皮毛华丽的虹彩光泽，网球大小的金鼹鼠看起来和其他鼹鼠几乎一模一样，然而实际上它与大象的亲缘关系比它与其他鼹鼠更为密切。（金鼹鼠和非洲象都是非洲兽总目的成员。非洲兽总目是哺乳动物的一个分支，从数百万年前仍是岛屿的非洲的一种共同祖先进化而来。）为了避免接收声波，金鼹鼠在其中耳内部进化出一根无比巨大的锤骨。当它把头埋进纳米比亚沙漠的沙丘中，聆听远处也许有食物的草丛被风轻轻吹动而发出的震动时，它的所有其他耳骨乃至全身都随之震颤，唯独这根锤骨岿然不动。

海牛和儒艮与大象的亲缘关系比金鼹鼠更为密切，它们也与象一样，颅内有一层特殊的声学脂肪垫，帮助将声音传导到所需之处。它们也可以被称为具有"超级感知力"。象有一个非常灵巧、知觉敏锐、力量强壮的象鼻，能拿起一个成熟的软桃而不伤其表皮分毫，也能不费吹灰之力地推倒一面砖墙。与之对应，海牛则有口器：肌肉发达、灵巧抓握的"嘴唇"能像人类的手一样握持并探索物体。我也想要这样的嘴唇。儒艮以其发达而精巧的触觉和灵敏的听觉著称。据小说家兼艺术家乔纳森·莱德加德说，长期以来，人类将儒艮的内耳骨放置在神圣的土丘中作为一种神圣装置，赋予他们的守护者以超能力。

研究人员才刚刚开始理解大象利用声波和地震波的一部分方式，它们的许多其他行为仍然成谜。如果真如 2014 年的研究所揭示的，这些动物仅通过人类声音的声学线索就能确定人类的种族、性别和年龄，那它们还能做到何等不可思议的事情呢？现在进一步研究大象的超能力为时不晚，但三种幸存的象种或是濒危或是极危，留给我们的时间已经越来越少了。

千里鲸歌

海洋之于声音，犹如太空之于光。声音在水下的传播速度是空气中的 4 倍以上，并且可以传播很远。相反，光在水中的传播实际上要比在空气中慢得多。大约水深 200 米以下，阳光就几乎完全消失，而声音能够继续畅通无阻地传播，竖直方向下至数千米深，水平方向则几乎可以到达无限远。

数千万年前，现今鲸和海豚的祖先——于海边狩猎的狼形动物的后代——进化出了利用这一点的能力。它们学会了如何利用声音在深水追踪猎物，并与同伴进行远距离的交流。这使得鲸对世界、自身和其他个体的感知更多由声音传达，而非依赖视觉。

随着时间推移，这些远古祖先进化成为截然不同的两个群体：有牙齿的和有须的。长有牙齿的鲸也称齿鲸类，如海豚、虎鲸、一角鲸和喙鲸，用它们的牙齿捕捉鱼类和其他猎物。长有鲸须的鲸也称须鲸类，包括弓头鲸、露脊鲸、灰鲸和蓝鲸，它们通过嘴里的梳状平板——鲸须——过滤海水中的浮游生物。这两类鲸栖息的声音世界迥然相异。齿鲸利用回声定位捕食，它们发出高频率的咔嗒声，回声自猎物身上反射，回到它们耳边。齿鲸同类之间也会通过咔嗒声和哨声相互交流。据我们所知，须鲸不使用声音捕猎，而是用连绵不断、通常也更为低沉的声调互相歌唱。

在人类让海洋充满人为噪声之前，须鲸的歌声曾传遍整片洋盆，甚至曾通过"深海声道"传入其他海洋。深海声道是由水下数百米的温压梯度构成的一种声音透镜，能将声音传到数千千米之远。若作曲家 R. 默里·谢弗关于"世界本身即是一部宏观音乐作品"的梦想得以实现，这一作品很大程度上要归功于鲸。

人类与鲸和海豚的第一次接触也许是在岸边的偶遇，但早期航海家们一定曾听过它们那穿透小木船船体的歌声。也许，古代地中海水手曾把这种声音解释为引诱了奥德修斯的海妖的呼唤。一些地区的海员们很早就学会了用听觉追踪鲸，也学会了观察鲸在水面上的呼吸。他们把船桨或长矛的一端浸入水中，然后把另一端抵在自己的头骨上，就能聆听鲸在水下发出的长鸣和咔嗒声。

人类猎杀鲸的行为已经持续了很长时间。在位于今韩国的盘龟台发现的4 000~8 000年前的岩刻画中，展现了大量灰鲸、抹香鲸、座头鲸和露脊鲸自由游动和跳跃的画面，但也展现了它们被捕杀的画面。在现今阿拉斯加，因纽皮亚特人等土著世代与北极露脊鲸共处，他们小规模地捕猎北极露脊鲸，但同时与它们保持着一种相互尊重的关系。他们认为，北极露脊鲸是具有巨大精神价值的生物。系统而大规模地狩猎可能始于巴斯克人。早在11世纪，他们就开始在比斯开湾猎杀露脊鲸，16世纪时则开始在纽芬兰附近捕杀露脊鲸和弓头鲸。他们从小船上投出固定在长编织绳上的双钩渔叉，在几个世纪的时间内捕杀了数千头鲸，这一行业后来也衍变为全球贸易。19世纪期间，来自英国、美国和其他国家的捕鲸者捕杀了数以十万计的抹香鲸和其他鲸类。而到20世纪，来自10多个国家的工厂船屠杀了数百万头鲸，许多物种几乎灭绝。鲸类中体形最大的蓝鲸，其种群数量的约99.85%均在这个时期被捕杀。

1966年，一直致力于研究猫头鹰和蝙蝠的回声定位的生物学家罗杰·佩恩听了弗兰克·沃特林顿录制的鲸的歌声。沃特林顿是一名美国海军工程师，在百慕大海岸的秘密基地监听苏联潜艇。佩恩后来说，这次邂逅使我听到了海洋的无垠。"就好像我走进了一处黑暗洞穴，听到一浪又一浪的回声从黑暗之外传来……这正是鲸的所为，它们给海洋赋予了属于自己的声音。"而随着佩恩和他的合作研究者们开始分析这些奇异的声音，结果却越发出人意料。

座头鲸时而"呜——呜"，时而"噗哈——"，也会发出"唷——""咦——"的声音。它们还可以发出像吱吱作响的门的声音，像轻便摩托低速行驶时发出的嘎吱声音，还有以低音深情吟唱的拖长的屁声。其中一些声音——包括屁声——接近人类听觉阈值的最低频率，大约 20 赫兹甚至更低，而另一些声音则接近最高频率，达到 20 000 赫兹以上。单独的声音会持续几秒钟，并可能随着歌唱变得更响亮或轻柔。一组声音的排列乍一听似乎随机，仿佛一只装满奇异声音的响袋，但它们其实具有高度的组织性。

罗杰·佩恩和妻子凯蒂，与斯科特·麦克维和妻子海拉一同，迈出了破译这些鲸歌结构的第一步。他们使用能够打印声音图像的设备，为已录制的声音制作了声波图。以今日标准度量，这一 20 世纪 60 年代后期的技术低效而原始：每十秒钟的声音需要一个小时才能打印完成。然而，随着他们逐渐将这些碎片组装起来，身为数学家的海拉看出了其中组织的结构。通过手动追踪声波图，降低外界噪声以突出鲸的歌声，四位研究者设计了一种记谱系统来展示这一点。鲸歌结构中最小的组成部分，即任意一种持续数秒的多样化鸣声，被他们称为一个单元。重复的单元组合在一起，被称为乐句，鲸唱出的每个乐句通常持续 20~40 秒。一系列由不同单元组成的乐句构成一个主题，而一首歌就由一系列主题组成，通常持续大约 7~30 分钟。在他们所定义的"一场"之中，一头鲸会多次重复同一首歌，有时会唱上一整天。罗杰·佩恩和斯科特·麦克维在《科学》杂志上发表了研究成果。他们写道，在鲸的歌声中，"美丽而多样的声音"被"相当精确"地重复着，有时能够持续数小时。他们已证明这些声音并非一串随机的叫声，而是复杂思维的有意识创造。现在，很多研究人员也认同，鲸的歌声符合对音乐的合理定义。

在接下来的数十年间，研究人员发现，某一海洋区域内，不同鲸个体演唱并翻唱的歌曲，与另一区域内同一种鲸所唱的不同。凯蒂·佩恩和她的同事琳达·吉尼等人也表明，鲸歌会随着时间推移产生变化，不同的鲸个体会引入不同的变奏，创造出新的歌曲，鲸鲸相传，直至最终传遍整个海洋。他们甚至展示了鲸歌有时会押韵，不同乐句的结尾能彼此呼应。然而，鲸究竟为什么唱歌，仍然是个难解之谜。例如，雄鲸的演唱似乎不为吸引雌性。也许鲸只是想给同类留下好印象，也许歌唱只是它们的娱乐活动。

罗杰·佩恩对人类捕杀海洋哺乳动物的残忍行为感到痛心。同时，他也意识到鲸歌在日益受到关注的大屠杀历史的文化环境中将越来越有价值，于是制作了一张鲸歌录音专辑。《座头鲸之歌》于1970年8月发行，仅比披头士乐队的《顺其自然》晚了几个月。专辑一炮而红，在引发了现代环保运动的社会关注浪潮中，最终售出（发行）了超过1 000万张。1972年，联合国宣布10年内在全球禁止商业捕鲸。只有少数几个国家无视这项禁令。而在随后的数十年间，许多鲸的种群开始缓慢恢复。

鲸歌录音现在已经如此为人熟知，人们很容易忘记初次听到这些声音时是多么奇妙而陌生。去听听人类对鲸歌的回应，而非鲸歌本身，也许是一种重新聆听的方法。乔治·克拉姆的《鲸之声》于1971年首演，由长笛、大提琴、特制钢琴和铜片钹（一种由小型带音高的圆盘组成的打击乐器，也被称为古董钹）演奏。作品内容由其三个部分的标题来揭示："练声曲（……为时间之始）"、"海洋时间变奏曲"和"海洋夜曲（……为时间之终结）"。在开头部分，长笛演奏者在演奏同时唱歌、念白，这种技巧可以以各种方式追溯到最古老笛类乐器的演奏。同时，钢琴琴弦像竖琴一样被拨奏，营造空间感和深度。第二部分以大提琴高音区奏响鲸一般的声音开始，钢琴则以隆隆振动来回应。这不仅是鲸一生的音乐，也是体现地球生命跨度的音乐，从太古代直至新生代，鲸在其中进化，而我们仍然生活在其中。在最后一部分，长笛与大提琴奏出空灵的哨声，钢琴以抒情的方式再次演奏开头的旋律，再加入铜钹晶莹剔透的响声。克拉姆说，在终章，他想表现"一种更广阔的自然节奏，以及悬浮在时间之中的感受……宁静、纯洁而神圣"。有些人曾将《鲸之声》称为奥利维耶·梅西安以鸟鸣为灵感的音乐的海洋翻版，但或许这部作品至少能媲美马勒的《大地之歌》。

　　声音记录技术的进步和更长的野外考察时间使人类能够听到比以往更多的鲸歌，也能在其中听出更多内容。2015年的专辑《座头鲸的新歌》收录了音乐家戴维·罗滕伯格等人的录音，比佩恩的原始唱片更清晰地再现了座头鲸的声音。聆听这张新专辑时，我们仿佛置身现场，与鲸们并行，而不再是隔着水体遥相听闻。有人认为，去除了1970年专辑中的回声和无关噪声，鲸歌缺失了一点儿氛围感，却让信息传达和即时性有了提升。

其他技术创新也能帮助我们欣赏鲸的歌声。罗滕伯格和设计师迈克尔·迪尔开发了一个图形符号系统，在此系统中，每个离散的声音单元都被赋予特定的形状和颜色。这些形状仿佛是奇形怪状的云朵和10世纪诞生的用于记录格列高利圣咏的纽姆记谱法的杂交体，它们沿低音和高音谱号堆叠排序，使其对应的音高范围一目了然，同时，不同的颜色也可辅助人眼区分不同组合。

*

我们爱听鲸和海豚的声音，但是它们又是如何看待人类发出的声音呢？希腊神话中有个故事讲述了海豚在听到音乐家阿里昂的歌声后将溺水的他救起，现实生活中肯定也有很多人尝试跟这些动物们说话或唱歌，但最早有记载的人类特意为鲸类动物演奏音乐的事例可能发生在1845年7月的一个晚上。当时，大提琴家莉萨·克里斯蒂亚尼为一头鲸演奏了巴赫的曲子，这头鲸向她在北太平洋航行的船只靠近，并且一度直接从船下潜泳穿过。"从那一刻起，"她写道，"我们一行人都普遍认为，鲸具有最卓越的艺术品位。"（克里斯蒂亚尼是个极富冒险精神的女人，25岁的她，在带着她的斯特拉迪瓦里大提琴去堪察加旅行时不幸死于霍乱。）

近年来，戴维·罗滕伯格尝试和鲸一起演奏爵士乐。在2008年的专辑《鲸之音乐》中，他站在船上，通过连接到水下的水听器的耳机，聆听座头鲸、虎鲸、白鲸和其他鲸的声音。当鲸唱歌时，他就用单簧管即兴演奏，乐器的声音随即通过水下扩音器传递给鲸。罗滕伯格写道："在我看来，似乎至少有一头鲸在对我做出反应，改变自己的音调和节奏以回应我的演奏。""这也许只是我的一厢情愿，不过……如果鲸能够在短短几周内改变它们的歌声，我们也会期待它们立即对鲸歌般的单簧管声音做出反应。"在《鲸之音乐》的音轨中，鲸歌和单簧管演奏有时会伴有吉他、小提琴和后期混入的电子乐，这些音乐十分惊人，而且往往很美妙。但是，我们很难知道鲸到底有没有反应，如果有的话，我们也很难了解它们是以何种程度听到了罗滕伯格的演奏并以何种方式与其对唱，或者他们在与人类相遇的过程中是否感受到乐趣。作家丽贝卡·吉格斯在她2020年出版的《深海：鲸的世界》一书中问道："鲸类耳中人类的声音，会像人类耳中鲸类的声音一样空灵吗？还是说，我们的声音对于鲸类来说烦躁不适，刺耳难耐？"生物学家兼音乐家萨拉·尼克希奇制作了两张专辑，将鲸的歌声与心灵迷幻音乐结合在一起。心灵迷幻音乐是一种混合了迷幻音乐和氛围音乐的流派。她认为，鲸和人类都在不断创新，不断变化自己的歌曲，两种生物之间的共同点比人们普遍意识到的更多。但有一点是确凿无疑的：鲸类关注的时间尺度往往是人类无法匹配的。科学作家伊丽莎白·科尔伯特观察到，百慕大群岛附近的座头鲸发出的一次叫声需要20分钟才能到达在新斯科舍海岸畅游的座头鲸。如果那头位于加拿大水域的鲸立即应答，百慕大的鲸要等上足足40分钟才能听到回应。科尔伯特引用生物声学家克里斯托弗·W.克拉克的话说：在想象自己成为一头鲸将会如何时，"必须将思维拓展到截然不同的维度"。

无论鲸类对人类音乐是喜是恶，人类在近几个世纪中对它们造成的骇人的创伤都能在它们的耳垢中寻得。穿过鲸类身体的应激激素（以及污染物和其他物质）会被封存在活鲸不断形成的耳垢中。研究人员从鲸的尸体耳部提取出耳垢栓，通过分析每年沉积的深色条纹可以读出它们的生活史，正如通过年轮读懂一棵树或者通过冰核读懂冰川一样。综合许多鲸类个体的读数资料，我们已能编纂一份世界范围内 150 年间的鲸类压力水平编年史。结果显示，压力水平几乎完全与同一时期的捕鲸强度数据相符。

如今，商业捕鲸已基本停止，许多鲸类种群的数量正在恢复。但是人类仍在持续以其他方式杀害鲸类。渔网，无论是使用中的设备还是随意漂流的"幽灵设备"，会困住很多鲸。大量倾倒的人为污染物可能使一些种群功能性灭绝，它们很快就会完全消失。而在接下来的几十年里，从两极到热带的鲸类还可能面临多种新的压力来源，包括越发严重的污染，以及由于商业捕鱼和其他因素导致的食物枯竭。正如哲学家埃米亚·斯里尼瓦桑所写："未来的历史学家将不得不解释我们对鲸类的表演性喜爱与无情的赶尽杀绝之间的关系。"

鲸鱼也在持续遭受人为噪声的伤害。这个问题在 19 世纪随着螺旋桨驱动的船舶的喧嚣开始变得严重，并随着船舶的规模、数量和速度的增长而越发严峻。军事活动的增加、声呐的使用、石油天然气产业的气枪震源探测以及海上施工，都增加了人为噪声。自 1974 年以来，全球集装箱船运力增长了近 50 倍。据估计，20 世纪中叶以来，海洋中的噪声水平每 10 年就翻一倍。在路过的巨型油轮下方或周围游泳，就像身处大型喷气式飞机起飞时的航线之下一样喧嚣。这一切导致许多须鲸的歌声越来越难以被同类听到。研究认为，自 20 世纪 40 年代以来，蓝鲸的通信范围缩小到约 1/10。抹香鲸和虎鲸等利用回声定位捕食的齿鲸也备受折磨。在海洋中最嘈杂的地方，鲸类的听力范围缩减甚至高达 95%。在 2016 年的纪录片《噪声海洋》中，克拉克说："我们向海洋注入了太多噪声，正在让海洋消声。这个星球上所有的歌声都遗失在那片噪声之云中。"许多不间断的鲸歌录音都是在海洋比现在安静许多个数量级时录制的，正因为如此，它们实际上无法代表鲸类在大部分时间所体验的世界。

好消息是，海洋中的声音污染是可以减少的。我们可以在鲸类和海豚迁徙时，撤除气枪震源。优化船体设计并降低航速，可以减弱船舶噪声。2020 年新冠病毒大流行的前几个月，航运量急剧下降，海上航线附近的部分海域明显变得更加安静。这种安静对鲸类和其他海洋生物的益处有多大尚不清楚，但算是希望之基。早期研究表明，在 2001 年 9 月 11 日之后，噪声减少使北大西洋露脊鲸感受到的压力水平大大降低。在靠近斯里兰卡的海上，只要些微改变油轮和集装箱船的航线，就可能减少噪声和船只撞击，从而降低对栖息在此处水域的蓝鲸的影响。（请参阅本书第 4 章，了解令人充满希望的消息。）

不管是好是坏，还有很多知识等待发现。2020 年有报道称，中国科学家正在研究如何将水下军事信号伪装成海豚、虎鲸发出的咔嗒声以及虎鲸的歌声。在其他地方，研究人员发现长须鲸的歌声可以穿透 2 000 多米深的海底岩石。仔细聆听，就可以利用这些歌声产生的地震波来研究地球的底层结构。新的未解之谜也在同时浮现。例如，在过去的 40 年间，蓝鲸的歌声变得更低沉，音调下降了约 30%，到目前还无人做出任何解释。无论是与气候变化有关的海洋酸度波动、鲸的平均体形大小和种群密度变化，还是海洋噪声的增加，似乎都不能完全解释这种变化。

"鲸的歌声讲述了一段我们未知的历史，"罗杰·佩恩在 2020 年首次播出的一档电台节目中如是说，"难道人类就不能在不亵渎自然的前提下与世界互动吗？"如果存在这样一种方式，这将依赖于人类集体想象力的作用，包括对地球生命的过去和未来更深刻的认识。丽贝卡·吉格斯认为，只有人类"能够体会鲸及其祖先统治过去意味着什么。我们能够预见未来，也能够预见未来的自然界"。

也许吧。无论如何，现在开始学习新西兰的毛利传统尚且不晚。毛利人认为，最大的海洋生物——鲸，是最大的本土树木贝壳杉的"海洋孪生兄弟"。两者都被尊为"兰加蒂拉"（酋长），是毛利人尊敬的"图普那"（祖先），也都是"塔翁加"（宝贵而神圣的）物种。"歌唱即生活，"克拉克说，"这是我们的本质，它将我们所有人紧密相连。"

海中利维坦——抹香鲸

"这难道不奇怪吗？"赫尔曼·梅尔维尔在《白鲸》中如此发

问。"庞大如抹香鲸这样的生物，竟能通过比兔子还小的耳朵听到雷鸣？"但梅尔维尔说错了。当时的捕鲸者就算使上全部的屠宰技艺，对抹香鲸的解剖结构的理解也是不完整的。他们注意到抹香鲸头部一侧的小小外耳，却忽略了就在他们眼前的那一部分：那是迄今为止地球生命演化出的最大、最令人震撼的感知器官之一。

抹香鲸长而圆胖的"头部"实际上是一个巨大的喇叭：一个演化成了耳朵、测距仪和作为语言器官的鼻子。梅尔维尔问道，如果鲸的眼睛阔如赫歇尔的大望远镜，或者它的耳朵宽如大教堂的门廊，它能看得更远，听得更敏锐吗？而与他的假设相反，答案是肯定的。这只巨大的鼻子有公共汽车的一半那么大，比赫歇尔望远镜的 120 厘米反射镜大上好几倍，也与一些大教堂的门尺寸相当，它使抹香鲸能够精确地发射声音并探测回声，探测距离比其他生物更远，只有配备高科技设备的人类能与之相比。海洋生物学家哈尔·怀特黑德说，这是"自然界中最强大的声呐"。

在这种只有进化才能构想出的壮观组合中，抹香鲸的左鼻孔已变成它唯一的喷水孔，位于一根几米长的气管的末端，在硕大头顶的最前端稍微偏离正中的位置。它潜入水中时会关闭气孔，转而通过位于气孔内部下方的一对发声"唇"来驱动空气。发声唇制造的鸣声被向后投射，穿过抹香鲸独有的一个巨大的水平器官，其中充满数千升具有良好声学特性的鲸蜡。随后，声音被一面叫作"额囊"的声音镜面反射回来。这面镜子安装在鲸的眼睛和大脑正上方一处微微倾斜的骨盘上，就在它无与伦比的鼻子的正后方。反射的咔嗒声继而通过更低位置一处充满"废料"的水平腔室再次向前聚焦，并被发射进入大海。鲸能随心所欲改变咔嗒声的强度和速度。有些咔嗒声序列是用来进行回声定位的：振动从猎物、海底山脉和其他物体上反射回来，随后被鲸的下颌后方呈菱形的声学脂肪垫再次捕捉，并传递给耳朵。另一些咔嗒声则是为了与其他抹香鲸交流。

抹香鲸是最大的齿鲸，这一家族也包括海豚、虎鲸、白鲸、一角鲸和喙鲸。雌性抹香鲸一般能长到大约 11 米，这大概是一辆老式双层巴士的长度，而雄性则能长到 16 米。它们及其表亲小抹香鲸和侏抹香鲸是一个曾经庞大的动物种群中仅剩的幸存者。2010年，人们在秘鲁的沙漠之中发现了它们已经灭绝的近亲之一，其体形和现代抹香鲸相当，但下颌更厚、更结实，排列着巨大的牙齿。它的发现者将其命名为"梅氏利维坦鲸"，融合了可怖的原始海怪的名字以及《白鲸》一书作者的姓氏。梅氏利维坦鲸以小须鲸为食，就像 900 万年前与之共享南大洋水域的巨型鲨鱼巨齿鲨一样。

现代抹香鲸也需要大量进食，但它们的主要食物是鱿鱼。每天，一头成年抹香鲸会吃掉 700~800 条头足类小点心，其中大部分约 30 厘米长，有时也能捕到个头更大的。改编一下巨蟒剧团有关午餐肉的经典台词，就是：鱿鱼，鱿鱼，鱿鱼，鱿鱼，鱿鱼，鱿鱼，可爱的鱿鱼，漂亮的鱿鱼。但也有深色、暗色的鱿鱼。为满足口腹之欲，抹香鲸必须深潜数百米甚至数千米，在几乎全黑的广袤而寒冷的海域中搜寻食物。迄今为止有记载的抹香鲸潜水深度纪录超过了 1 200 米，而且研究人员认为它们还可能下潜到两倍于此的深度。成年抹香鲸会在这片深渊中度过半生时光，通过发出间隔半秒到一秒的稳定咔嗒鸣声不断觅食。这种声音就像是强有力的节拍器，不停地咔嗒，咔嗒，咔嗒。

当鲸识别到目标——一群鱿鱼——时，它们发出的鸣声越来越快，直到间隔变得非常短，在水听器另一侧的人耳听来，就像是生锈的门扇吱吱作响。这种每秒 600 次以上的"鸣叫序列"中声音之间的紧密间隔让抹香鲸得以构建出关于前方环境的更详细的声音图像。海洋生物学家在下潜的鲸身上放置了智能标签，用以记录鲸在水下加速、旋转以及做出各种动作时的声音和运动。当鸣声之后是一片寂静，而不是回到通常的缓慢咔嗒声序列时，抹香鲸多半正在用它们长长的下颌铲起鱿鱼，把它们吞进肚子，享受美味的一餐。

蓝鲸是所有动物中体形最大的，但抹香鲸则是声音最大的。它们捕猎时发出的鸣声有时高达 200 分贝以上。这足以使近距离的人类潜水员耳膜破裂，甚至因震颤而死，也有人认为抹香鲸可能会使用最响亮的鸣声击昏或杀死猎物。然而，有证据表明，在"最后的嗡鸣"阶段，当鸣声之间的间隔极短，鲸正高速接近它的午餐时，声音的响度实际上比使猎物瘫痪或杀死猎物的水平低一个数量级。非常响亮的咔嗒声更有可能被用于长距离扫描，使抹香鲸能够从数百米外探测到鱿鱼，或者向其他鲸发送自身位置信号。

也许正是这海洋中最响亮的动物声音推动了拥有最大、最敏锐眼睛的动物进化，因为抹香鲸的食物可不只是小鱼苗。巨型鱿鱼能长到 10 米多长，如果能捕捉入口，它们将是一道美味佳肴。但是这些巨型鱿鱼的眼睛比人类的头还大，在黑暗中，它们也许能侦测到抹香鲸加速穿过深海，撞上路过的小水母、甲壳类生物和其他浮游生物时产生的微弱生物光。

抹香鲸的一次典型下潜大约持续 40 分钟（尽管有时可能超过一小时），两次下潜之间相隔 10~12 分钟的呼吸时间。与此同时，还没有学会潜水的鲸宝宝们会和母亲或者其他成年雌性一起留在水面附近，母亲在深海中觅食时，其他成年雌鲸则警惕着肉食的虎鲸和其他危险情况。（抹香鲸听力极好，所以幼鲸们多半可以持续跟进下方深水中成年鲸狩猎的情况。）大约每天一次，群体中的所有鲸，即鲸群，会聚集在海面上，这种集会有时持续数小时，这时它们发出的鸣声则是出于完全不同于捕猎的目的。

抹香鲸是群居性极强的动物，喜欢抓住一切机会互相追逐并加深彼此之间的羁绊。它们拥有地球上最庞大的脑，比人脑大 5~6 倍，且具有复杂思维和感觉能力的两个关键标志：大量纺锤细胞和发达的新皮质。作家菲利普·霍尔讲述了在亚速尔群岛潜水时一次与鲸群的偶遇："六七头鲸……组成生物学家所说的社交活跃群体，连续数小时围绕彼此翻滚。它们乌黑或鸽灰色的身体毫无保留地互相触碰。鱼鳍轻抚侧腹，下颌彼此轻咬。有一回，两头鲸将它们好斗的方形前额凑在一起，仿佛在交流哲思。"他写道，这些鲸"以最强烈、最性感的方式彼此交流"。

鲸们进行这种身体接触时，会发出被研究人员称为"尾声"的鸣声。与捕猎时的鸣叫不同，"尾声"的组织方式极似莫尔斯码，由 3~40 次咔嗒声组成，间或有停顿。它是一种身份信号，也是分享信息的方式。哈尔·怀特黑德在许多人仍担心其危险时就开始与抹香鲸共潜。他曾听到过一段格外沉重的"尾声"，当时，一头抹香鲸的新生儿刚刚诞生。像人类、其他猿类、海豚和一些鸟类一样，小抹香鲸一开始也只能牙牙学语，它们需要几年的时间才能学会所属鲸群独特的"尾声"。某些"尾声"不仅在家庭和鲸群中共享，也与范围更广的族群成员共享，这些鲸鱼族群拥有多至数千头个体。太平洋中至少存在 5 个不同的抹香鲸族群，每个都拥有独特的"尾声"，正如人类群体的不同方言和语言一样。

抹香鲸鲜少与其他族群的成员混在一起，但它们确实会与远方同一族群的成员交流，这种信息共享很可能可以解释它们中的许多个体在 19 世纪时是如何快速学会巧妙战胜驾着帆船的猎人的，以及在近十几年间又是如何共享从拖在船后的长线鱼钩上偷鱼的技巧的。

抹香鲸的生活遵循研究人员所说的"母系文化"，这种体系下，一群成年雌性由一头雌性头领带领，照顾两种性别的幼鲸。陆上动物中与之相似的是大象。我们可以将抹香鲸想象为巨大的、具有超级感知能力的、潜入深海的大象。"我从抹香鲸身上学到的最重要的事情，"研究人员沙恩·格罗对作家兼生物学家卡尔·沙芬纳说，"即是，家庭是重中之重。向祖母学习，热爱母亲，和兄弟姐妹一起共度时光。"与鲸共度如此长久的时间，已经改变了格罗的世界。"了解鲸的价值观帮助我了解了自己的价值观。"

雌鲸和幼鲸留在热带温暖的水域，而成年雄鲸一年中大部分时间则在高纬度地区觅食。但是雄性并未被排除在鲸群之外，它们回家时，会用极为响亮而缓慢的鲸鸣或"叮当作响"的声音宣布自己的到来。对人类来说，这种声音也许阴森可怖。怀特黑德认为，这也许就是戴维·琼斯传说的缘起。戴维·琼斯是一名幽灵般的水手，为了逃离他的水中坟墓而不断敲击。然而对于雌性抹香鲸来说，这些声音显然极具吸引力，当它们相遇时，雄性抹香鲸都是"平静、安详而温柔"的。

自由潜水者在不带着水肺和其他嘈杂装备的情况下潜入水中，能够游到鲸附近。他们会谈起在直面这种智慧而具有全方位觉知的生物时感受到的敬畏与联结。菲利普·霍尔描述了在这样一次潜水经历中，一只体形庞大的雌鲸直冲着他渺小的身体游过来，并停下来观察他，鲸的声呐在他的头骨、胸骨和全身骨骼中回响——咔嗒，咔嗒。"真是讽刺。作为一名作家，我花了很多年时间描述鲸，而这头鲸，却在试图描述我……它带着绝对的觉知和好奇看着我，揣测着我为何物。"

我们的选择决定了我们创造的世界样貌。尽管人类已全面停止捕杀抹香鲸，但它们仍然处于灭绝的危险之中。被渔具缠绕、体内高浓度的人为污染物，以及经验丰富的老年个体的急剧损失都会使它们遭遇危险。来自航运和地震勘探的噪声污染使它们迷失方向，伤害着它们。乐观来看，海洋中可能仍然生活着数十万头抹香鲸，它们大多远离陆地，依靠尚未因污染而变得危险或未被人类捕捞耗尽的食物来源生存。在未来数千年间，这些动物仍有可能继续丰富着这个世界及其声音景观。人类甚至也能开始进一步理解它们彼此之间的对话，以及它们对我们的教益。

乌鸫

　　顿悟鲜少发生在 2 月间的寒夜你出门倒垃圾时。但在蓬乱的灌木丛和街灯远处，一只乌鸫正吟唱着美妙的音符，使我不禁驻足。一腔华丽如长笛般的歌喉，非常响亮，仿佛一段永无曲终的自由爵士即兴演奏。很难不相信，那只鸟儿彼时正沉浸在强烈的喜悦之中。"这首歌来自何方？"D. H. 劳伦斯在写于 1917 年的一篇散文中如此发问，"在经历如此漫长的严冬之后，它们是如何这么快就恢复精神的呢？"

　　在记录自然历史与民间传说的《英国鸟类》中，马克·科克尔和理查德·梅比称，许多英国人认为乌鸫的歌声可比肩歌鸫，甚至更动听。他们写道，众多对乌鸫歌声特质的描写已经汇集成一套统一的修辞模式："一种慵懒而轻松的表达""慵懒而给人一种昏昏欲睡的满足感""唱出颤音……仿佛处于宁静和无上快乐之中"。

　　乌鸫的歌声主要归因于其体内一处解剖学的奇迹。人类的发声器官——喉——位于喉咙上部，气管顶端。但是鸟类体内同样功能的器官则位于气管底部，刚好在肺部上方。这个器官叫作鸣管（syrinx），它的英文名源于一位自潘神处出逃的仙女，她先是化作一根芦苇，随后又变成了一支笛子。实际上，鸟的鸣管由支气管内一对完全相同的器官组成，支气管是连接气管和肺的双管。每根支气管内都有一处名为鸣膜的圆形柔韧薄膜正对管壁对面的可勃起组织。鸟儿能够通过调整鸣膜的直径，以及可勃起组织推动空气穿过管道时伸入的距离，来改变歌声的音调和音色。鸟鸣管天然的成对属性，使某些种类的鸟能同时唱出两种不同的音调。

此外，鸟类的呼吸系统能够支持它们不知疲倦地歌唱。与人类和其他哺乳动物一进一出的简单呼吸模式不同，鸟类体内有体积很大的气囊，使它们能够源源不断地单方向向肺部输送富氧空气。气囊的作用如同风箱，富含氧气的空气先被吸入位于身体后部的一组气囊，然后向前通过肺部，进入位于胸前的另一组气囊，最后在下一次呼气时排出。这种呼吸方式，再加上鸣管在呼气和吸气时都能发声，让一只盘旋的云雀能够用丰富多彩的音调倾诉其全部心声，也使我在垃圾桶旁遇到的那只乌鸫能够欢快地歌唱。

在欧洲最古老的林地之一——波兰比亚沃维扎森林中进行的乌鸫研究表明，它们最初生活在高高的树顶上。它们的暗色羽毛以及能在茂密植被中有效传播的低频歌声，与其他在热带森林树冠层中茁壮成长的鸫科成员十分相似。在爱德华·托马斯 1914 年的诗作《艾德尔索普》中，一只乌鸫呼唤着远在牛津郡和格洛斯特郡乡村的鸟儿，这也许正呼应了鸫科鸟类的歌喉能够长距离传播的特征。

在欧洲、美国和其他区域，许多鸟类的数量正在急剧下降。与 40 年前相比，鸟类个体数量已经减少了数亿只。但至少目前来看，乌鸫似乎是适应能力最强、生命力最坚韧的鸟类之一。尽管许多乡村地区的野生动物已经消失殆尽，乌鸫在现代城市环境中却依然欣欣向荣。如今，全英国 500 万~600 万对乌鸫中，绝大部分生活在城市和城市郊区，密度高达农田区域的 10 倍。这些农田往往充满有毒化学物质，也早已尽失无脊椎动物以及乌鸫赖以生存的其他食物来源。鸟儿们的决心令人印象深刻。保罗·麦卡特尼的歌曲《乌鸫》很可能就是受这种城市鸟类启发而创作。这首歌曲是在1968年春天马丁·路德·金被暗杀后不久，为支持美国民权运动而作。最近，科克尔和梅比记录了一只乌鸫是如何在短短一个复活节假期里，就在埃塞克斯郡科尔切斯特的一个工业基地的叉车发动机舱里筑起了巢。当地记者亚历克斯·邓恩说："周二我们回来的时候，雌鸟仍然坐在发动机舱内的巢中，每天从早上7：30到下午4：30都会被叉车载着在工地上来回转。她下了五颗蛋，四颗孵出了幼鸟，雌鸟会在叉车停止前进时飞离觅食，并在叉车固定不动时带着食物回巢喂养幼鸟。"在《圣凯文和乌鸫》一诗中，谢默斯·希尼描述了这位圣人不顾日晒雨淋，连续几个星期伸着手，安全地捧着乌鸫的蛋，直至小鸟孵化，羽翼丰满，翱翔天空。但如果你是一只乌鸫，并且无缘受到圣人托举，你也只能用叉车勉强凑合。

无论你是否在黑暗中搬着垃圾桶跌跌撞撞，乌鸫的歌声都会提醒人类聆听者，世上有某种大于自我之物长存。1917年3月初，在写成《艾德尔索普》3年后，也是他在"一战"阿拉斯战役中牺牲的一个月前，爱德华·托马斯在西线战场日记中写道，轰炸间隙，他听到了乌鸫发出的"清脆啁啾"。同一个春天，D. H. 劳伦斯被鸟儿歌声的不断涌现所震撼："它们就像……小小的喷泉水嘴，泉水自此流淌、汩汩而前……在它们喉中，新生命将自我提炼成声音。"劳伦斯这欣喜的直觉也许捕捉到了一个深刻的真理。有些生态学家主张把生命世界理解为一个集体，在此集体中，与常识相反，不是歌曲因歌手存在，而是歌手因有歌曲而诞生。这种观点即是说，大规模进程与生命系统会青睐那些能通过在进程中发挥作用而蓬勃发展的物种，推动它们演化，并把它们纳入进程之中。事实上，正如生物化学家尼克·莱恩所说，对于生命本身而言，"正是行动塑造了形式"。诗人查尔斯·考斯利写道："我即是歌唱鸟儿之歌。"生命在召唤我们，正如我们在召唤生命一样。

猫头鹰

让我们赞美造化的精妙之手，比如招潮蟹那巨大的单边螯钳，一角鲸左唇的长獠牙，和新西兰弯嘴鸻那侧向弯曲的鸟喙。陆地与海洋满载着矛盾、原始而奇异之物。在海洋中部，草莓鱿鱼的粉色斗篷上装饰着许多小点，仿佛草莓种子，它用一只大眼睛向上扫视，寻找被水面上投下的光线描画出轮廓的敌人和猎物，同时，它的另一只小眼睛则向下搜寻，精准定位发光生物。而在海底，从沿海浅滩直到最深的海沟，数百种比目鱼（鲽形目鱼类）用它们那绕头骨一圈，长在第一只眼睛旁边的第二只眼睛瞪向上方。

我必须承认这些描述带着一种偏见，因为我本身也是一种奇形怪状的生物，沿着地球表面前后行进，上下踱步。我的外耳，或者说耳廓，长得不对称。这是一种相对常见（且无害）的情况，但会随着年龄增长越发明显。有时我会想，也许某一天早晨醒来，我的其他器官也开始绕着头骨变形并迁移位置，正如一条小比目鱼一样。

我外耳的不对称是一种外在的偶然，对听觉并无影响，但有些奇形怪状的形态确实是某些生物听觉系统的特性，而非缺陷。例如，大多数齿鲸体内的头骨被挤向左侧，为帮助它们进行回声定位的软组织腾出空间。而某几种猫头鹰的两个耳道开口（位于头骨两侧，而非像其他品种的猫头鹰一样长在头顶的毛簇中）的高度则略有不同。这种错位能让上方和下方发出的声音以微小的时间差传到左耳和右耳，声音大小也略有差异，使猫头鹰能够在竖直和水平方向上更好地辨别音源。为了强化这一功能，猫头鹰脸部的羽毛形成抛物面反射器的形状，帮助它将声音汇集至两只不同位置的耳朵中。这就好像鸟儿在头部前方安装了一只巨大的喇叭助听器，可以随心所欲地移动，使声音更加集中。它们指向下方的尖锐的三角嘴也能最大限度地避免声音从面部反射弹开。再者，猫头鹰的听力不会随着年龄增长而下降。因为与其他许多鸟类一样却与人类不同的是，猫头鹰内耳敏感的毛细胞会不断再生。太棒了，猫头鹰！

世界上约有 300 余种猫头鹰，它们的形态非常丰富多样。毛腿渔鸮是体形最大的一种，翼展超过两米，在（或曾在）冰雪覆盖的日本北部和东北亚内陆部分地区繁衍生息，后者也是虎与熊的家园。姬鸮则是体形最小的，与麻雀一般大，重量仅有其百分之一。它栖息在北美洲西南部的旱地，在巨大仙人掌上啄木鸟挖出的洞穴中筑巢。

猫头鹰长久以来就在人类的想象中占有重要的一席之地。法国的肖韦洞穴上描绘了一只长耳猫头鹰的壁刻已有大约 32 000 年的历史。壁刻中的猫头鹰头部呈现正面，身体呈现背面。这种姿势对脖颈内部有 14 块脊椎骨（人类只有 7 块）的猫头鹰来说轻而易举。我们只能猜测这个图像对于其创造者的意义，但是，猫头鹰在不同时代对不同文化具有不同的象征意义。澳大利亚的瓦达曼人认为猫头鹰戈多尔创造了世界，而纽恩纳人则保护着一块"猫头鹰石"：一块代表伟大的创造者、治疗者和毁灭者——博耶·戈戈玛特的立石。玛雅人、阿兹特克人和中美洲的其他民族认为猫头鹰是死亡的象征，而在欧洲民间传说中，猫头鹰长期以来被认为是不祥之鸟。（人们普遍认为猫头鹰是女巫的化身，据说它们像人类母亲一样有两个乳头，会在夜晚给新生儿喂奶，因此有时人们会在睡着的婴儿身上放大蒜，以防它们靠近。）与之相反，纳瓦霍人认为猫头鹰和郊狼掌握着昼夜的平衡，北斯堪的纳维亚半岛的萨米人认为猫头鹰能带来好运，而日本北部的阿伊努人则把毛腿渔鸮视为守护神。在古希腊，猫头鹰是智慧女神雅典娜的象征。而在印度，猫头鹰（与大象一起）是吉祥天女的坐骑，这位女神被不同的人视为财富、力量、美丽、追求道德生活、相互理解和解放之神。

猫头鹰与我们心灵共鸣的一个主要因素，毫无疑问正是它们看向前方的大眼睛，暗示着警觉与关注。诗人艾略特·温伯格记述了中世纪英格兰的多次鸟状"天使"目击事件，通常是"泛着蓝色，与阉鸡一般大小，长着猫头鹰一样的脸庞"。但同样奇妙的是，它们飞行时几乎完全没有声音。猫头鹰飞行的声音只有在不到一臂之遥的距离之内才能被人类听到，它们像幽魂和精灵一样来去匆匆。

这种声音奇迹一部分要归功于猫头鹰的身体构造。即使最轻柔的鸟翼扇动也会发出一些声音，然而，猫头鹰的翅膀相对于身体来说格外大，因此它们能够滑翔得更远，而扇动翅膀的次数也比鹰或隼等其他猛禽更少。更大的翅膀和更少次数的扑翼也意味着猫头鹰能够以极慢的速度飞行，从而减少空气湍流及其引起的噪声。例如，仓鸮就能飞得比人类行走的速度还慢。这使它们有更充裕的时间来监听诸如小型啮齿动物之类的猎物，在黑暗中或在积雪和植被覆盖下精确定位。正是由于这种能力，仓鸮能在除南极洲以外的每个大陆上的多种多样的环境中繁衍生息。

猫头鹰羽毛的形状也在至少三个方面起到了辅助作用。首先，位于翅膀羽毛前缘的梳状锯齿能破坏可能会发出嗖嗖声的空气湍流。其次，这些小股气流会被猫头鹰羽毛独有的丝绒质地进一步减弱。最后，翅膀后缘的羽毛上有一道柔软而粗糙的边，能够使翅膀后方的湍流消散。而整套机制的全部内容绝不止这些。比如，猫头鹰羽毛的丝绒质地和蓬松边缘也许还可以减少它们移动时翅膀羽毛之间的摩擦噪声。

1934 年，人们对猫头鹰羽毛的降噪机制进行了第一次系统研究，希望结果能为设计更为静音的飞机螺旋桨提供参考。当时的研究没能取得太多成果，于是现今的研究人员决心了解更多。然而，研究结果未必都是正面的。悄然无声的无人机也许是更为致命的武器，但积极的一面是，以猫头鹰羽毛为灵感的新材料有朝一日也许能降噪节能，造福人类与动物。如此，这将是仿生学（指模仿生命过程的设计）作为系统方法的一部分，根本性地提升效率，减少浪费的一个例子。

在 1982 年的电影《银翼杀手》中，一只人造猫头鹰（在银幕上由一只活体雕鸮扮演）冷漠地看着人造人罗伊·巴蒂剜掉了其创造者、科学怪人埃尔登·泰瑞尔的眼睛。如果泰瑞尔当初选择另一条道路，而非将其造物仅仅当作自己追逐利益的工具，他也许还能逃脱如此命运。可是，雕刻在肖韦洞穴岩壁上的猫头鹰图像中，又隐藏着什么教训呢？正如瓦尔特·本雅明想象中的"历史的天使"一样，肖韦洞穴的猫头鹰目视前方，耳听身后，如此飞向未知。因此，我们这些人类便一头撞进一个不可见、不可听，却由我们塑造的未来。

夜莺

作家 H. E. 贝茨对夜莺之歌的描绘是难以超越的。他写道："夜莺之歌有某种令人兴奋的、悬而未决的特质，带有比甜美更深层的美感。"它是"一种表演，往往更多由沉默，而非发声构成"。这种沉默蕴含激情，一种屏息而克制的感觉，一种即将被以奇妙的方式破坏的克制。"夜莺的歌声，"贝茨说，"奇异地具有诱惑性而令人疯狂，歌声的开头常常是一阵蓦然低鸣，一阵拨弦，一种调音，然后歌声瞬间爆发，变成火与蜜的渐强，随即又在乐句的正中央戛然而止。再之后，即是那漫长而充满悬念的，对乐句续章的等待，是那如此美丽又令人窒息的寂静幕间。"

这些描述在许多方面都很准确，包括寂静片段。其中我尤为欣赏的是"火与蜜的渐强"这种说法。但同样引人注目的是，贝茨在 1936 年写下这些文字时，并未做出现今常见的那些类比，例如，夜莺歌声中的擦音、爆发音和鸣啭与电子乐有相似之处。而以我之见，他忽略或至少低估了夜莺歌声的三个特征，这三点是我亲耳听到夜莺鸣叫时令我印象深刻的。第一点是它们叫声之洪亮。为了努力盖过城市喧嚣，夜莺的歌声可以高达 95 分贝，相当于电锯或大卡车开过的声音，这声音已经大到足以违反欧洲噪声污染法规。第二点是它们所唱歌曲的复杂度。它们的曲目库包含 200 多个不同的段落，每个段落 3~20 秒长，这些段落以精确而迥异、人类尚无法理解的方式组合在一起。（这种鸟儿在芬兰语中的名字特别贴切：*Satakieli*，意思是"百种声音"。）第三点是它们歌唱之怪异。如果用路易斯·麦克尼斯在 1935 年的诗歌《雪》中所说的来表达，夜莺的歌声远比我们想象的更加疯狂，更加复杂。

这并非说前人对于夜莺的评述无关紧要。情况其实正相反。我们可以轻易捕捉到，2 600 年前萨福在希腊写下夜莺作为"春之使者／声音饱含向往"时所感受到的渴望，以及 14 世纪波斯的哈菲兹大喊"夜莺醉了！"时所感受到的无所不包的幸福，以及"不存在脱离悲伤之幸福"的认知。约翰·济慈 1819 年的诗歌《夜莺颂》是英语文学中最强烈的表达之一，其阐述了应该如何理解太过短暂的一生中那超然而永存的美。

上述这些及其他叙述，包括贝茨所写的内容，同时也在提醒我们，有些事物是仅限于特定时间和地点的。当时间与地点发生变动时，人们听到的内容和倾听的方式同样会改变。以英国人的态度为例。在地处东至蒙古的山脉西北缘的英伦岛屿上，近几十年间，成对繁殖的夜莺数量急剧下降，该物种已被列入红色保护动物名单。越来越稀少的夜莺已经成为濒临灭绝的自然之美（听觉）的象征。2019 年 4 月，"反抗灭绝"组织的成员意识到了这一点，并将《夜莺在伯克利广场歌唱》变成了一首不寻常的抗议歌曲。在几周高强度封锁之后，伯克利广场上举行了一场轻松的聚会，数百名活动人士唱起了这首歌。这首写于 1939 年的多愁善感的歌曲也与薇拉·琳恩和"二战"期间的伦敦大轰炸有关。聚会上，街头艺术家ATM 的一幅画展现了一只落在兰开斯特轰炸机尾翼上的夜莺。

这场表演背后则是已成为传说的历史。1924 年 5 月 19 日，几年前在音乐节上首演了埃尔加的悲剧性大提琴协奏曲的大提琴家比阿特丽斯·哈里森，在她位于萨里的花园里与一只夜莺共同表演了二重奏，这是英国广播公司（BBC）最早的户外直播之一。这个故事直到 2022 年才被揭露出真相。录制的那天，英国广播公司的工程师们扛着重型设备笨拙地移动，把鸟儿吓得四散逃跑。在录制的最后关头，工作人员只得叫来一名杂耍口哨演员——真名叫莫德·古尔德的萨伯龙夫人——来模仿夜莺的歌声。

尽管如此，大提琴家和"鸟"的合奏仍然广受欢迎，并在接下来的几年中不断重播。然而，当英国广播公司在 1942 年再次广播没有哈里森参与的夜莺的独奏时，他们的麦克风不经意间捕捉到了 200 架威灵顿轰炸机和兰开斯特轰炸机在前往德国途中飞过头顶的声音。一名工程师意识到这个声音也许会使纳粹防空人员进入警戒状态，于是拔掉插头，中断了广播。2019 年的活动人士唤起这些记忆的同时，也唤起了植根于国家集体想象中的情感结构和信念网络：处于危险之中的世界，以及对勇气和决心的需求。策划了伯克利广场活动的民谣歌手萨姆·李和鸟巢集体组织，在后续萨塞克斯森林中举行的一系列名为"与夜莺合唱"的活动中，继续将音乐与环境问题结合起来。

然而，在夜莺繁衍生息的欧洲大陆的大部分地区，人与鸟的共鸣则与英国的情况大相径庭。在最近的春季迁徙中刚从西非赶来的雄鸟在柏林市中心的公园和嘈杂的交通道口欢唱。这一现象的解释很简单：这座城市保留了大片相对无人照料而"杂乱无章"的植被，类似灌木丛林地：一种从开阔草地或荒原动态过渡到林地的连续栖息地，因其能提供躲避捕食者的藏身之处而备受夜莺青睐。随着夜莺数量越来越多，柏林人比英国人能更经常地听到它们的鸣叫声，这座城市已成为研究和欣赏夜莺歌喉的绝佳选址。

查尔斯·达尔文认为，当雄鸟唱歌时，雌鸟会鉴赏其歌声的某些特征，比如复杂性，因为鸟儿和人类一样具有审美。虽然达尔文的观点尚未被证伪，但鸟类学家最近发现许多鸣禽物种的雌鸟也会唱歌。只有在诸如北欧一类的地方，率先到达的迁徙雄性才会在宣告领土所属时唱歌。不过，达尔文的假说引出了另一个问题：为什么雌鸟会觉得某些歌声特征很美？而不管怎么说，美感也不可能代表一切：复杂或响亮的歌声也可能代表智慧或力量。关于柏林夜莺的研究发现，雄性夜莺的歌声复杂程度与这些雄性夜莺后来帮助雌性喂养雏鸟的参与程度有关。莱布尼茨动物园和野生动物研究所的康尼·兰德格拉夫说："这首歌就像是雄性交给雌性的承诺，表示自己未来会是一名好父亲。"

这并不是说雌性夜莺没有情感，只是在寻求父母效用的最大化。毕生致力于研究动物间交流的迪特马尔·托特说："夜莺的歌声很明显在传达情感。"而且，如果歌声没能对唱者和听者两方都施加影响，那才真是令人惊讶。事实上，考虑到鸟类体形娇小，而歌声更响亮，也更精巧复杂，歌声对鸟类产生的情感冲击很可能比对人类的影响更为强烈。根据自己的经验，我知道认真地唱一首歌或者听其他人唱歌，会让我产生怎样的感受。而我也只能想象，如果是一只夜莺，这种感受会放大到什么程度。

夜莺的歌声具有音乐性吗？来自马克斯·普朗克经验美学研究所的蒂娜·勒斯克认为答案是肯定的："他们为彼此表演！"她和托德都在音乐家兼哲学家戴维·罗滕伯格的一部电影中出镜，电影的内容聚焦于罗滕伯格与鸟类共同创作音乐的尝试上。在电影《柏林夜莺》中，吹奏单簧管的罗滕伯格和包括一位歌手、一位小提琴手、一位乌德琴演奏家，以及其他演奏拇指钢琴、宝思兰手鼓和合成器的音乐家团队一起，在柏林的公园里专注地聆听鸟儿歌唱，并以即兴演奏的自由爵士回应。歌手伦贝·洛克在她参与的二重唱结束后表示："这太神奇了……你倾听着夜莺的歌声，而最后当你真正沉浸其中时，你会感觉自己在飞翔。"

罗滕伯格认为："任何音乐研究者都不应当只研究人类的音乐，而更要去研究人类音乐是如何在已存在数百万年的自然音乐基础之上建立起来的。"在这方面，他也是人类漫长探索中的一分子。风笛和长笛演奏者们一定早已倾听鸟鸣长达数千年了。1650年，阿塔纳修斯·基歇尔在《世界音乐》一书中试图给鸟鸣记谱，这激发了海因里希·比贝尔的灵感，使他在1669年创作了《代表性奏鸣曲》，其中包括用小提琴来模仿夜莺的歌声。在 1724 年为键盘乐器而作的乐曲《唤回鸟儿》中，让–菲利普·拉莫在高音部分创造了一种若有若无，但又无处不在的鸟鸣般的效果。许多其他作曲家和音乐家也紧随其后。莫里斯·拉威尔于 1904—1905 年间创作的《悲鸟》即是向拉莫致敬，但也探索了全新的和声世界。奥利维耶·梅西安终其一生致力于谱写鸟鸣，尤其是《时间终结四重奏》中的单簧管独奏《鸟儿的深渊》，以及七册钢琴独奏套曲《鸟鸣集》。关于前者，梅西安有一句名言："所谓深渊，即是时间带着它的悲伤和疲惫。而鸟儿与时间正相反，是我们对光明、群星、彩虹、欢唱的渴望。"现今的音乐家，包括罗滕伯格在内，似乎总是想通过鸟鸣去体验与万物之间的别样关联。鸟鸣并非永恒的存在，但它更加古老，而且，以夜莺或其他一些鸟儿为例，鸟鸣的速度远比人类能够轻易理解的更快。在 2001 年《带有钢琴演奏的鸟鸣协奏曲》中，乔纳森·哈维将鸟鸣"延展"进人类的领域，放慢其速度，让钢琴家和其他音乐家能够与之互动。夜莺并不在作品中选择的 40 个物种之列，但整部作品充满惊喜，并展现出无尽的创造力。

人类受鸟类启发而创作的音乐固然美妙，但由于鸣禽聆听并处理声音的方式与人类迥异，人与鸟之间仍是千差万别。尽管鸟类通常听到的音调范围与人类相同，但许多鸟类却能听到人类无法察觉的细节：它们能够捕捉并记录短至 1 毫秒的声音单位，而人类最多也只能记录 3~4 毫秒。此外，比起所唱音符的顺序排列，许多鸣禽似乎更关心单个音符的质量。类比到人类身上，这几乎是不可想象的，就好比我们密切关注彼此发出的元音的细微差别，却忽视彼此话语的单词排序。认知科学家亚当·菲什拜因写道，诸如夜莺一类的鸟类"最专注倾听的似乎不是人耳捕捉到的旋律，而是啁啾声中的声学细节，这些细节超出了人类的感知范围"。除了尺八和具体音乐等流派的作品，很少有人类音乐遵循这种方式，即便遵循，作品也不得不适应人类缓慢的耳朵。

大卫·查默斯是一位哲学家，以创造出"困难问题"这个短语来描述和解释"意识"而著称。他认为，技术进步将带来能与物理世界相匹敌的虚拟世界，并随后超越物理世界。他认为，如果人们只需点击即可获得无尽的栩栩如生的体验，那么现实的物质世界可能会失去吸引力。科技投资人马克·安德里森也曾以更具挑衅性（或更为粗暴）的方式提出了类似的观点："现实世界花费了 5 000 年的时间来变得美好，但对大多数人来说，它显然仍非常匮乏。"对一些人来说，未来是个元宇宙——在"梅塔"（Meta，即曾经的脸书）公司首席执行官马克·扎克伯格的想象中，这是一个无缝的空间，其中，鱼儿在树梢间穿游，最亲密的朋友总是触手可及。但在批评者眼中，目前人们所设想的元宇宙则充满危险。科技专栏作家温蒂·刘曾说，可以想象一下"带有不可跳过广告的虚拟现实"是什么样子。记者安娜·维纳也曾打趣说："对于其创造者而言，这个元宇宙将充斥着金钱的铜臭味——在从上至下的每一个维度之中。"

扎克伯格的愿景很容易被嘲笑（在网上能搜到的关于"冰岛宇宙"的滑稽短剧就是其中一例），但其中还有一些更严肃的问题。安德里森对自然世界的漠视，无论他说话时是否认真，都与一种殖民主义心态一脉相承，这种心态已经把世界上大部分地区变成了永久的资源储备地，可以随意开采而无须承担任何后果。作者本·埃伦瑞奇在谈到这种心态时写道："只有当我们想象世界是死物时，才会致力于让它死去。"而无论是谁控制着这些平台——企业、政府还是其他参与者——都存在着预示不祥的潜在错位。在可预见的未来，技术将是在硬件上运行的软件，这与生命本身的形式迥然相异。生命，就是一个自我组织和认知（尽管我认为不包括意识）的过程。

要对抗人们所设想的元宇宙之必然性，我们也许可以冒险尝试小说家阿米塔夫·高希所说的"生命的政治"。而且，我想把夜莺之歌作为其配乐的一部分。这是一首支离破碎的音乐，一支在黑暗中演唱的歌曲，然而这种黑暗中充满了可能性，而非死亡。这首歌总是不断进化，超越人类的掌控或理解，正如罗滕伯格所说，"总是难以捉摸，在更多和更少之间随意变换"。

我回想起我罕见的几次在英格兰亲耳听到夜莺鸣叫的记忆。其中一次是在芬格林霍镇，那里曾经是采石场，现在是自然保护区：这是一处杂乱但美丽的地方，诸如理查德·梅比和斯蒂芬·莫斯这样的作家会称之为"非正式"或"意外"的乡间。另一个例子发生在耐普村的一座农场，那里原先修剪整齐的牧场正在变成一片参差但肥沃的"野地"，这是重新野化计划的一部分，已经使当地的非人类物种数量产生了惊人的反弹。在这两次与夜莺的相遇中，我都被鸟儿歌声的声量、活力和奇妙所震撼，超越我曾体验过的任何美感。而我又想到，现在像柏林这样的大城市里栖居有如此多的夜莺，正是对于不管付出多大代价都要战胜死亡崇拜的纪念。曾经，可能是这种死亡崇拜使这座德国首都沦为征服世界的可怕计划的中心。而今天的柏林则相反，它变成一个充满活力、稍显杂乱的地方，到处都是来自世界各地的人，充满想法和创造力，也充满了危险。

在《夜歌》一诗中，W. S. 默温提出了这样一个问题：在历经几个世纪的诗歌创作和大量科学研究之后，人们对夜莺的歌声还能说些什么呢？他发现自己"只能聆听"，并乘着由鸟儿长长的音符（"从它那未知的星星喷涌而出"）组成的"看不见的光束"离开。与此同时，他写道，真正的星光在五月的小树叶间明灭闪烁。默温认为，鸟儿的歌声与来自其他世界的光芒交融，这种理解在我看来恰到好处。夜莺之歌已进化了数百万年，且和星光一样古老。"星球永远不会在你面前活生生地展现出来，"高希如此写道，"除非你的歌和故事将生命给予地球上的所有生物，看得见的以及看不见的。"

第四章

人类之声：人类创造的声音

节奏（其三）——音乐与舞蹈

我女儿小时候最喜欢的游戏之一，就是坐在我的膝盖上，和着一首儿歌的节奏颠来颠去："女士们正是这样骑马：砰砰颠簸，砰砰颠簸，砰。"变换不同的骑马角色（比如绅士、农夫），颠簸的速度和方式都会发生变化，直到儿歌的最后一句时我会说出她的名字，停顿，然后……以疯狂而混乱的速度颠动——"砰砰砰砰砰砰砰砰砰砰！"然后我们会重复10次。

节奏可以被简单地定义为任何有规律地重复的声音或运动模式。它包括"一种已经发生过的被支配感"，文森特·巴莱塔曾如此写道。节奏确实很早就出现了。子宫内的胎儿在受孕18周内就开始感觉到母亲的心跳，而新生儿从出生第一天起就能识别出有规律的节拍，并表现出偏好，还会随节拍做出动作——尽管他们可能要长到 4 岁左右才能做到连续卡点。我和女儿一起玩的那个游戏，又或是数百万其他父母和孩子每天都在玩的那些游戏，能帮助我们了解节奏如何运作，以及我们如何通过合适的动作、歌声或者变化来加入他人，与他人"同步协调"。它们可以教会你期待、轮流、合作以及有趣的惊喜。我们也能在有生之年不断学习并拓展这些能力。舞蹈家基梅勒·拉莫思曾说，人类即是"身体生成的节奏"。也许还是弗里德里希·尼采讲得最好："我只相信一个会跳舞的上帝。"

有些动物通过声音的节奏与其他同类交流。当一只雄性树螽想要吸引雌性，它就会加入群体大合唱，与同伴在同一时间鸣叫，形成一种与萤火虫群体的同步闪烁类似的声音合鸣。同频协调使得声音振幅叠加：合唱让树螽的声音更大，能吸引到更远处的雌性个体。然而，一旦雌性群体靠近，雄性个体之间的竞争就开始了。雄性树螽个体会以合唱的共同节奏为基准，试图比其他树螽提前几分之一秒发出信号，以求脱颖而出。这种行为曾被描述为类似于爵士音乐家的摇摆或切分节奏，但不同之处在于，树螽的行为是一成不变的：它永远无法学会新节奏。这种现象可能极为古老。化石显示，与今天存活的树螽同属一科的螽斯，早在 1.65 亿年前就已经遵循固定节奏发出摩擦鸣叫了。

许多鸟类的鸣叫和歌唱中也带有明显的节奏模式。作家兼音乐家罗德里·马斯登在自家烟囱上录制了一只灰斑鸠呈 5/4 拍的咕咕叫声，且速度与戴夫·布鲁贝克四重奏乐队的《五拍子》完全相同。不过，很多鸟类的叫声和歌声尽管出色，却变化不大。有些鸟类确实能辨认出其他声音的节奏，并在一定程度上改变自己的节奏作为回应，然而证据表明，它们主要关注的是音色和微分音高。像椋鸟和琴鸟这样的鸣禽能够高明地模仿其他物种，也能模仿人类发出的随机声音，如电话和汽车报警器（琴鸟还出人意料地擅长模仿人类婴儿的哭声），但它们并不像人类一样会采集节奏模式并将其以新方式组织。而且，实际上也没有鸟儿会跟随外部节奏有意识地做出动作，无论单独一只鸟或是与群鸟同步。唯一的例外似乎是鹦鹉家族的一些成员，至少有一只是这样。这只名叫"雪球"的宠物凤头鹦鹉，我们能在网上看到它在随着后街男孩的《每个人》和皇后乐队的《又干掉一个》而起舞。新的研究也指出，大鼠也有此前无人知晓的与节拍同步的能力。

与其他动物相比，人类有许多局限性，但我们在节奏方面似乎具有独一无二的能力。蟊斯可以互相同步协调，但不会歌唱；鸟儿和鲸类会歌唱，并变奏歌声，但除了像"雪球"这样的凤头鹦鹉外，显然它们无法唱和。人类两者都能做到，并可创造出据我们所知任何其他生物都无法驾驭的复杂模式。节奏对我们有如此巨大的吸引力，以至于我们甚至开始在非生命的自然和随机现象中挑选。这就是斯图尔特·查尔默斯的作品《水琴窟》所表现的效果，在这个作品中，水滴以不同的速度落入水桶的声音在聆听者的脑海中形成了一种音乐。

在西方音乐中，节拍以二拍、三拍和四拍成组的模式非常普遍。在像保罗·西蒙的《你可以叫我艾尔》这样的杰作中，简单的"四连踏"节奏即是作品核心。而你也无须长途寻觅就能找到其他节奏型。在巴尔干半岛和更往东的许多地方，音乐和舞蹈常常使用固定节奏的五拍、七拍或十一拍，以及具有不规则分割的节奏。在这些以及许多其他的传统中，舞者和音乐家们尝试、扩展并不断挑战这些边界，创造出几乎无穷无尽的变化，使人愉悦，或使情感表达更为强烈。

尽管如此，我们仍旧只能记住有限数量的节拍和动作。这意味着在人类的音乐和舞蹈中存在着某些普遍的节奏模式。所有这些都包括重复，规律性的弱拍强拍，每首歌或舞蹈动作中有限数量的节奏模式，以及运用这些模式来创造主题或连复段（即重复的模式或阶段）。

童谣一开始非常简单，如《女士们正是这样骑马》是四拍子。然而，节奏形式可以很快就变得更加复杂。乔治·格什温和艾拉·格什温 1924 年的热门歌曲《迷人的节奏》采用了 20 世纪初美国流行音乐的普遍结构，包括 16 小节的主歌和 32 小节的副歌，但它之所以能经久不衰，很大程度上是因为它灵活运用这种节奏形式。例如，在副歌部分（开头是"迷人的节奏，你让我神魂颠倒……"）4 小节 16 拍的结构之上叠加了一种非对称的形态，创造出两个 7 拍的乐句，使我们跳跃到一个以交叉节拍吸引我们注意力的切分音上。这首歌可以像埃拉·菲茨杰拉德在 1959 年录制的版本那样轻快哼唱，也可以像雅各布·科利尔在 2014 年录制的版本那样，将其扩展成和谐而绚丽的彩虹，但无论以何种方式演绎，这首歌的效果都令人难以抗拒。

恰比音乐是北非地区一种与婚礼和庆祝活动有关的音乐风格，对许多弹奏、聆听或随其起舞的人来说，这种音乐的节奏同样令人着迷。例如，卡里姆·齐亚德的《阿玛丽亚》和《格瓦里尔》等歌曲中的节奏就是每个乐句有两小节，每小节六拍。叠加其上的是第一小节第三拍和第二小节第二拍的高音打击音符，以及位于每个小节第五拍的低音打击音符。铁制响板也为这种音乐增添了进一步摇摆的细分节奏。基于规律节奏的交错模式赋予了音乐整体巨大的能量与动感。许多文化传统中的音乐家都会通过提前或落后于节拍来偏离常规，从而创造出不同的效果。此外还有许多其他探索节奏空间，并用其表达情感的方式。鼓手迈耶勒·曼赞撒告诉我，在当代爵士乐和其他一些音乐形式中，节奏的微妙变化——在稳定的整体节奏环境中，稍微延迟或加快速度——赋予了整首乐曲形同橡皮泥或橄榄球的感觉，而非足球那种僵硬的紧绷感。

南印度传统的卡纳提克音乐将节奏的复杂性发挥到了极致。在孔纳科这种口头打击乐演奏中，演奏者将固定的时间间隔拆解为2~10个节拍，并用一个音节系统来表示不同的拆分方式。［有一种看法是，孔纳科类似西方唱名系统中的节奏。西方唱名系统使用不同的音节来区分不同音调，如朱莉·安德鲁斯在电影《音乐之声》中扮演的玛利亚使用哆（Do）、来（Re）、咪（Mi）来描述音阶中的前三个音符，而孔纳科则使用"塔卡"和"塔基达"来描述相同时间间隔的二拍、三拍节奏划分。］南印度的音乐家们在多人合作的演奏中，建立了惊人的节奏结构。你可以在互联网上找到这种人声打击乐团演奏的杰出表演，如V. 希瓦普里亚和BR. 索马谢卡·乔伊斯合作的二重唱。

音乐家和舞蹈家也会变化节拍速度的快慢。缓慢的节奏常常表达悲伤，让-菲利普·拉莫在《悲哀的幽灵》中所表达的即是如此，但也可以像贝多芬第九交响曲的慢板乐章那样，表现出沉思或柔情。快节奏则通常意味着极度亢奋和快乐。保加利亚民间舞蹈最为激情四射的片段可以达到每分钟520拍，或每秒超过8拍（接近甚至超越"塔图姆"——以钢琴家阿特·塔图姆命名的间隔，表示节奏乐句中连续音符之间可能出现的最小时间间隔）。然而，速度也能够表达其他情绪。肖斯塔科维奇《第十交响曲》中的快板乐章就是凶猛、讽刺而恐怖的。如极端金属乐队梅舒嘉的《流血》一般的快节奏歌曲，则可能表现出了2022年乌克兰危机中战斗人员的感受。

速度的逐渐加快往往与情感强度、注意力集中和兴奋感有关。电子乐现场的DJ（唱片骑师）会随着一系列歌曲的播放逐渐加快节奏，为舞者营造逐渐攀升的狂喜感。苏菲教派的信徒在某些形式的"念诵"，即"对安拉的虔诚奉献"中，会围成一圈共同唱诵，节奏开始时缓慢而稳定，但后面逐渐变得越来越快。信徒们弯腰向前，边吸气边唱出一些单词，随后站直身体，边呼气边唱出另一些单词，跺脚的节奏也随之越来越强。随着节奏动量的不断积累，唱诵对参与者施加了强大的影响。"时间在此展开，延伸，"短片《塔里卡特》中的某位演员曾如此说道，"一泓将穿透万物的浪潮在远方隆隆作响。灵魂就此汇入时间的河川。"

尽管节奏是音乐和舞蹈之核心，但有些作品似乎将它抛之脑后。诸如布赖恩·伊诺1983年的专辑《阿波罗》之类的氛围音乐中几乎没有明确的节拍，试图将想象力提升到太空之中。中国的七弦乐器古琴则拥有极其自由开放的旋律，其音乐似乎超越了我们通常体验到的时间，仿佛印证了这一观点：当一物越发接近"道"或宇宙的自然秩序时，时间就变得越发微不足道。

不过，人类似乎还是无法抗拒节奏的吸引力。它唤醒了根植于我们天性之中的合作的一面。它标志着团队的规模、力量和协调能力，即我们协同工作的水平优劣。"当你为音乐节奏编排严格的秩序时，你就是在组织人类的运动。"爵士乐手维贾伊·伊耶曾如此写道，"你在物质存在与理想之间构造起对话：在结构化的环境中展现人类行为。这一过程为我们树立了奋斗目标，让我们努力推进，精湛而优雅地达成它。"杰里米·吉尔伯特回忆起"迪斯科迷幻教父"戴维·曼库索时，提到曼库索曾经告诉他，"他经常觉得，所有聚会都只是'某个巨大聚会'的局部表达，这个巨大的聚会无论何时何地都在举行，而我们则偶尔能够成功融入其中，或由自己的身体和聚集将其表达出来"。作为一位文化和政治理论家，吉尔伯特表示，他一直谨记这段发言的深刻含义。"（曼库索）从这张图像中归纳出的事实是，团体舞蹈的乐趣在于表达社会关系固有的创造能力，这些社会关系始终构成着我们所有人的存在，即我所说的存在的'无限关系'。物质在宇宙中舞蹈，众生变幻多样，不同群体具有五花八门的创造力：承认'会跳舞的上帝'即是承认以上所有。"

拟声词

"巴巴巴德加拉塔卡姆米娜隆空布隆通呐戎托腾特罗瓦尔吼纳

恩斯考图呼呼尔德能图努克！"在《芬尼根的守灵夜》中，雷声如此隆隆低语。据我所知，在英语中再也没有比这更长的拟声词，即用一个单词的读音来重现其所指的现象。这是詹姆斯·乔伊斯小说中 10 个用来描述雷电的长达 100 个字母的单词中的第一个，也是人类文明地图的缩影，因为在最开头含混的"巴巴巴德"之后，这个词的其余部分是由阿拉伯语、印地语、日语、意大利语、爱尔兰语和其他语言中表示雷声的词语构成的。

学者们指出，在这个不着边际的混乱单词中，隐藏着悲剧性典故。他们说，它代表着与亚当和夏娃的坠落有关的霹雳雷鸣，或者据 18 世纪的哲学家加姆巴蒂斯塔·维柯所说，代表着把早期人类吓到找洞穴避难（从而也催生了人类的语言和文明）的雷声。但毫无疑问，乔伊斯的写作意图中带有一部分喜剧效果。对他来说，伴随着人类始祖双亲的坠落而来的雷声不失为一次尴尬摔跤的未闻之声，正如乔伊斯的同时代人、喜剧演员巴斯特·基顿走到一块从楼顶伸出的木板尽头，打算跳到下一个屋顶时，却滑倒跌穿一连串遮阳篷，他抓住一根排水管并顺势进入楼下的一间屋里，从消防员爬杆上滑下去，最终被一辆卡车带走。

无论乔伊斯的目的何在（关于这一点的探讨也许永无结论），他既是这种语言学声音游戏的先驱，同时也是拟声聚会的后来者。宏语的使用者也是拟声词大师之一。宏语是位于非洲西南的布须曼人（也称桑人）所使用的一种科伊桑语。这些狩猎采集者是地球上现存最古老的独特族群之一，过去 10 万年中的大部分时间，他们基本与其他人类隔绝。在所有人类群体中，他们有着较高的种群内

遗传变异，这表明他们长期与世隔绝。一定程度上，遗传多样性也在其语言中得到体现。他们所使用的语言具有的声音种类比世界上任何其他语言更丰富。宏语有 4 种不同的搭嘴音以及多种音调和元音。据估计，这种语言有多达 164 个辅音和 44 个元音，也就是超过 200 种不同的声音。而作为对比，英语一共只有大约 45 种不同的声音。这种异常宽广的声音范围让宏语使用者能非常灵活而细致入微地用口语模仿各种声音。比如说，尖锐物体尖头朝下落入沙中的声音是 ‡qùhm ‖huũ，摇动一个臭鸡蛋则是 !húlu ts'eẽ，而食草动物拔起青草的声音则是 g|kx'àp。

拟声词会是语言的起源吗？一些早期的语言学家正是如此认为的，这个概念有时被称为"叮咚假说"，具有直观的吸引力。模仿各种声音无疑是人类幼儿习得语言的重要部分，而对许多种类的幼鸟和幼鲸来说，模仿也至关重要。宏语中拟声词的存在与复杂程度，似乎也说明拟声词是人类语言中历史最悠久的一部分，或至少与其一致。

有人可能会把拟声词和以下两个概念混淆：拟声癖是对特定词及其所谓意义的异常关注，而模仿性言语则是对他人所说话语的无意义重复，可能是年龄较大的儿童和成年人的精神疾病症状。但大多数情况下，拟声词与趣味和创造性有关，且能促成极富创造性和喜悦的作品，如库尔特·施威特斯的声音诗歌《原声诗》，其中探索了各种逼近人类发声能力极限的声音，在自然界的任何地方也很难听到。这在我看来，毫无疑问正如《卡尔文与霍布斯虎》漫画中描绘的那样，科学就是在一瞬间发生很多意想不到的进步。

据我所知，每一种语言都有拟声词，且似乎都具有一些普适性的特征。在测试中，几乎无论来自什么背景的人都倾向于将bouba的声音与圆钝的形状相联系，而将kiki的声音与尖锐的形状相联系。但我们也很愿意去了解不同语言如何以不同方式表达同样的自然声音。鸭子的叫声在英语里是quack quack，在法语里是coin coin。西班牙语中，狗叫是guau-guau，而不是woof woof，阿拉伯语中，狗叫是haw haw，而在汉语中，狗叫则是wang-wang。在日本，猫咪会发出nyaa的声音，而蜜蜂（日语中没有zz的声音）则会发出boon-boon的声音。

拟声词是语言最为具象性的形态——具象到尽其所能接近事物本身。其终极案例应该是乔伊斯那长达100个字母的雷鸣拟声词的相反极端，也就是最短的单词之一。英语中写作Om的单词发音是"奥姆"（aum），据《曼都卡奥义书》所说，其前三个音素分别表示清醒（a）、梦境（u）和深度睡眠（m）状态，而其无声的第四个音素则表示无限。诵唱这一单词时，说者即实现了被认为是世界之声音的永恒涌现和回归之物：自我（Ātman），即一切存在的本质、呼吸或灵魂。

语言之始

语言的起点是单词。但最先出现的单词究竟是什么呢？人们曾认为这个问题根本不值得一问。1866年，巴黎语言学会以猜测太多而确凿证据太少为由，禁止研究语言的起源。此举后来变得臭名昭著。但是后来，每个时代的人们都不断产生属于自身的想法，现今也不例外。而与 1866 年不同的是，现在有更多可供参考的证据。

　　语言起源研究者们可能会认同以下这个最佳猜测。这一猜测汇集了三个传统观点或假说的最新版本。第一种假说是"模仿"，即人类语言起源于拟声词：模仿非人类动物和自然界中的其他声音。这一观点似乎很直观，且可以追溯到很久以前。其拥护者包括哲学家加姆巴蒂斯塔·维柯，这一观点认为早期人类的思维与现今儿童类似。维柯称，早期人类并不会用概念命名事物，而是会用单音节叫声和无声手势来模仿这些事物。举个例子，当雷声翻涌时，这些原初人类就会模仿天空的震颤喊"pa"，从而创造出世上第一个单词。这是个美好的故事，尽管以今日标准审视有些愚蠢，但维柯确实言中了某些事情：拟声词一直是语言中基础而恒久的一部分。

　　第二种假说——"哑剧"——关乎手势动作，这是一种极为古老的人类行为。大猩猩在 1 000 万年前与人类拥有共同的祖先，它们在野外会使用大约 100 种不同的手势。而人类幼儿常用的 50 多种手势中，约有 9/10 与黑猩猩使用的手势相同，大约 600 万年前，人类与黑猩猩也拥有共同的祖先。现今，肢体动作和面部表情在视力正常的人之间的面对面交流中继续发挥着至关重要的作用，而对于经常使用手语的人来说，手语完全能够和口头语言一样表达丰富，细致入微。而在美国聋盲人群中，一种全新的语言形式正在浮现，他们能够用手感受到别人做出的手势。这种语言被称为"触觉语言"，它基于新的"语音"规则组织起逐渐完善的词汇，甚至包括一种"触觉拟声词"，由一只手模仿出所描述之物的感觉，例如用五个手指作为树枝，将一只手比成一棵"树"的形状，或者用拳头作为糖果，比成一根"棒棒糖"。

第三种假说——"音乐"——认为人类语言是从一种音乐原语言中产生出来的。在查尔斯·达尔文的想象中，这种原语言与鸟鸣相似：他认为，除了作为雄性给雌性留下深刻印象的方式之外，此种声音并无特殊意义。乍看之下，这一观点似乎不无道理。无论性别，摇滚明星通常都具有性吸引力。但人类并不像天堂鸟那样，只有雄性才具有华丽的装饰。女性的音乐才能丝毫不逊于男性，而且她们讲话往往比男性更清晰。所以，也许这一理论需要修正一下：音乐原语言是为男女二重唱而设计的。又或许它其实始于父母与婴孩之间的交流，始于亲子之间那如歌般的声音。再者，其存在也可能是为了相互保护：人们认为，齐声吟唱能让一个群体听起来更为庞大，让他人印象更加深刻，还能吓退危险的掠食者。

如果将"模仿"、"哑剧"和"音乐"这三者串联起来，得到的假设是这样的。音乐原语言建立起了信任，一种"集体"感——因为它促进了内啡肽的释放，并有助于个体之间的协调。此外，随着节奏和音调模式变得更复杂，它也成了一种发送给其他人群和动物的信号，传达着这一"集体"多么组织有序，从而多么强大的信号（它是警示，也可能是欢迎），也成为我们大部分音乐和舞蹈的起源。以新方式以及模仿他人的方式习得并练习运用声音，也有助于促进狩猎和其他活动中的交流。直到今天，狩猎采集者仍会模仿森林动物和鸟类的声音以吸引猎物，并重复他人的呼喊以定位不同的群体成员并协调行动。在此基础上，这种行为能帮助建立这样一种认知：发声能够传达意义——表现出猎物、盟友以及其他事物的象征。

然后，人们会使用许多诸如此类的声音来配合表演或手势比画。他们也会开始发现，在呼气时能"顺便"发出复杂的声音来加强表意，并最终为声音组合本身赋予意义。你能边毫不费力地讲话边呼气，因此，当传递相同数量的信息时，语言所消耗的能量通常只需手势的 1/10。

而这一切又是何时发生的呢？语言学家诺姆·乔姆斯基认为，我们所知的语言在大约 20 万年前到 6 万年前之间，即在第一批解剖学意义上的现代人类出现之后，但在他们的部分后代走出非洲前往世界其他区域繁衍之前，经历数千至数万年发展形成。随着语言的发展，"行为现代性"——包括象征文化和远距离贸易在内的复杂活动——的出现成为可能。据推测，这些现象的发展大约在距今 5 万到 10 万年前。小说家科马克·麦卡锡推测 10 万年前是一个相对准确的时间节点。"可以肯定的是，（图形）艺术先于语言"，他认为，尽管"可能并未领先太多"，而迄今为止在南非布隆博斯洞穴发现的一些最古老的图形大约可以追溯到这一时间点。

但近年来发现的证据表明，语言的起源可以追溯到更久远的时间以前。解剖学意义上的现代人类，喉咙里没有黑猩猩和大猩猩等类人猿用来发出轰鸣吓跑对手的大气囊，但是这种气囊也阻碍这些类人猿发出独特的元音，而元音对于发出更加"人类化"的声音则至关重要。据认为，人属的早期成员，如能人仍然长有这种气囊，但人类家族更近代的成员就不再具有这一器官了。大约 70 万年前，海德堡人由尼安德特人、丹尼索瓦人和我们的共同祖先进化而来。它们可能曾拥有一块舌骨，能够使舌头做出微妙调节声道发出的声音的运动。此外，尼安德特人和现代人类似乎都从我们的共同祖先那里继承了连通大脑至横膈和肋骨间肌肉的大量神经通路，这使得精细的呼吸控制成为可能。尼安德特人也具有某个版本的 *FOXP2* 基因，这一基因会影响大脑中控制语言区域的连接和可塑性，这也与现代人类相似（尽管其适应性可能较差）。更重要的是，他们耳朵的内部解剖结构也与现代人类相似，表明他们在典型的人声音调范围内听得最清楚。所有以上和其他证据都表明，至少在 55 万至 76.5 万年前人类与尼安德特人分道扬镳之时，或许更早，某种类型的语言已经出现了。

科马克·麦卡锡对语言也许已有几十万年历史的观点表达了质疑。他问道，如果真的如此，那么人类一直以来都在用语言做什么呢？"我们已经知道的是，"他断言道，"一旦语言诞生，其他一切事物（艺术、贸易、复杂的社会组织）都会迅速跟进发展。"但我不确定这一推论是否恰当。尼安德特人的社会可能并未满足麦卡锡的所有要求，但他们生活的复杂性与语言的作用是相称的。考古学家丽贝卡·雷格·赛克斯在《血缘》一书中描绘了尼安德特人和他们的世界，其中也涵盖了最新发现。该书表明，我们的堂表兄弟姐妹们远比笨手笨脚的穴居人这一刻板印象更有能力，并过着更富足、更复杂的生活。尼安德特人制造出了需要提前规划，并涉及诸如制造黏合剂一类的多步骤制作过程的复杂工具。在构思和沟通这些技能，以及跨越时间与空间维护项目方面，语言很可能发挥了作用。恐惧、快乐、痛苦、兴奋和欲望一定也曾充斥他们的生活，正如充斥着我们的生活一样。他们一定也曾寻求如何分享和交流这些感受，并也曾组织并分享知识。而语言很可能也是这当中的一部分。

大约 10 多年前，认知科学家德布·罗伊设计了一个实验，观察并记录他仍是婴孩的儿子最初说出的话语。在 6 个月中，他用摄像机和麦克风捕捉到了家中数千次的日常互动，罗伊和伴侣与同事们一起从中提炼出一个 40 秒的片段，展现了当孩子想要喝水时，他所说的话从"嘎嘎"逐渐变化成"水"。这是一件美好的事，并使我萌生出一种难以或者说无从实现的愿望——目睹我们的祖先所说最初话语的合理再现。这与罗伊所制作的延时记录一脉相承，只是罗伊的记录将跨越数千或数万年的互动压缩到了仅仅数月。

至于这一史诗般的延时记录从何时开始，我也许会回溯至我们的远亲直立人的后代，他们曾在大约 10 万到 200 万年前生存进化。迄今为止发现的来自这一很长时间范围的证据表明，直立人并不具备我们所知道的语言能力。诚然，他们的大脑比尼安德特人和智人的都要小，但我们也不应该低估他们。他们的身体像我们一样直立，甚至更高更壮，在 6~10 倍于现代人类存续总时长的漫长岁月里，他们学会了使用火焰，发展出了复杂的石器制造技艺，猎杀过如古菱齿象等比现存非洲象更大的动物。有证据显示，他们曾雕刻过对称（或许带有象征性）的图案，并对装饰非常感兴趣。在数万年的时间里，他们遍布非洲和亚洲，也许还建造了航海船只。我们可以想象，在这个浩瀚无垠的世界里，我们那远古的人类祖先，曾做出何种手势，发出怎样的声响和歌声。

魔笛

1971 年，音乐家伯尼·克劳斯在俄勒冈州东北部内兹佩尔塞部落的圣地瓦洛厄湖游玩时，跟随其导游——一位名叫安格斯·威尔逊的老人——穿过峡谷，向群山而去。一阵强风穿过峡谷，突然间，行人们被巨大管风琴一般的声音所吞没。"那种音效算不上一种和弦，"克劳斯回忆道，"更像是多种音调、叹息和中音域咆哮的组合，它们互相影响，而当其音高互相匹配时，则会在奇异的节奏之间形成共鸣。与此同时，它们也创造出复杂的和声泛音，被湖泊和周围山脉的回响所强化。"看到克劳斯和其他参观者表现出的困惑，威尔逊捡起几根不同长度的被风吹断的芦苇，并向旅人们展示空气如何穿过顶部空洞发声。他从腰带上别着的刀鞘里抽出小刀，挑选并割下一段芦苇，在上面钻了几个洞，刻出一处缺口，放在嘴边吹奏。克劳斯继续回忆说："他转向我们，以缓慢而平稳的语气说：'现在你们知道我们的音乐源自何方了。而你们的音乐也一样来自那里。'"

作为从植物或树木上切下来的一部分，笛子或管乐器（它们之间的差异主要体现在吹口的角度和形状上）似乎能再现森林的声音，还能通过回声展现自然风景。它也能发出与生物中最具音乐性的鸟类相似的声音。"每时每刻，乐器都在森林与沼泽中生长，"艺术家伊恩·博伊登如此写道，"鸫鹟在可能被做成巴松管的树枝上歌唱……一支可能成为长笛的芦苇会被上面栖息的山雀压弯。"尽管笛子与管乐器能够发出或模仿非人类的声音，但它们也能为这些声音赋予人类的节奏和情感，唤起某种与森林、鸟儿以及更广袤的自然息息相关之感。这些乐器能在人类的想象中，给人们所感觉到的那些无形、原始甚至神圣之物赋予一种可听的形式：一种超脱声音的声音。例如，在雅兹迪传统中，据说最初的灵魂拒绝在没有笛子伴奏的情况下进入亚当的体内。

迄今为止，人们发现的现存最古老的人造乐器就是一支笛子。它出土于德国东南部斯瓦比安尤拉地区的一处洞穴中，由一只秃鹫的桡骨制成，约有 4.2 万年的历史。这支笛子的现代复制品上依次排列着五个孔，末端有一个 V 形凹槽，即吹气孔，演奏时听起来像五声音阶。在 2010 年的电影《忘梦洞》中，考古学家兼石器时代再现者伍尔夫·海因通过演奏《星条旗永不落》大致了解了该乐器的音域和音色，它也能同样轻松地演奏《奇异恩典》《通往天堂的阶梯》《友谊地久天长》或其他任何使用五声音阶的曲子。

这种骨笛在旧石器时代晚期被如何演奏当然是未知的，但是从音乐学家朱塞佩·塞韦里尼这样技巧娴熟的演奏者在网上发布的演奏片段中，人们能感受到其流畅性和演奏潜力。2017 年，长笛手安娜·弗里德里克·波滕戈夫斯基发行了一张重构的专辑。像《智慧 1》和《黎明》等曲目主要由长笛独奏，偶尔伴有简单的打击乐器，它们简洁、深沉而热烈。

波滕戈夫斯基的重新演绎只是可能性之一。笛子很可能是在许多不同区域各自独立发展起来的，因此几乎可以肯定，古代笛子演奏比这要丰富得多。今天居住在刚果境内的巴亚卡俾格米人会演奏小型木笛。在路易斯·萨尔诺的录音中，演奏者们会以微妙的差异交换演奏循环的乐句，这些乐句在森林中传播向远方，高高升起，却也与虫鸟鸣声交织在一起。演奏效果令人沉醉，这是一种野性的"原始文本"，正如史蒂夫·赖希为循环演奏的长笛所作的《佛蒙特对位曲》一样。在骨笛出现在石器时代的欧洲之前，巴亚卡人的祖先也许早已经演奏类似的木笛了。

考古学家戴维·格雷伯和戴维·文格罗认为，我们的文化倾向于低估远古祖先创造的社会和政治制度的多样性与复杂性，以及他们尝试新的组织形式，包括远比现代人通常所想象的更平等的制度的意愿。而且，在文化与音乐方面，我们的祖先可能也在严肃与虔诚的同时，兼具创造性和游戏性。芭芭拉·艾伦瑞克在思考欧洲石器时代那些在洞穴墙壁上绘制动物图像的人时表示，他们"知道自己在万物格局中所处的位置并非高位，而这似乎使他们发笑"。除了波滕戈夫斯基所唤回的赤诚之声，也许还存在更多像赫比·汉考克的《西瓜人》一样意气风发的声音。在其他场合，笛子和管乐器可能是用于狩猎相关活动的工具，正如帕斯卡·基尼亚尔在《音乐之恨》中所想象的那样："一小群打猎、绘画和模仿动物形态之人，哼唱着短歌，在鸟鸣、共鸣腔和筒骨制成的笛子的帮助下演奏音乐，戴着和自身同样野蛮的猎物面具舞出他们的秘事。"有时也可能会有类似艾伦·加纳所虚构的戏法师与治疗师"糖蜜行者"制造的声音。"这是一首长着翅膀的曲子,"加纳写道,"践踏一切,琴弦绷紧,脚上长着妖怪和恶灵;橡树居民,疾病和高烧,以骨笛演奏音乐之甜美,让世界陷入永眠。"

可以肯定,笛子只是古代物质文化的一小部分。在德国的洞穴中,人们在长笛旁边发现了形如长毛象、犀牛、欧洲野马的小塑像,以及被称为霍勒费尔斯的维纳斯的人类女性雕像。而且,消失的遗物远比留存下来的更多,尤其是那些并非主要由石头、骨头或象牙制成的物品。迄今为止发现的少量碎片表明,我们的祖先会用他们手中的任何东西来创作音乐。例如,考古学家曾发现37 000年前象皮所制成的鼓的残骸。在其他地方发现的24 000年前用赭石涂画图案的猛犸象骨头表明它们曾像木琴一样被反复敲击。在法国,一幅有15 000年历史的洞穴绘画被认为描绘了一种"音乐弓"——一种被改造成乐器的狩猎弓。在俄罗斯西北部发现的一组8 000多年前的麋鹿牙齿上有一些特别的印记,与把这些牙齿作为响声挂饰佩戴的舞蹈演员在做动作时使它们反复摩擦造成的痕迹一致。

一些仍在使用的乐器也能提供来自遥远过去的声音的线索。在塞伦盖蒂,有一种可追溯到新石器时代的石锣,与非洲和印度的其他石锣几乎一模一样。敲击它的石板的不同位置会发出不同音高的声音,有点儿类似钢鼓。今天在印度、韩国和太平洋沿岸发现的海螺(一种大型贝壳,被穿孔后可以像喇叭一样吹奏),与法国一处洞穴中发现的有着17 000年历史的海螺几乎完全相同,最近这只海螺在遗失许久之后首次被重新演奏。羊角号通常由公羊的角制成，在犹太社群已经被吹奏了几千年。几乎可以肯定的是，它们是从古时候人类为了吓退恶灵而吹奏的动物角乐器发展而来的。澳大利亚土著的迪吉里杜管的起源不为人知，但由于它们是由吃掉原木芯材的白蚁雕刻好的，所以当人类在大约5万年前抵达澳大利亚时，这些乐器随处可见，随时可以拿起来演奏。在古北界地区，人们可能曾吹奏猛犸象牙。考古音乐学家巴纳比·布朗告诉作家哈里·斯沃德："如果你在一根象牙的侧面打个洞，它就能产生极强的嗡鸣声。"

纳伊笛是一种尾吹长笛，通常由一根巨大的芦苇切割而成，也可能由鹰骨雕刻而成，这种乐器在波斯、阿拉伯和更多地区已被演奏数千年。纳伊笛与亚美尼亚的杜杜克——通过像双簧管一样同时振动两张簧片发声，而非让空气流过洞口边缘——都是大西亚地区仍在使用的最受尊敬的乐器之一。对诗人、学者和神秘主义者鲁米而言，笛声常常伴着苏菲舞演奏，该舞蹈象征着摆脱欲望束缚的灵魂，满怀激情地回归神的身边。

公元前2世纪时，在印度、埃及、希腊和中国，侧吹或横吹是常见的演奏法。吹奏者水平而非竖直地握住笛子，向笛身侧面而非末端的洞中吹气。在印度，这种笛子至少可以追溯到公元前3000年—前2000年的印度河流域文明，并被称为班苏里。它们通常由竹子制成，至今仍在使用。班苏里被认为是黑色之神——克里希纳的神圣乐器，当他向牧女们和她们的首领温柔和慈悲女神赖莎求爱时，他就会吹奏班苏里。

18—19 世纪间，欧洲长笛变得越来越复杂，随着在纵轴上引入环形按键，距离更远的开孔也处在演奏者触手可及的范围内。新型号的长笛音高分布更均匀，并使快速的音符流动成为可能，但它们往往缺乏古代笛子的声音深度和音色变化。即便如此，在古典时期的巅峰时代，将这种乐器作为某种原始力量的意象依旧存在。在1762 年的歌剧《奥菲欧与尤丽狄茜》中，克里斯托弗·格鲁克为奥菲欧在冥界的笛声谱写了最优美的旋律。而在 1791 年的《魔笛》中，莫扎特则将寓言、喜剧和戏剧混杂在一起，用令人眼花缭乱的声线和管弦乐的和声演绎了那支简朴的木笛，"从一棵千年老橡树最深的根部切下"，使得塔米诺和帕米娜这对恋人"在音乐的力量下快乐地走过死亡的黑夜"。

禅宗至宝《十牛图》中描绘了一位逐渐开悟的冥想修行者在骑牛回家的路上快乐地吹奏一支笛子，而在日本，笛子本身成为一种冥想的工具。尺八是一种极尽简约的笛子。它由真竹切割而来，正面有四个指孔，背面有一个用来放置拇指。这比其他常见的管乐器都更少，包括六音孔的玩具哨笛。但在熟练的演奏者手中，尺八能吹出各种不同的声音，从如呼吸一般粗糙的声音，到纯净而宽阔的声音，它也能发出变幻的微分音、颤音以及其他微妙的效果。音色的表现优先于旋律线，因为演奏者将其身体、思想和呼吸集中在"一音成佛"之上，即"一个单音中的开悟"。15世纪僧侣一休的一首诗至今仍是学习这种乐器的指南："吹奏尺八/感受无形世界/宇宙唯此音。"

从 18 世纪起，尺八曲目被编纂成典，以娱乐为目的的公开表演也就此开始。到了 20 世纪中后期，这种乐器吸引了来自世界各地的学习者和听众，他们认为尺八既是一种乐器，也是一种精神修行的工具。旅行者号航天器上的金唱片中也包括一首名为《鹤之巢笼》的经典尺八曲目。

多器乐演奏家阿德里安·弗里德曼在英国长大并接受训练，后去日本长年进行尺八研究。他曾用尺八与夜莺、塔布拉鼓、大提琴等联合演奏，但最终还是回归独奏。他告诉我，演奏尺八时他得到的反响与演奏西洋乐器或西洋风格的音乐时完全不同。"它会在灵魂极深处产生共鸣。"他说，"几年前我在圣保罗的一次演奏结束后，一个女人眼含泪水走到我面前。'我是一名社会工作者，'她说，'我的生活充满暴力，但听到你的音乐，感受其中的精巧和微妙，让我发觉我的内心仍存有细微而美妙的部分。为此，我想感谢你。'你可能会问，在如此危机四伏的世界中，吹吹竹笛又能有什么意义呢？……我将演奏作为自己精神修行的一部分，因为在某种程度上，正是它给了人们坚持下去的力量和勇气。"

探索之旅仍在延续。2010 年作曲家藤仓大创作了低音长笛演奏曲《冰川》，他称其如 "一缕冷气静静飘浮在冰冷的山峰之间，缓慢但锋利有如刀割"。而《冰川》听起来确实仿佛来自 "一个另外的地质时代"，正如音乐评论家科琳娜·达丰塞卡-沃尔海姆所写："有些音符分裂成两半或消逝在稀薄的空气之中，而你又仿佛到处都能听到人声的幽灵穿过乐器发声。"2013 年，长笛演奏家克莱尔·蔡斯开始了一项长达 24 年的计划，每年都委托创作一部新的长笛作品，直到《密度 21.5》诞生 100 周年为止。《密度 21.5》

是埃德加·瓦雷兹于 1936 年创作的一部作品，蔡斯称之为现代音乐中最为凝聚的 4 分钟。这个系列的作品将长笛与电子音乐和视觉效果结合起来，用这种古老的乐器创造出了新的魔力。

音乐的本质

对于生活在刚果北部雨林中的巴亚卡狩猎采集者来说，没有任何事能阻挡他们举办一场盛大的聚会。在一种被称为"灵性游戏"的常规营地活动中，男男女女会邀请森林之灵加入他们的音乐表演，这些表演集结了约德尔唱法和复调的歌声，还伴有击掌和敲鼓的打击乐节奏。为了引出森林之灵与人类一起玩耍舞蹈，音乐演奏必须十分优美，而巴亚卡人会全情投入。他们中时而有一个人站起来跳舞扮鬼脸，而当事情进展顺利之时，他们可能会大喊："太棒了！（bisengo！）正是这样！（to bona！）再来！再来！（bodi！bodi！）把它带走！（tomba!）唱歌、跳舞！（pia massana！）"

巴亚卡人已经以这样的方式生活了几万年，甚至几十万年，对于他们来说，音乐在生活的几乎每个方面都是一种强大的力量。它始于出生之时——甚至更早，因为胎儿还在子宫之中时，几乎每天都能听到并感觉到母亲的歌声与舞蹈。当婴儿聆听摇篮曲，趴在母亲背上随之起舞，又或者坐在母亲膝头听一群大人们歌唱时，这种沉浸仍在继续。音乐在狩猎中也扮演着重要的角色。例如，在准备用网捕猎时，妇女们会通过唱歌并吹笛子来迷惑森林。她们会唱到深夜，并解释说，这使动物感到"夸纳"——柔软、松弛而疲劳——从而可能更容易沉浸其中。当男男女女想要炫耀之时，他们也会表演音乐。人类学家杰罗姆·刘易斯认为，音乐和舞蹈能使各种有知觉的生物着迷，使其放松、快乐并敞开心扉。

很难想象有什么音乐比工业化的现代先锋作品和实验音乐人的作品距离巴亚卡人和其他俾格米人的作品更远。但如果仔细了解一下这些音乐人是如何看待他们的作品，你就会发现差距可能也并非那么大。例如，伊安尼斯·泽纳基斯写道，音乐是"固定在想象（世界）中的声音……是孩童天然的玩耍"，乔治·克拉姆则称之为"服务于精神冲动的比例系统"。这也很好地描述了雨林居民们的音乐。巴亚卡歌曲和节奏充满乐趣，而且，即使允许个人的即兴发挥和表达，它们仍相互交织，创造出复杂而明确的结构。

音乐是什么？《牛津英语词典》将其定义为"以形式美和情感表达为目的的声音组合艺术"。作曲家埃德加·瓦雷兹称之为"有组织的声音"。音乐心理学家维多利亚·威廉森将其描述为"一个普遍的、人性化的、动态的、多功能的声音信号系统"。认知心理学家阿尼鲁德·帕特尔将其称为"思维的变革性技术"。所有这些定义都能起到一定作用，但很难帮助我们更进一步。音乐，就像生活，往往难以定义。

超越这一点的方法之一是以数字的形式来思考。音乐与数学之间的联系早已得到人们的认可。在西方古典时期和中世纪，音乐是教育核心的"四艺"之一。音乐作为"时间中的数字"，与算术（"数字"）、几何（"空间中的数字"）和天文学（"空间和时间中的数字"）享有同样的研究地位。"音乐，"17世纪末18世纪初的自然哲学家戈特弗里德·威廉·莱布尼茨如此写道，"是人类心灵在不知不觉地计数中体验到的快乐。"音乐人亚当·尼利为惯用优兔视频网站的一代人给出了新的定义，他认为，如果要向外星人解释音乐，就应该基于人类擅长倾听随着时间推移规律出现的事件之间的关系这一事实，这种能力正是我们感知节奏与和谐的核心。他说，音乐，即是"数学比率的仪式化应用。如果说数学是宇宙间的常数，那么人类的音乐也是如此"。

但音乐又远远不止如此。阿图尔·叔本华在 19 世纪初写道，音乐是他所谓的"意志"的直接表达：一种欲求、奋斗和渴望，他认为这是世界最深处的真理。然而你不必走得那么远，就能意识到音乐与生命体验中必不可少的动作和情感及其无穷无尽的变化具有一些相同的关键特征，或者至少是对它们的模仿。创作或聆听音乐需要身体运动或生理唤醒，以及大脑中更多区域的神经元的刺激，比任何其他活动牵涉得更多，深入连接到脑内负责视觉、运动控制、情感、语言、记忆、规划和性的所有区域。音乐家兼心理学家伊丽莎白·赫尔穆斯·马古利斯写道："音乐的特别之处可能并不在于它与其他所有事物迥然不同，而在于它能将其他所有事物融合到一起。"如果意识是我们的大脑对我们的身体和感觉的解释，并将其过程反映给我们，那么音乐在某种程度上则是一种排练，一种反思并探索存在与情感的排列组合可能性的手段。同意识一样，音乐呈现出生命的模式，有时似乎与生命如此相似，使我们将它认作生命本身。

至关重要的是，音乐能帮助人们找到并定义自己在世界中的位置，并与他人构建联系。音乐学家布鲁诺·内特尔观察到，"每个社会群体都有自己的音乐"，而我们每个人所珍视的音乐也将我们与群体紧密相连。研究希腊东北部的伊庇鲁斯古代民间音乐的克里斯·金写道，音乐的强度"是一个地域与其人民和音乐相互联结的结果"。因此，音乐可以让一个群体团结一致，增强其成员身份的认同感。它是一种共同的声音。

同时，音乐也是与超越人类的广袤世界互动的一种方式。它建立在200万年或更久的时间里，人属生物对自然之声的持续关注之上。人类可能永远难以企及自然之声的一些部分，如澳大利亚一种声音敏捷的黑喉钟鹊的演奏，但塞隆尼斯·蒙克和奥利维耶·梅西安从未停止尝试。

而且，音乐还能将人们与他们对可见、可观察的世界之外的理解和想象联系起来。印度古典音乐中的单调长音或持续的底音，有时被认为是"梵天之音"（Nadha Brahma，来自《吠陀经》）的表现，即那贯穿一切的振动。而根据11世纪穆斯林哲学家和神学家加扎利的说法，"聆听音乐时，一种神奇的状态在心中浮现，这来自一个神圣的奥秘，它被发现存在于有节奏的音调与人类精神的和谐关系之中"。

莱内·马利亚·里尔克写道，音乐是"语言终止处的语言……我们内心最深处那一点的外显"。对约翰·凯奇来说，它是"沉默表面上的一处气泡"。也许，随着气泡浮起和破裂，我们就听到了永恒与时间的产物坠入爱河。

和声

有时候，你和他人同唱一首合唱歌曲，不同音调之间的音程恰到好处，一件美妙之事就会发生。随着和声融合到位，歌声似乎变得越发明亮、丰富而充实。歌手之间的空间仿佛充满温暖与光辉，你的身体似乎也因共鸣而灼灼发亮。作家戴安娜·阿克曼将此种效果比作一种内在的按摩。界限荡然无存，正如大卫·休谟在另一个背景下所说，"所有情感都很容易从一个人传递给另一个人，并引发每个人同样的反应与动作"。

协和的简单定义即是某种一致而协调的状态。在音乐中，它指同时发声的一组音符，（通常）旨在产生令人愉悦的效果。这个单词源于希腊语 ἁρμόζω，即 harmozō，意思是组合在一起，或者连接到一起。它在梵文中与 yoga 类似，同样意为"加入"或"团结"。梵文中个体之间的结合是 jīvātmā，与超我的结合则是 paramātmā。而孔子则说"和而不同""乐者，天地之和也"。

音乐绝非孑然一身。在许多文化中，它是与舞蹈分不开的。尽管人们所青睐的和声因文化与时代不同而有差异，某些特征却是近乎普适的。其中最重要的是八度音程和五度音程——前者是《彩虹之上》的前两个音符之间的音高跨度，后者是《一闪一闪亮晶晶》中第一个"一闪"和第二个"一闪"的两个音之间的跨度。这二者又能成为无穷无尽的形式与创新之基。例如，在印度古典音乐中，像坦普拉琴这样的乐器通常会在基音（即主音）、八度和五度上弹奏持续音（产生连续的声响），为乐曲设置基本调性，而微分音和节奏的变化则随时间推移逐渐展开。

八度和五度是由与基音有着简单的物理和数学关系的声波产生的。八度音程由波长为基音一半的声波产生，而五度音程则产生自波长为基音 2/3 的声波。以比率表示，它们都使用了最小的自然数——八度为 2∶1，五度为 3∶2。在被称为"纯律"的律制中，音阶中的其他音程也由小整数比率构成：四度音程由 4∶3 的比率构成，三度音程则是 5∶4，以此类推。

因为这些声波的比例十分简单，其波峰、波谷会以规律而可预测的方式彼此来回同步或失去同步。八度音程中，高音振动两次与基音振动一次的时间相同，而五度音程中，高音振动三次与基音振动两次的时间相同。人类的耳朵和大脑能够识别并且乐于接受这些简单的关系，正如我们乘船时也许会更喜欢有规律的起伏浪涌，而非波涛汹涌。这也许有助于解释和声体验的物理基础。

和声也包含在每个音符中。这同样可被归结到物理与数学原理之上。吉他等乐器的弦或长笛内部的气柱，又或者人的呼吸道受到激发时，就会产生波长与弦或空气柱等长的声波。这就产生了基音，即我们听到的最明显的音。但它同时也以波长较短的波振动，组成所谓的泛音列。这是一组更高的音，与基音成八度、五度、四度和一系列越来越小、越来越高的音程，并"堆叠"在一起，就像音乐中的一道彩虹。我们大多数人在大多数时候，并不能清楚地分辨出这些泛音自身，但确实能感受到它们和其他不甚和谐的泛音所创造的音色，或者"感觉"。这些泛音与基音之间的响度比例，正是某个音在竖琴上演奏与在长号上演奏（或由绑在鞋盒上的一根橡皮筋演奏）听上去不同的关键因素。和声也与旋律和节奏深刻关联。一段旋律即是一系列有协和关系的音按时间顺序排列，而非同时发声。任何给定的和声音程在数学上都等同于两种不同节奏的交叠演奏。

我们可以把欧洲音乐的发展历程看作对和声空间的逐渐探索。在基督教时代最开始的 1 000 多年里，很多音乐似乎都是单声部的，如同我们如今还会听到的格里高利圣咏那样，只有一条简单的旋律线。就我们所知，当时至少在教堂音乐中，和声仅以两种形式出现。一种叫作奥尔加农，因其与管风琴的声音相似而得名，人声或乐器与旋律同步唱出或演奏第二个音符，但相隔一个八度、五度或四度。另一种则是"持续音"，即一个音符保持不变地持续演奏（演唱），贯穿其上展开的吟唱始终。9 世纪拜占庭女修道院院长卡西雅谱写的具有精心编排的旋律线的赞美诗作品即是突出表现此种风格的样例。12 世纪德国女修道院院长圣希尔德加德·冯·宾根的作品亦然，她创作了自由、内容广泛的圣咏，并称之为"音韵中的和谐天启"。

和声发展的下一步出现在希尔德加德之后。巴黎圣母院乐派的作曲家佩罗坦将多达四条不同的旋律线组合起来，创造出此前人们从未听闻过的密集和声结构。他还使用了弹跳节奏模式。尽管他做出了如此创新，但是佩罗坦仍在使用八度、五度和四度，他创作的和声对于现代听众来说显得十分朴素。在接下来的两个世纪中，音乐家们越来越多地运用了三度和六度。纪尧姆·德·马肖在其《圣母弥撒》中使用了三度，也就是《康巴亚》

前两个音之间的间隔。这首弥撒是他在 1365 年之前创作的。但他主要将三度使用在转瞬即逝、不带重音的部分，而直到 15 世纪在约翰·邓斯泰布尔和若斯坎·德普雷的作品中，三度才开始占据西方音乐的核心地位。

这就像一种化学反应，甚至是一种治愈的奇迹。夹在基音（第一个音）和五度音之间，三度音与二者共同创造出饱满而厚重的和弦，被称为三和弦。17 世纪早期，即 1610 年，克劳迪奥·蒙特威尔第在他的《圣母晚祷》等作品中运用三和弦演绎出富丽堂皇的效果。一直以来，音乐家们尝试了无数种和声，但鲜少有人完全放弃三和弦，也少有人能长期不使用三和弦。19 世纪保守的音乐理论家海因里希·申克尔称之为"自然和弦"，并认为它是所有伟大音乐的核心。直到今天，它甚至仍在音乐之旅某些最古怪的旅程中占有一席之地。以大胆的和声实验而闻名的音乐家雅各布·科利尔称之为"几近声学真理"。

数百年来，三度、三和弦以及建立在三和弦之上的和声一直是欧洲传统的重要组成部分。它们经常在和声进程中发挥重要作用，其时，一系列和弦从主音逐渐挪移展开，最后又回到主音。这通常会在"终止式"的结构中创造出一种结局之感，或一种故地重回之感。特别常见的是从基于五度音或"属音"的和弦回到基于主音的和弦终止式，除了一个音之外，其他音都是相同的。这就是所谓的完全终止，用罗马数字表示为 V—I。它无处不在，从贝多芬的《第五交响曲》到披头士乐队的《我想握住你的手》中每段副歌的结尾。另一种常见终止式叫作变格终止，它从四度音回到主音而终结，即IV—I。它有时也被称为"阿门终止式"，因为许多赞美诗都是以此种方式结束的，但它也出现在其他一些歌曲中，比如阿巴乐队《妈妈咪呀》主歌中的"我被你欺骗了"这句，以及副歌中的"天哪，天哪"这句。有些和声进行对西方人来说太悦耳动听了，人们已经很难摆脱它们的影响。在《四个和弦》中，音乐喜剧团队"了不起的轴心"讽刺了数十首全球热门歌曲中和声的一成不变，从《顺其自然》《女孩别哭》，到《你在或不在》《今夜你可否感受到爱》，它们都遵循相同的"I—V—vi—IV"和声进程。

三度有两种形式：大三度和小三度。我们这些在西方传统中长大的人倾向于认为由四个半音组成的前者是明亮而快乐的，而由三个半音组成的后者则是黑暗而悲伤的。这种观念也许在某种程度上根植于音乐的起源。亮度的定义很简单，就是音符间距的相对大小，而这也许与人体的姿势有关。我们在快乐而自信地跳舞或做出动作时，就会让身体站直站高，而我们在经历内省或更为暗淡的时刻时，则会蜷缩身体，弓腰驼背。但无论我们对大调和小调的情感源于何处，二者都存在于张力之中，且很少能摆脱彼此的影响。在和声上，大三和弦和小三和弦是彼此的镜像：前者是一个小三度置于一个大三度之上，而后者则相反。

但是，和声音程能够相互作用，并产生一些效果，似乎能表达出比单纯的快乐或悲伤更为复杂和微妙的情感流动和状态。想想首次发布于1722年的巴赫《平均律钢琴曲集》第一卷中的《C大调前奏曲》。整首曲子由一连串的琶音（即分解和弦）在三度的基础上建构而成。第一组建立了C大调和声，C音后接着一个E自然音。第二组呈现的是D小调，D音（在C音之上）后跟一个自然音F。音乐家和理论家亚当·奥克尔福德观察到，以此种方式，一个起初积极而令人愉快的主题立刻就转变为更暗淡、更悲伤的形式。然而，这种变化被一种普遍认为能带来积极转变的因素所缓和，即顶部旋律线音高的上升。与此同时，最低音，即持续的C音，产生了一种亟待解决的不协和感。"这种相似性与差异性，以及大调或小调之间错综复杂的融合，使音乐充满渴望之感。"奥克尔福德写道。就此产生了"一种复杂的情感，神奇的是，这种情感是由一系列抽象的声音通过大调音阶设计中固有的规律性和不规律性的融合而唤起的"。

协和总是存在于与不协和的关系之中。蒙特威尔第在他的牧歌和歌剧中运用冲突与不和谐音来表达痛苦、悲伤、愤怒和其他情绪，而许多后人也沿袭了他的道路。和声也可以通过不熟悉的转调，将我们带到一些难以明确定义之处，比如弗朗茨·舒伯特晚期弦乐四重奏和钢琴奏鸣曲中的抑扬顿挫，或者约翰·柯尔特兰的《巨人阶梯》中呈现的崭新调色板。不过，并非所有和声旅程都是微妙或难以捉摸的。在所谓的"卡车司机换挡"式转调中，音乐毫不客气地转调，就像卡车司机换挡一样。这种突然切换的绝佳范例出现在诱惑乐队的歌曲《我的女孩》的1分45秒，也发生在惠特尼·休斯顿演唱的《我会永远爱你》中的大约第3分钟，就在深沉的鼓声"砰"之后。对于听众来说，这将带来确凿无疑的情绪高涨和欣快感。但也有其他更难预测的方法可以实现这一目标。对于雅各布·科利尔来说，由"六重唱"乐队演绎的《一个安静的地方》

在接近尾声时和声不断上升而迸发，是他"有史以来最喜爱的转调"。"我清晰地记得，我正是以如此方式发现了和声，"他回忆道，"当时我想，我竟然不知道仅仅通过和弦中的音符就能为这些情感赋予身形。"

用欧洲古典音乐和许多摇滚、流行音乐中常见的基础七音音阶中的音构成的和声，只是和声全貌的一小部分。每个八度只有五个音的五声音阶在世界各地都普遍存在，从安第斯山脉到不列颠群岛，尽管形式不同。仅在埃塞俄比亚，就有至少四种不同的五声音阶，被称为"齐格尼特"或"柯尼特"，而由主音、大二度音、小三度音、五度音和小六度音组成的五声音阶则似乎将听众带到了日本。蓝调音阶通常将源于西非音乐的降五度音加入五声音阶，形成六个音符的六声音阶。

西方音乐将一个八度分成 12 个半音，并且通常在给定的调中使用其中的 7 个，但我们没有理由将一个八度音程的分割数量限制为 12。延续产生纯五度、四度等整数比例的序列会得到 19 个不同的音调，在欧洲于 17—18 世纪采用平均律之前，许多音乐家可能已经习惯了这种差别，能够区分出升 A 音和降 B 音，但我们现在则习惯于介于这两个音之间的音高。其他音乐文化则继续在微分音旋律与和声中散发光芒。印度古典音乐丝滑跨越微分音域，而阿拉伯音乐则通常将一个音阶划分为 24 个四分音。

对于未来可能出现的和声世界，我们可以无尽畅想。它们会是我们熟悉和喜爱的声音之变体，还是会将音乐带入完全未知的领域？哈里·帕奇和卡尔海因茨·施托克豪森等 20 世纪时代反叛者的作品在如今的吸引力很有限，这表明，人类对大部分事物的品位都不会有太大的改变。但话又说回来，那些未知世界的探索者们留下的遗产可能比浮于表面的内容更加丰富。在电台司令、比约克和其他许多人的作品中，都创造出了奇特的崭新共鸣。

也许，施托克豪森在 1956 年以前所未有的方式将人声与电子音乐混音创作的《少年之歌》预示着一个人类越来越紧密地与计算机相联系的世界。也许我们会听到越来越多与过去几个世纪西方世界所熟知的方式截然不同的和声。也许和声会受到人们对非人类世界的声音越发密切的关注的影响。随着科技进步，我们聆听并调谐其他物种音乐的能力也越发强大。现在，人们可以听到长距离传播的蓝鲸叫声，这是最近才被发现并记录下来的。为了让人类能够听到，蓝鲸的叫声被加速至自然速度的两倍以上，它不断地在一个介于纯五度和三全音之间的音程内部上下翻飞。这是终结，也是开始。

奇异乐器

"夫人！"指挥家托马斯·比彻姆爵士大声说道，"你的双腿之间有一件能给成千上万人带来快乐的工具，而你所做的只是划一划！"当然，他指的是她的大提琴。的确，这种自 500 年前首次被发明以来就无甚变化的乐器，能够表现出无与伦比的美感和丰富的音色。这并未阻止人们继续尝试。世界上也许只有大约 300 种不同的意大利面，但在"神奇的音乐机器"的领域中，几乎有着无穷无尽的可能性（据一位亨利·珀塞尔的歌剧词作者所说）。

想要在所有能想象得到的乐器之中找寻探索之路，你可以将乐器分类系统作为起点，这一系统将乐器分为五大类别。由埃里希·莫里茨·冯·霍恩博斯特尔和柯特·萨克斯在 1914 年发明的这套系统最初仅有四个类别：通过自身全部或大部分的振动发出声音的"自鸣乐器"，如铃、锣、马林巴琴；通过振动薄膜发出声音的"膜鸣乐器"，主要是各种鼓；通过弦的振动发出声音的"弦鸣乐器"，如西塔琴、科拉琴、小提琴、古筝、钢琴等；通过振动气柱发出声音的"气鸣乐器"，如苏格兰风笛、木管乐器、铜管乐器、管风琴等。在人类的大部分历史中，这可能已经足够了，但是在 20 世纪，人类驾驭了电磁学，进一步扩展了可能性，并一直延续至今。于是，在 1940 年，萨克斯在以上分类中增加了第五个——"电声乐器"。

一旦开始寻找，你就会发现其中任何一个分类之中都有很多古怪的乐器。有小如铅笔头的短笛，也有看上去仿佛是由杰拉德·霍夫农①和耶罗尼米斯·博斯②构想出来的颠倒王国里雨水管末端的巨大管道一般的次低音长笛。还有冈令，这是一种用人类腿骨做成的喇叭，是那些想让人们聆听死亡之声的佛教徒们赠予世界的礼物。小提琴家族有一名成员叫作三弦低音提琴，它和短面熊一样

---

① 杰拉德·霍夫农（Gerard Hoffnung）是 20 世纪美国音乐家和画家，以创意十足的音乐卡通画知名。——编者注

② 耶罗尼米斯·博斯（Hieronymus Bosch）是 15—16 世纪荷兰画家，其画作内容复杂而充满争议，具有神秘主义特征。——编者注

高，是人类身高的两倍。而由塑料罐、PVC（聚氯乙烯）管和其他废料制成的定音或未定音打击乐器更是变化无穷。有时候，想要发明一种新乐器，你只需将一种旧乐器重新命名，就像桑·拉给行进圆号加上"空间维度"的前缀，称电子键盘为"宇宙音色风琴"，称钢琴为"太阳竖琴"那样。

也有些乐器是所谓的"嵌合体"：这些奇妙装置将许多人认知中截然不同的乐器结合在一起，成为新的乐器。带键盘的小提琴从未真正流行起来，其原因也很好理解。但是"甘美钢片琴"——为比约克而创造，并在她的歌曲《水晶》中出现，由钢片琴和甘美兰组合而成——却发展良好。首次诞生于 19 世纪的竖琴吉他正在经历一场中规中矩的复兴。你能看到来自北美和欧洲的数十名演奏者参与《宽阔的水面》的虚拟演出，并在雅斯明·威廉斯的《都市浮木》中听到这种乐器。这种乐器有超过 20 根琴弦，装在两条琴颈之上，其中一条琴颈兼具曲面共鸣板功能，与主体相连。乐器看上去有点儿像是一只立体派风格的火烈鸟与西奥伯琴（一种文艺复兴时期的大型鲁特琴，也有两组琴弦）的混合体。然而，最猎奇的乐器发明之一（也可能是虚构的）要追溯到 17 世纪。它是一架猫咪钢琴，通过拉动固定在键盘上代表不同音调的猫咪的尾巴，使猫咪发出尖叫声。几年前，音乐发明家亨利·达格将这一令人毛骨悚然的发明重构成了一个放满毛绒玩具猫咪的架子，揉捏每只玩具猫会发出不同音高的尖叫声，还能演奏出《彩虹之上》。

部分自动化或完全自动化的乐器也有着悠久的历史。用水驱动的风琴至少可以追溯到古希腊，可能被用来模仿鸟鸣以及演奏音乐。在公元 850 年巴格达出版的《巧妙装置之书》中，巴努·穆萨兄弟记述了一个自动演奏可切换圆管的机器，以及一种蒸汽动力长笛。一些评论家称前者是史上第一台可编程机器。14 世纪，由旋转圆筒控制的机械敲钟器已经开始在佛兰德斯地区制造，它们就是 1800 年前后发展起来的音乐盒的始祖。而在 1965 年的电影《黄昏双镖客》中，音乐盒在高潮时刻营造出戏剧性的效果，随着高潮对决的逐渐平息而慢慢停止旋转。

早在 17 世纪时，日益复杂精细的发声和扩音方法就已经是一件令人着迷之事。到 1615 年前后，受到古代拜占庭的斐洛以及亚历山大的海罗的影响，工程师萨洛蒙·德考改进并完善了一种利用阳光加热铜制管道的装置，它可以沿管道将水向上推，使喷泉涌动，并让雕像演奏音乐。在 1626 年出版的乌托邦小说《新大西岛》中，弗兰西斯·培根构想了一处"声音之家，人们在此处练习并展示所有声音，以及其世代"，重现"鸟兽之声与调"，其中还有一种"丰富而奇异的人工回声，它将声音多次反射，仿佛将它们来回抛接"。在他 1650 年的作品《世界音乐》中，阿塔纳修斯·基歇尔复兴了古典时代的风鸣琴，一种依靠风力振动共鸣板琴弦的乐器。受到诸如这些概念的启发，约翰·伊夫林在他 1700 年的《不列颠乐园》一书中描述了一系列人造物，以及"美妙"的音乐自动机花园。其中包括模仿小鸟鸣叫的"埃奥利克音乐厅"；用喇叭吹出单音的机械守夜人；一尊会说话的门农雕像；能在其"发声圆柱"上演奏任何"给定"的音乐作品的自鸣风琴（仿佛是穆萨兄弟某项发明的延续）。

19 世纪间，音乐自动机的复杂性不断提升，有些十分古怪。其中，除了今天也仍旧相对出名的游乐场风琴和自动钢琴，还有诸如能演奏 24 把小号和两架鼓的"贝隆尼昂"，以及能模仿大多数管弦乐器甚至枪炮声的"百音琴"。包含钢琴功能的"全自动管弦乐队"则更胜一筹。"作曲机"能够基于向其输入的音乐主题演奏出无穷的变奏。"阿波罗尼孔"上则布满 1 900 根发声管。

即便是在几乎任何声音都能通过电子合成的现代，充满奇思妙想的机械乐器仍然令人欣喜。在美国弗吉尼亚州卢雷洞穴中，建于 20 世纪 50 年代的巨大钟乳石管风琴，以小小的橡胶锤击打钟乳石发声。这架岩石质地的自鸣乐器占地约 3.5 英亩[①]，它可能是世界上最大的乐器。民谣电子乐队"银河"于 2016 年制作完成的"滚珠音乐机"使用一个手摇曲柄抬升钢制滚珠送入管道，然后通过可编程释放门发射滚珠，使它们下落并击打电颤琴、低音吉他、钹、踩镲、踢鼓和小军鼓。截至本书英文版付印前，这台音乐机运行的视频已被观看了超过 2.25 亿次。

"音乐性的声音太有限了，"未来学家路易吉·鲁索洛在他写于 1913 年的《噪声的艺术》中如此写道。他认为，在一个高速而喧嚣的工业化时代，我们必须"征服""无数多样的噪声"，因为"我们在有轨电车、回火的发动机、马车和人群哭喊的噪声组合中所找到的乐趣，远远多于来自贝多芬的乐趣"。他提出，未来的乐器必须能够发出雷鸣、爆炸声、咆哮声、砰砰声、轰隆声、哨音、嘶嘶

---

① 1 英亩 ≈ 4 047 平方米。——编者注

声、喘气声、耳语、低声吟诵、喃喃声、含混不清的念叨声、咕噜声、尖叫声、刺耳挤压声、沙沙声、嗡嗡声、噼啪声和刮擦声，它们也必须能制造出大喊、呼唤、哀号、短促鸣声、嚎叫、濒死呻吟声以及抽泣声。

这种装置本质上是一些大型木箱，其上安装有放大漏斗和外部杠杆，杠杆带动箱内的机械手臂，敲击、刮擦并振动其中的鼓、线缆以及其他设备。在鲁索洛看来，这些简朴的声学装置只是一切之始。"从今往后，随着新型机器不断诞生，我们将能分辨出一万、两万乃至三万种不同的噪声，并能根据我们的想象将它们组合。"接下来的一个世纪中，他的愿景一定程度上在具体音乐、噪声、工业、声音艺术等领域得到了实现。

有些类似的音乐实验很难重复进行。1922 年 11 月，苏维埃共和国成立五周年之际，在巴库上演的阿尔谢尼·阿夫拉莫夫的《工厂汽笛交响曲》即是其中一例。这场演出调动了数个大型合唱团、苏俄里海舰队的号角、两个炮兵连、数个步兵团，还包括一个机枪师、许多水上飞机，以及城内所有工厂的汽笛。驻扎在特别修建的塔台上的指挥员们使用彩旗和发令枪发送新号，指挥各种声音单位。一台中央"蒸汽汽笛机"铿锵有力地演奏着《国际歌》和《马赛曲》，而"自动运输车辆"则飞驰着穿越巴库，成为节日广场上最隆重的声音尾章。

其他的音乐创意带有更强的居家感，但其实可能很难在家中重现。例如，在 1930 年菲利波·托马索·马里内蒂和路易吉·科隆博·菲利亚的《未来主义烹饪宣言》中，刀叉与政治被废除，声音则成为主角。在第一道菜"飞行画家"中，客人们一边吃金橘，一边抚摸砂纸，耳畔充斥着飞机的噪声。另一餐中的第一道是"多节奏沙拉"，包含一个装满无酱汁生菜叶、椰枣和葡萄的盒子。"盒子的左侧装有一个曲柄。客人们用右手吃饭，同时用左手转动曲柄使音乐开始播放，服务员随着音乐跳舞直至用餐结束。"

从特雷门琴到穆格合成器，从现场电子音乐到笔记本电脑音乐，我们如今能制造无穷无尽的声音。随着电子音乐变得越来越容易操作，人们也许会怀疑实体乐器是否可能被软件完全取代。然而，我们依然坚守着实体存在的物件。人类通过与物质世界的接触和交流繁衍生息，我们似乎一直偏爱使用能够真正操控、握持、按压、弹动、抚触、敲击、拉弓、吹奏的乐器来演奏音乐。

在上千件叮当作响的乐器中，有哪一件能经得起时间的考验呢？一些已经确立地位很久的乐器很可能会继续存在，就像（在其他条件相同的情况下）拥有稳定生态位的动植物种群会继续存在一样。对于不仅能演奏人们熟知的声音，还能演奏出全新种类声音的老牌乐器来说，这一点可能尤其正确。想想看，在如佐藤聪明的《扭曲时间中的鸟·其二》之类的作品中，小提琴是如何探索微分音和微音色空间的；而木村茉莉的演奏实验则揭示出小提琴的次谐波世界，这在从前被认为是绝无可能的。也许其他老牌乐器也会找到属于它们的微妙的新形式。水晶琴也许正是其中一例，它是由许多根音高调成半音阶的玻璃棒组成的一种"管风琴"，通过轻轻抚摸而发出声音。拉维·香卡、戴蒙·亚邦、蠢朋克乐队、电台司令、汤姆·威茨等音乐人都演奏过这种乐器。它本质上是玻璃琴的升级版，至少可以追溯到 18 世纪早期，由注入不同水量的玻璃杯组成。

早期电声乐器的前景并不明朗。特雷门琴是一种需要演奏者把手沿其天线移动，改变颤动的音符来演奏的装置，在 20 世纪初首次出现时，它仿佛代表着未来的潮流，但现在却看起来越发像是一种猎奇之物。相比之下，马特诺琴这种电子键盘乐器，最近则因为强尼·格林伍德等音乐家而显示出复兴的迹象。也许未来属于混合型乐器，即诞生于人类创造者与其电子系统造物之间的交互的乐器。达芙妮·奥拉姆在 1962—1969 年间构思设计的"奥拉姆音乐合成机"，也许就是一个早期样例。这种机器会根据她在玻璃与胶片上绘制的线条和标记来合成并排列声音。2010 年，伊莫金·西普开始研发"Mi.Mu 手套"，这是一种"用于创造、作曲和演奏的可穿戴乐器"，当音乐家戴上此种手套后通过移动手来创造新的声音时，手套就将这种创造力转化为三维空间中的实时舞蹈。尽管可能是个冒险的尝试，但"塞古尔竖琴"确实存在，这是乌尔维尔·汉松设计的一种电磁竖琴，它看起来像是厄休拉·勒古恩想象中的外星文明的造物。汉松说："能够以电子的方式控制一件物理存在的物件，能为人与空间和聆听之间的互动方式开辟新的可能。"塞古尔竖琴"总是随着你的演奏而不断进化。你能感受到它正在不断塑造着自身"。电子乐器也可能将生命世界纳入它们的"心脏"。举一个疯狂的例子，科斯莫·谢尔德雷克 2018 年的作品《上新世》是汇编了濒危生态系统中动物的声音采样而成的，因此它确实是严肃的。但乐曲中的踢鼓部分其实来自豹蟾鱼，而小军鼓的声音则来自发光鹦鲷，这使得它同时也不失幽默。谢尔德雷克在一次飞越巴塞罗那的热气球飞行途中，首次演奏了这首曲子。

即使少有新乐器能够经久不衰，实验和发明也肯定会源源不断地出现。我对达克斯管这样的发明满怀希望，这是一种由木头制成的摩擦式自鸣乐器，能够发出范围惊人的声音，沙哑，通常有些滑稽，而且类似人声。除此之外还有很多其他乐器。其中一些，比如康斯坦丝·登比的巨大金属片自鸣乐器"鲸帆"，以及使用低音弓演奏能发出低频共鸣音的"太空贝斯"，仿佛试图超越这个星球的存在。另一些则要求特定的时间和地点。作曲家华金·奥雷利亚纳创造的"声音工具"中包括一种"超越木琴"，这种乐器看上去似乎更像过山车或超现实主义雕塑，而并非木琴。使用这些乐器，奥雷利亚纳创造出的声音既能代表祖国危地马拉欢快的音乐，也能传达这个国家长期内战的苦难。在其他地方，如"奏"打击乐团成员凯尔·邓利维和乔希·奎林制作的新型钢鼓发出的声音，也许是现今被创造的声音之中最悦耳动听的。据奎林所说，它们会发出"泪滴"之声："最初十分明亮，随后则是衰减、扩散和软化。其声音黑暗，但含义深远……（它仿佛）呈现出人声的质感。"

一些乐器匠人和音乐人就像拟音师一样，使用短暂存在或随手可得的材料。维也纳蔬菜管弦乐团用葫芦鼓、胡萝卜管乐、韭葱双簧管等创造出节奏丰富而和谐的令人惊叹的声音沙拉。他们为每场演出制作新乐器，演出结束后再用它们煲汤。每年，挪威的冰上音乐节都会推出一种新乐器——用冰做的。历届音乐节的明星包括冰制迪吉里杜管、冰制竖琴、冰制呜嘟鼓（一种能发出一系列音调的打击乐器）、冰制巴拉风（类似木琴，但有葫芦做的共鸣腔），以及冰制康特勒琴（一种筝类拨弦乐器，声音类似钟鸣）。这些乐器精确仿制了对应原乐器的形制，却在关键之处有所区别。例如，用冰制成的低音提琴比木制提琴更重，密度更高。低音提琴手维克托·路透说："和声必须简化，演奏速度必须更慢，这需要即兴创作和一种全新的思维状态。"总体来说，这个音乐节是对自然与气候变化的一种反思，因为所有的乐器最终都会融化消失。

在霍恩博斯特尔–萨克斯分类法的五类乐器中，每一大类都包含几十甚至几百个系列，而每一系列又都包含几百种甚至几千种不同的乐器——存在于过去的、存在于现在的，以及尚未出现的。所有类别中的所有乐器——除了在黑盒中完成一大部分工作的电声乐器——都呼应了我们在这个世界上的物理存在本质。当我们在共振空间里跺脚时，我们自身即是一件自鸣乐器；当我们拍打胸腔时，我们即是膜鸣乐器；当我们的声带以类似弦乐的方式振动时，我们即是弦鸣乐器；而当我们在胸腔、喉咙和口腔中创造声音和歌曲时，我们即是气鸣乐器。

几十万年来，我们的先祖将他们听到的来自这个世界的声音诠释为音乐。其间大部分乃至全部时间里，他们都试图加入合奏。最早一批乐器被发现和发展的过程一定常常伴有惊奇和喜悦：敲击时发出钟鸣的岩石、鸟骨制成的吹管，以及海螺壳号角。这些乐器不仅扩展了人类的能力，还似乎能召唤来自非人类或超人类世界的声音与歌谣。如今，伴随着奇异乐器中佼佼者的发明创造，我们也许能够经历一些与远古祖先相同的情感——启示、欢乐、安慰、愤怒、困惑。正如一些最古老的乐器总是与最年轻的乐器并存一样，也许我们的后代也能继续赞叹并享受旧时代以及新生的乐器。

悲歌

人类并不是唯一会用声音和手势表达悲伤的物种。大象在亲密群体中的某个成员濒临死亡时会发出痛苦的声音，它们会在心爱的死者身边守护数小时，缓慢而安静地做出动作，有时还会用象鼻温柔地触摸尸体。狼群会为已故同伴嚎叫，它们的嚎叫方式在熟悉其正常行为的人看来异常深情而令人痛心。我们的祖先在几十万年前就已经观察到动物有类似行为，并深受其影响。而且，当我们这些没有羽毛的两足动物开始善用自己的声音时，歌唱在表达爱与欢乐的同时，一定也在表达并分享痛苦与失去方面至关重要。

我们能够想象早期人类的悲歌听上去如何，以及它们在漫长的时间之中可能发生了何种变化。但我们只保留着这一过程最后阶段的文字记录，比如《圣经·诗篇》。这些希伯来圣歌汇集于公元前 9 世纪到公元前 5 世纪之间，但借鉴了早期迦南人、埃及人以及其他来源。在希伯来语中，表示赞美诗的词语是 *mizmor*，意为"被演唱之物"，而流传至我们手中的 150 首赞美诗合集则被称为 *Tehillim*，意为"赞美之词"。

其中大部分是赞美诗，但也有不少是哀歌，即对痛苦与绝望的生动表达。《诗篇》第 69 篇写道："我陷在深淤泥中，没有立脚之地；我到了深水中，大水漫过我身。我因呼求困乏，喉咙发干。"这些话语深深触动着后续世代之人，并在近几个世纪中激发了美妙音乐的创作灵感，但是它们原本声音的线索也在圣歌唱诵的传统中被保存下来，这是介于旋律歌唱和念诵之间的一种语音形式，这种表达方式在书面文本中通过一种变音符号系统（ta'amim）来标记。

古希腊文明也留下了一些吉光片羽。其中之一即是欧里庇得斯的悲剧《俄瑞斯忒斯》中的合唱片段，这部悲剧首演于公元前408年。歌词是这样写的："我为你而悲伤——我是如此地为你悲伤。凡人的繁荣无法永存。更崇高之力将其粉碎，如同快船的风帆，将其投入可怖悲伤的波涛，如海上风浪般致命。"唱词上的标记要求歌者从我们今天所说的降B音开始，降低一个微分音，随后继续降调至A自然音。与此同时，奥洛斯管（一种双簧吹管乐器）奏出一个持续的单音G。其节奏复杂而紧迫，类似现代巴尔干民间音乐，其微分音滑奏则可能是亚历克西斯·祖姆巴斯在《来自伊庇鲁斯的哀歌》中所记录的悲伤声音之祖。（他的作品也许意在表达一种灾难性的丧失之痛。）

初听这一片段，我们很快就能感受到其悲伤，因为它与我们今天听到的许多音乐中使我们悲伤的部分有许多共性。最明显的是曲中那些类似人类号哭啜泣之声的经过音——莎士比亚《第十二夜》中备受奥西诺公爵喜爱的"渐渐消沉下去的节奏"。在西方古典音乐中，它被称为倚音，在犹太人的克里兹莫音乐中被称为"呜咽音"。你可以在托马索·阿尔比诺尼的《G小调柔板》（这首曲子紧随巨蟒剧团的《永远看到生活光明的一面》，是英国葬礼热门曲的第二名）中、史密斯乐队的《上帝知晓我现在很痛苦》以及阿黛尔的《请对我温柔》中听到类似的声音。

然后是音符序列中的下行旋律——一种以音乐表达忧伤与悲哀使身体被拉低、能量感逐渐被削弱的表演形式。这一特征也十分普遍，且不仅局限于西方音乐中。萨雅拉布是一种带有表演性质的乐音哀号，被认为是巴布亚新几内亚的卡鲁利人最优雅、最具感染力、最美丽的艺术形式，它遵循一种包含四个下行音的旋律轮廓。前两个音符间隔为大二度，接下来一个音符再降低一个小三度，而最后一个音符则又降低了一个大二度，用唱名来表示即是D—C—A—G。据民族音乐学家史蒂文·菲尔德报告说，卡鲁利人认为这种旋律模式源于以水果为食的鸽类的叫声。

《俄瑞斯忒斯》中片段的第三个特征也能在西方许多更近期的悲伤音乐中找到，即小调音程，这种音程会通过缩小两个音音高之间的距离创造出黑暗感或忧郁感。（《俄瑞斯忒斯》中使用的是降B与G之间的小三度。）欧洲传统中许多最为动人的哀歌都是完全或几乎完全使用小调谱写而成的，它们同时也会运用倚音和下行旋律。例如，在克劳迪奥·蒙特威尔第A小调的《小仙的哀叹》中，单独的低音线就以A—G—F—E的下行四度，支撑着女高音声部和伴奏乐器声部演奏的"渐渐消沉下去的节奏"。在G小调的《狄朵哀歌》中，亨利·珀塞尔将五小节的固定低音和九小节人声部分与弦乐部分都有倚音和下降乐句的歌唱旋律并列安排。巴赫所作《约翰受难曲》的开场合唱也是G小调，它开始于低音乐器在主音上的振动，而小提琴则围绕三和弦的其他音编织着十六分音符。在此之上，双簧管刺耳地吹出一系列挂留的小调不协和音，首先在其他声部演奏D的长音时奏出降E，然后又在其他声部的G音中奏出升F，再之后在G音中奏出降A，在D音奏出降E，在A音中奏出降B。张力与悲哀之情就此累积至非同寻常的程度。

但即便是在西方传统中，小调音阶与悲伤之间的联系也并非一成不变。想想欧文·柏林的《时髦起来》，披头士乐队的《金色梦乡》，以及其他许多运用大调和小调的相互作用传达多种情绪的歌曲。在西方传统之外，我们所说的"小调感"就很难适用了。阿拉伯音乐偏爱使用扎尔扎尔——介于欧洲音乐中大三度和小三度之间的音程——来表达一种甜蜜的忧郁。而在北印度拉格音乐之中，在西方音乐中被视为"小三度"的降三度音，则唤起了作家阿米特·乔杜里所说的"反思之情"。

在悲伤音乐的形成过程中，其他音乐传统也起到了至关重要的作用。其中，影响尤为深远的是由奴隶从西非带到美洲的表达呼唤与回应的歌曲（也可能脱胎于穆斯林祈祷歌）。在美国，田野呼唤、劳动歌曲和灵歌与欧洲赞美诗和民歌发生碰撞，诞生了福音音乐、爵士乐和布鲁斯，它们都以"小调"为特征，如降五度。自此开始，我们迎来了像约翰·科尔特兰的《亚拉巴马》一类的作品，这是一首为哀悼1963年三K党炸毁教堂时遇难的四名女孩所作的哀歌。

回忆19世纪20年代他在马里兰州作为奴隶的童年时代，废奴主义者弗雷德里克·道格拉斯提供了关于这种音乐根源的令人印象深刻的第一手叙述资料。每当奴隶们穿过树林，走到大宅领取每月的津贴时，他们都会唱歌。

> 每个音符都是反对奴隶制的见证，也是向上帝祈求得以解脱枷锁的祷文。聆听那些充满感情的音调总会让我心生抑郁，充盈着无法言说的悲伤。我时常发现自己在聆听之时热泪盈眶。即使是现在，仅仅是这些曲调的重现就能使我感到痛苦；在我写下这几行字的同时，一种情感的表达已经在我的脸颊上顺流而下……

据道格拉斯所说，这些歌曲是在奴隶们"不问时间也不问曲调"地行走的过程中创作的，它们流露出的情感"既有至高的喜悦，也有至深的悲伤"。他写道，奴隶们"有时会用最兴高采烈的曲调唱出最悲哀的情绪，又用最悲哀的曲调唱出最兴高采烈的情绪"。这里的关键信息是：一首歌，无论"悲伤"与否，无论"简朴"与否，都能表达或承载不止一种情感——奴隶们的歌声中，承载着被奴役的凄凉苦楚、林中生活的喜悦，以及对道格拉斯来说，为帮助受奴役者挣脱枷锁而重燃的怒火与决绝。

歌曲总是从属于更广域的整体，即使是"简朴"的音乐也能深刻地影响听众。一个绝妙的例子就是世界上已知最古老的完整（而非片段）书面音乐创作。那是 2 000 多年前，刻在安纳托利亚的以弗所附近一块墓碑上的希腊语歌词：

生时，应发光（Ὅσον ζῇς φαίνου）

全无悲伤（μηδὲν ὅλως σὺ λυποῦ）

生命须臾（πρὸς ὀλίγον ἔστι τὸ ζῆν）

时光终将得其所偿（τὸ τέλος ὁ χρόνος ἀπαιτεῖ）

　　每个单词上面都用标记和符号注明了音调与节奏。因此我们十分轻松地重现了这首歌曲，它是一支轻盈的，几乎可以随之起舞的旋律，是一首你很快就能学会，并久久无法忘记的歌。所以尽管墓碑象征着失去，但它也是在有限时间之内对欢乐的呼唤：呼唤一种明亮的忧伤。尼克·凯夫在谈到涅槃乐队、妮娜·西蒙和其余他喜爱的音乐人时所说的话刚好也适用于此："我们所听到的其实是人类的局限性和超越极限的勇气。"

　　音乐能够跨越横亘于它被谱写之时与被聆听之时的时间间隔。在思索歌曲的本质时，作家约翰·伯格提出，歌曲具有其独一无二的维度。"一首歌，在充实当下的同时，也希望在未来某处被人倾听。"此外，"速度、节拍、循环、重复……共同构建了一处逃避时间的线性流逝的庇护所：在这里，未来、当下与过去能彼此安抚，彼此激励，彼此讽刺，并彼此启发"。而对诗人安娜·卡米恩斯卡来说，歌曲中的时间仿佛"被加强，被复活，重新充满了能量"。

　　特德·休斯曾说，写作是为了更全面地掌握生活现实。歌曲也能成为达成这一目的的方式之一。悲伤的歌能帮助其创作者、表演者或者听众在相对安全的环境下克服并分享难以应对的情绪。当阿尔洛·帕克斯演唱"你并不孤单"时，她向许多同龄人传达了一个古老的真理：正如其词源con（意为"一同"）和solace（意为"安心")所揭示的那样，"安慰"（consolation）就是"在一起感到安心"。而且，因为歌曲和音乐普遍能够表达复杂变化的情绪，它们也能使歌者和听者以更开放的态度面对可能发生的变化。

当然，在某些情况下，悲伤的歌曲只能映射痛苦，而无法使痛苦减轻。在研究为何这么多人享受悲伤音乐这个老生常谈的问题时，心理学家戴维·赫龙和约恩娜·沃斯科斯基发现，喜欢悲伤音乐的人在共情关怀（他们称之为"同情心"）和想象力吸收（"幻想"）方面的得分很高。然而，当个人痛苦（"怜悯"）程度很高时，这种享受几乎变为不可能。艺术评论家菲利普·肯尼科特在母亲去世后写道："如果说有什么事情能让我们变得原始，更易受痛苦、怀旧和记忆的影响，那一定就是音乐。"经历过或旁观过丧亲之痛或重度抑郁的人一定非常熟悉与他类似的经历。作家兼播客主持人戴维·卡利森说："如果悲伤如同感冒，那么抑郁就如同癌症。"有时候，没有任何音乐能够安慰那些感到极度痛苦的人。痛苦是唯一真实的存在。

在经历了包括"二战"期间双亲被害在内的种种暴行之后，诗人保罗·策兰写道，在一切失落之间，唯有语言仍触手可及，亲密而安全。在他 1945 年的诗歌《死亡赋格》中，当一名集中营指挥官"叫道把死亡演奏得更甜蜜些死亡是从德国来的大师/他叫道更低沉一些拉你们的琴然后你们就会化为烟雾升向空中"[1]时，音

---

[1] 译文引自《灰烬的光辉：保罗·策兰诗选》，王家新译，广西师范大学出版社（2021）。——编者注

乐仿佛已被死亡吞噬。然而音乐也能表达反抗，并且有时直面浩劫也坚韧不拔。"快乐超越悲伤，美丽超越恐惧。"奥利维耶·梅西安写道，他在一处战俘营中创作了《时间终结四重奏》。在一篇名为《夜晚的人性》的文章中，哲学家莎拉·法恩讲述了埃利·威塞尔在奥斯威辛–比克瑙集中营下属的格莱维茨与他战前在华沙相识的一位名叫尤利叶克的小提琴手相遇的故事。那天晚上，"在那间死人堆在活人身上的黑暗营房里"，威塞尔听到尤利叶克在演奏贝多芬小提琴协奏曲的其中一段。"我从未，"他写道，"听到过如此美妙的声音……仿佛尤利叶克的灵魂化作了他的琴弓……那天晚上，他死了。"

当聆听亚莎·海菲兹在 1959 年，也就是战争结束 14 年之后，与查尔斯·明希指挥的波士顿交响乐团合作录制的贝多芬小提琴协奏曲时，我有时会想到这个片段。小提琴的声音可以非常接近人类的嗓音，而海菲兹的超群演奏技巧能使小提琴像人类一样歌唱。我特别喜欢其回旋曲乐章的乐观与活泼，尤其是它的第二主题表现的神秘感——一段从 D 大调迅速过渡到 G 小调的插曲，先由小提琴独奏，随后与巴松管和乐队中其他乐器对话，直到最后下沉而隐没。

20 世纪 80 年代早期，医生兼散文家刘易斯·托马斯哀叹道，由于马勒的《第九交响曲》曾带给他忧郁与极乐的混杂情感，他再也无法将其仅作为一部音乐作品来聆听了。相反，他只能听到"一种庞大的全新思绪破门而入：死亡无处不在，万物消亡，文明终结"。当时正是冷战中尤为紧张的时期，美国与苏联正在不断升级热核武器，战争似乎一触即发。电视节目主持人不断讨论着能否将任何一次核打击中的死亡人数控制在几千万以内。托马斯感觉，这部他曾经最喜爱的音乐作品中的大提琴声现在听起来就像是"打开全部（核弹）发射井，点火前的瞬间"。时年大约70岁的他写道，如果当时只有十六七岁，他会想要放弃聆听与阅读："我会开始构想全新的声音，不同于以往听过的任何音乐，我会不断挣扎，让自己从人类的语言中挣脱。"

我们现在知道，大规模的核打击之所以没有发生，纯粹是靠运气，其中有一次要感谢苏联空军中校斯坦尼斯拉夫·彼得罗夫的机智决断。目前，这种特定的灾难发生的可能性似乎已经不存在，但我们的文明（尽管短期内会获得种种益处）是否已变得更加稳定则仍旧没有定论。气候变化以及人类活动对非人类的生命世界造成的巨大破坏显而易见。而且，在不远的将来，还会有更糟糕的事发生（尽管也可能带来希望）。"对于地球文明，也许我们会只字不提，"切斯瓦夫·米沃什写道，"因为没有人真正知道那究竟是什么。"

当刘易斯·托马斯写下他深夜听马勒《第九交响曲》的感想时，我差不多十六七岁。我还没能构想出任何新的声音，但我一直在寻找，同时珍惜旧日之声。对我来说，几乎没有什么能超越海浪拍打在鹅卵石上的声音，而莫扎特第23号钢琴协奏曲中的慢板乐章以其简约和淡泊的风格，似乎在六七分钟内，无言地说尽了关于悲伤与美的一切。生时，应发光。

诗人松尾芭蕉

眼泪流进水中的声音究竟是怎样的？诗人艾丽斯·奥斯瓦尔德说，如果你能够想象这种声音，那么你就是在聆听 17 世纪诗人罗伯特·赫里克的真实音韵。与赫里克同时代的松尾芭蕉也有类似之处，他的俳句——只有 17 个音节的微型诗歌——是对生活中现象的近距离观察。而这些俳句中最精妙的作品往往都诉诸对声音或无声的描写。

清脆的蝉鸣是日本炎热夏季的典型特征，在芭蕉所作的数首俳句中均有出现。科学家们最近发现，蝉的鸣声在 106 分贝到 120分贝之间，是所有昆虫中最响亮的，而芭蕉对它们歌声中传达出的非凡生命力啧啧称赞。他写道："四周多岑寂，蝉声入岩石。"他也以温柔的智慧反思这种生命力的转瞬即逝：仅听其鸣叫之声，"你永远无法觉察"蝉的生命如此短暂。当拾起一只死去的蝉壳时，他不由得感叹它已经"歌尽其生命"。

据菲利普·拉金所说，最难写的一种诗即是"对某种尖锐而简单经历的表达；某种你无法将自身缓慢卷入其中，而只能孤注一掷、放手一搏去传达的鲜活情感"。而这就是芭蕉一次又一次写出的效果，但因俳句太过简短，读者或听众往往只能在结束后的静默之中思量其内容的本质意义。艾丽斯·奥斯瓦尔德关于诗歌的普遍观察在这种情况下显得尤为恰如其分："诗歌并不总在字里行间，而是文字消失时在你内心留下的痕迹。"在芭蕉的"声音俳句"中，想象中的声音在诗歌结束后绕梁回响。比如，"云雀原野鸣，自由自在一心轻"。又比如一首偏远村庄中的插秧歌，轻而易举地就成了"风雅之初"。而当诗人路过一处听不到钟声的村庄时，则反问"这村子，听什么、做什么？"，随后才写出"春日黄昏"。

日本文化传统崇尚"物哀"，即事物的短暂易逝之美，"侘"意为严肃简朴之美，"寂"是一个很难翻译的概念，既包含"经验丰富、极具洞察力的成熟"之意，也有"宁静而深沉的孤独"之感。芭蕉的文字在这种传统语境中日臻纯熟，而他的声音俳句表达的正是其精髓。他吟诵道："秋风——蜘蛛啊，你用什么样的声音悲鸣？"而在寒冬的孤寂中——在只剩单一色彩的世界里——唯有"风声"。

不过，芭蕉也珍视"愉悦的轻盈"。这在他 23 岁时所作的一首俳句中尽数体现，其时春风吹拂，樱花绽放，笑声四起。而在芭蕉更加年长之后，他的"轻盈"也演化并吸纳了温和的品质，以及对自我之限和幻觉的幽默讽刺。即使在京都听到杜鹃啼鸣，他仍然会写："我想念京都"。

贯穿一生，芭蕉一直秉持着"轻盈"的理念打磨自己的作品。在人生接近尾声时，他在与学生的一次谈话中表示：

> 现在，在我看来，诗歌之形正如望穿流过沙砾的浅浅溪流，无论行文主体还是心灵连接都是轻盈的。

一个半世纪之后的亨利·戴维·梭罗也有类似的感受：

时间不过是我垂钓其中的小溪。我饮水其中；边饮边望见水底沙砾，方才发觉溪流甚浅。涓涓细流淌过，而永恒尚存。

通过这样的轻盈笔触，芭蕉传达并呈现出某种状态之一瞥，在其中我们得以领悟更广大的真实。其中有些类似古希腊语中"明晰"（enargeia）一词的意义——朝向"明亮而无法忍受的真实"所爆发的清晰感。因此，芭蕉的俳句能在短短两行之间，从黄蔷薇花瓣笔锋一转写到雷鸣……而雷鸣其实是在描摹飞瀑。寺庙的钟声停了，他吟诵道，"但花的芬芳又将之撞响"。

声音也是芭蕉最著名俳句之一的核心主题。罗伯特·哈斯等人将之译成英文：

古池——
青蛙跃进
水之音

这是一首再简单不过的诗，然而，在芭蕉身后的几个世纪里，它依旧以令人惊叹的方式持续引起共鸣。下面即是其中之一。天文学家提出，太阳，以及地球和其他行星，可能起源于银河系中的某个事件，其中的银河系——我乐于如此类比——类似于池塘，而某个路过的小型星系则是青蛙。加那利群岛天体物理研究所的托马斯·鲁伊斯–拉腊解释说："银河系处于平衡状态，大部分时间里很平静，当人马座矮星系经过时，就像是往湖里扔了一块石头。它使银河系的密度泛起涟漪，一些区域变得更为致密，并开始形成恒星。"

将 17 世纪一首关于青蛙和池塘的短诗与最近一项关于恒星形成的发现互相类比，似乎略显牵强。当我正准备放弃这一类比时，却发现至少还有一个并不完全疯狂的人也有过类似想法。以下是诗人米歇尔·拉腊在《论芭蕉的青蛙》中给出的诠释：

> 池塘水波平
> 青蛙跳跃入水中
> 宇宙泛涟漪

可见之声

1912 年，表演者、自称"自然歌手"的查尔斯·凯洛格以一种全新的表演震惊了世界。在加利福尼亚等地，凯洛格已经声名鹊起，因为他能精准地模仿鸟鸣，还能召唤野熊，在他唱歌时，野熊会安静地坐在那里聆听。他将环保先驱人士约翰·缪尔视为朋友，驾驶一辆装载在四轮驱动卡车底盘上的巨大红杉树干制成的卡车，绕加利福尼亚兜风。但他还有更加令人啧啧称奇的表演：仅凭嗓音，凯洛格就能在舞台另一端的长玻璃管中制造出稳定的燃气火焰，他还能通过小提琴琴弓在音叉上来回拉动将火焰扑灭。

这种熄灭火焰的方式成了凯洛格舞台表演的保留节目。终于，它在 20 世纪 20 年代引起了通用电气科学家的注意，他们设计了一个实验，要么能揭露表演中的欺诈，要么能展示他们生产的收音机的声音再现质量。凯洛格坐在奥克兰的一个电台演播室里，与此同时，他的朋友则在 40 英里外圣何塞的一处接收器前方点燃了煤气灯，两英尺①多高的火焰在凯洛格开始广播后迅速熄灭。几个月后，凯洛格为伯克利同样持怀疑态度的科学家重复了这个实验。这一次，数百名收听现场直播的听众在来信中都提到，凯洛格也同时熄灭了他们在自己家里举到收音机前面的蜡烛与火柴。

尽管凯洛格的行为引起了轰动，但它只是一系列直观呈现声波及其影响的实验中的最新尝试。1858 年，物理学家约翰·勒孔特观察到火焰与音乐节拍的同步脉动，并随着大提琴颤音而摇曳闪烁。他的报告引起了约翰·丁达尔的注意，他与赫尔曼·冯·亥姆霍兹等人一道，共同奠定了我们对声音的现代理解之基础：声音本质上是一种压力波。

早在 1800 年前后，物理学家兼音乐家恩斯特·克拉德尼就发明了一种用声音塑造形状的绝妙手段。在他的开创性技术中，一个平坦的金属盘被安装在中心直杆上，并在盘表面撒上细沙一类的颗粒状物质。当小提琴的琴弓沿金属盘边缘拉动时，盘上就开始形成图案：嵌套的环，蝶翼般的形状，类似海蛇尾或太阳纹章一般的放射臂状图案。这看起来仿佛魔法，但其实可以简单地解释清楚：表面的不同区域振动方向相反，而区域接壤处则不发生振动。沙子从波腹的振动区域向外散开，并沿着波节聚集。克拉德尼效应至今仍

---

① 1 英尺 ≈ 30 厘米。——编者注

旧深深吸引着人们。数百万人观看了作曲家奈杰尔·斯坦福的视频《共振学》，视频中水、油和其他物质在电子音乐和鼓声的作用下形成奇怪的形状。这一效应也有实际应用：小提琴制造商在为琴身面板和背板塑形时会借助克拉德尼图形提供的反馈，图形的对称性更强就意味着声音质感更丰富。

声音也能击碎物体。女高音歌唱家用声音震碎酒杯的著名戏法并非骗局。任何特定形状的玻璃都有自然的共振频率——轻轻敲击，它就会在这个频率上发出清脆的声音，而如果歌手以足够大音量唱出这个频率，玻璃的共振就会越来越强，使其摇晃变形，直至碎裂。

即使没有形成临界共振，极大的声音也能造成巨大损害。超过 150 分贝的声音，也就是喷气式发动机近旁的声音强度，就会使人的耳膜破裂，而超过 185 分贝的声音则会导致空气栓塞进入心脏而死。这种强度的噪声可被用作实体武器，尽管到目前为止，军方通常更倾向于使用不必要的噪声和令人反感的音乐反复冲击目标来击溃其心理，这些噪声的响度不一定会造成直接的损害。在空袭轰炸中，巨大的声响可能是最难忍受的部分。2022 年 3 月，一名来自乌克兰城市哈尔科夫的难民对波兰边境的志愿者夏洛特·马斯登说："这种声音持续不断，让人无法正常思考，这很恐怖……"另一名难民也证实了这一点：除物理伤害之外，俄罗斯军方还尝试使用哈尔科夫居民娜塔莉亚·祖巴尔向记者戴维·帕特里卡拉科斯所描述的"听觉恐怖"手段——用持续的轰鸣巨响迫使人们逃离。然而，未必只有声响巨大的噪声才能造成心理伤害。调查记者团队

"贝灵猫"的成员贾恩卡洛·菲奥雷拉警告称，展示暴行和创伤的视频的配乐"能像图像一样在你的头脑中留下生动的印记"。

查尔斯·凯洛格梦想着他的灭火手段可以真正用于灭火，并曾将其展示给美国各城市的消防部门。他未能说服其中任何一所，但他的梦想尚未破灭。2015年，两名工程专业的学生塞思·罗伯逊和维特·陈演示了一种能可靠地使用30~50赫兹范围的低音扑灭小型火灾的声学装置。他们认为，从厨房到宇宙飞船，其应用可能无处不在。

但无论未来声音被用于制造伤害还是治疗，凯洛格的另一则逸事也值得被关注。正如爵士乐评论家和音乐历史学家特德·焦亚所说，这件事像寓言一般神奇。有一天，凯洛格在纽约市散步时，突然在一个嘈杂的十字路口停下脚步，并告诉同伴他能听到一只蟋蟀在唱歌。朋友回答说，考虑到交通嘈杂，这是绝无可能的。然而凯洛格环顾四周，穿过街道，找到了窗台上的一只小蟋蟀。这位朋友开始称赞凯洛格出色的听力，凯洛格没有回答，而是从口袋里掏出一枚硬币扔在了人行道上。硬币落在人行道上的瞬间，发出了一下轻微的撞击声，50英尺以内的所有路人都停了下来，开始寻找这枚硬币。凯洛格后来解释说，人们总是会选择性地倾听对他们最为重要的声音。

柏拉图之穴

在柏拉图的洞穴寓言中，人们只能看到监狱墙上明灭的现实之影。在名为"元古宙"的 20 世纪 80 年代初，我还是剑桥大学的一名学生，市场通道上的艺术电影院就是我的首选洞穴。而原声音乐——伴随着魔法灯笼中想象现实的回声——就和影子本身一样，对于塑造我的梦境至关重要。

我还记得，1950 年让·古克托重新演绎俄耳甫斯神话的影片《奥菲斯》中的一个场景曾令我心驰神往：主人公痴迷于汽车收音机收到的一串包含神秘单词与数字的广播。他的同伴对此感到困惑。"依我看，这不过是些无意义的单词。"其中一人说。但俄耳甫斯坚持道："这些词组中最无关紧要的，也比我的任何一首诗都更意味深长……它们从何而来？……我确信这是专门写给我的。"

类似这个场景中的广播对于许多与古克托同时代的人来说一定非常亲切。他承认，这个场景的灵感来自"数字电台"。"二战"期间，英国广播公司就是通过这种方式向法国抵抗力量播送加密信息的。类似的情况也不仅仅发生在法国。在《元素周期表》一书中，曾与意大利游击队并肩作战，后又被送往奥斯威辛集中营的普里莫·莱维回忆道："这里有一堆神秘的信息，像莫尔斯码、嘶嘶声、扭曲的人声、用听不懂或加密的语言说出的声音。它是战争中的无线电巴别塔。"

第一次世界大战时期，首次出现了只能通过"一次性密码本"解码的数字序列，它们往往由电台播放。它们被作为军事通信和间谍活动的安全渠道使用，在今天的某些情况下仍旧发挥着作用。但在外人看来，它们充满了神秘的色彩。在《奥菲斯》中，这种传输被赋予了形而上的意义：机器中，一个声音传递着我们无法完全理解的信息。而在背后支撑这种传输的，还有无线电技术本身的奇迹。让声音传输超越从前不可逾越的距离，这一力量让 1900 年前后的托马斯·爱迪生和古列尔莫·马可尼等先驱们无比敬畏，他们甚至认真思考过是否能通过无线电与死者对话。20 世纪 20 年代，关于这项新技术的论调也具有差不多的幻想色彩。俄国未来主义者韦利米尔·赫列勃尼科夫曾宣称，未来的无线电将团结全人类。相比之下更为平淡，而之后看来又更滑稽的是 20 世纪 20 年代英国广播公司演播室里的警示牌，上面写着："只需打个喷嚏，或把纸张弄得沙沙作响，你就将使上千人耳聋。"

20 世纪 80 年代的剑桥艺术电影院不仅放映经典电影，也放映新影片。1982 年上映的由高佛雷·雷吉奥执导的《失衡生活》以前所未有的高质量延时摄影技术开创了新局面，展现了古代风景以及正在将其摧毁的日益疯狂的以化石燃料为基础的文明。然而对于我和其他许多人来说，是菲利普·格拉斯的音乐将这些场景组合在了一起。他的配乐以管风琴演奏的庄严的帕萨卡利亚舞曲和唱出电影名字的深沉低音开始，电影的名字在霍皮人的语言中意思是"失衡的生活"。在电影上映后的 40 年间，地球上被摧毁的非人类生命数量不断攀升，温室气体排放也大大加速，这使危险的气候变化变为现实，因此，电影所传达的信息似乎有着先见之明。布鲁诺·拉图尔在 2017 年写道："我们不能说自己无知。只不过有很多方法可以使人虽然知道但无知。"

但对我来说，那个时代一些最为经久不衰的声音则来自另一部电影。安德烈·塔可夫斯基的《潜行者》于 1979 年首次在苏联上映，并于 20 世纪 80 年代初在英国限量发行。该片讲述了一个神秘的科幻故事，这场深入危险禁地"区域"的旅程，只为了到达禁区中的一个房间，从而实现一个人最深切的愿望。

《潜行者》片中的音效设计赋予了电影不同寻常的深度。影片开头是一个长镜头追踪的场景，三位主角乘坐一辆机动手推车沿一条废弃的铁轨进入"区域"之中。摄像机依次对三位主角进行近距离拍摄，将他们途经的景色模糊渲染，并主要从侧面或背面拍摄人脸，从而使他们的耳朵处于屏幕中央。三人都在专心观察、用心聆听，但观众听到的却只是车体在铁轨上行驶发出的无关紧要而平稳的碰撞声、叮当作响和嘶嘶摩擦声。渐渐地，屏幕上所呈现的世界的"实际"声音或者故事内的声音，变化为超越屏幕范围的怪异电子噪声。也许，我们就此听到了角色的内心旅程，也是我们自己内心旅程的部分声音。

杰夫·戴尔在他关于这部电影的书中写道，这个场景代表了"能想象到的最简单直接的旅程"，但不知何故，它也"充盈着电影所能承诺的一切奇迹"。这让我想起了超现实主义诗人保尔·艾吕雅写下的一句话："存在另外一个世界，而它就是这个世界。"电影中的声音能让内心世界与外部世界尽数延展，让梦境与幻想的空间更加丰盈。

脑内循环曲

我曾在脑内循环播放过最奇怪、持续时间最长的曲子之

———仿佛脑内的音乐打嗝——来自一首叫作《武装的男人》的歌曲。这首曲子流传不广，但想象在一张叫作《现在这就是我所说的 1453 年勃艮第战歌》的专辑中最受欢迎的曲目，你大概就能知道它是什么样子了。在那个时代它绝对是一首声势浩大的歌曲，并且为一代代音乐巨星的作品带来过灵感，比如纪尧姆·迪费、若斯坎·德普雷、克里斯托瓦尔·德莫拉莱斯和乔瓦尼·皮耶路易吉·达·帕莱斯特里纳。它有着大胆、轻快的曲调，在我的脑海中挥之不去。

然而，那只是一切的开始。在前一个小时里，我震惊地听到一架钢琴在弹奏德米特里·肖斯塔科维奇的《前奏曲与赋格曲C大调第一号》。这首曲子起初很温和，就像是受罗伯特·舒曼的《童年情景》启发而为孩子们所作，但很快，曲调就转到和声更为暧昧不清、情感更复杂的领域。它与《武装的男人》简直如出一辙。然而现在，两首曲子都在我脑海里回荡，有时次第播放，有时则同时奏响。

两个小时后，我听到了披头士乐队的《一日游客》的开场即兴演奏。最终，让我大大松了一口气的是，披头士乐队的歌声终于盖过了中世纪晚期的战歌和肖斯塔科维奇，但我已经受够了，随后我出门在雨中跑了很长一段路。这一招似乎很管用。在那之后我脑中也出现过其他的循环曲，但到目前为止尚未达到过同样的强度以及持续时间。

研究表明，多达 98% 的人曾出现过脑内循环曲现象。它们也许让人讨厌，但通常无害，且与音乐幻觉无关，因为出现脑内循环曲现象的人并没有这些音乐真正"在某处存在"的体验，这种现象也并不代表精神疾病或脑损伤。而且，根据神经学家兼作家奥利弗·萨克斯的说法，这些症状与发声和多种运动联合抽动障碍或强迫症患者无意识地重复动作、声音或语言没有任何关系。我在经历了前面所说的极端脑内循环现象之后，曾阅读萨克斯的书寻求指导和帮助。萨克斯在《脑袋里装了 2000 出歌剧的人》一书中指出，脑内循环曲现象利用了人类对重复的天然喜好。他写道："即使作为成年人，我们也希望一次又一次重复获得刺激和奖赏。"我们确实能从音乐中获得这些。"因此，如果（有时）天平失衡太多，而我们对音乐的敏感性变为一种弱点……或许我们也不应该过于惊讶。"

对于脑内循环曲现象，没有百分百有效的治疗方法，但人们普遍认为，运动锻炼或专心进行一项适度困难的任务会有所帮助。比如像我一样去跑跑步，或者拼个拼图，读个故事。所以，有一天，当我开始反复在脑内听到皇后乐队的《又干掉一个》时，我就翻出了 E. B. 怀特 1933 年出版的漫画《乌拉圭的至高无上》（这本漫画可能受到了马克·吐温早期作品的启发）。怀特讲述了这个南美洲小国的军队在一首美国流行歌曲中发现一段强大的脑内循环曲，并将其用作武器的故事。他们把留声机安装在无人驾驶飞机上，大声播放这首脑内循环曲，然后把它们送到世界各地，很快就把其他所有国家的公民变成了口齿不清的废物。事情至少没这么糟糕，我这样对自己说。当时已经是弗雷迪·墨丘利第 47 次问我，"是不是悬在座位的边缘"。

噪声污染

如果你相信新闻头条所说的内容，那么 2020 年英国的新冠疫情封锁期对于刺猬们来说是一段好时光。有报道称，这些动物在封锁期间相对安静的环境中，沉溺于做爱，专家从而预测刺猬宝宝大量诞生的时期即将到来。我并不记得那一年晚些时候遍地都是刺猬宝宝，但事实是，随着人类活动的减少，一些非人类世界的景象和声音以许多人从未知晓的方式变得显著起来。空气污染的减轻使得印度北部数百万人有生以来第一次看到了地平线上的喜马拉雅山脉；而在世界各地的数千座城市中，鸟鸣取代了交通的嘈杂，成为我们生活的背景音乐。

那一年经常有人发问，鸟儿是否比封锁之前唱得更响亮，因为听上去似乎确实如此。然而事实恰恰相反：城市环境中常见的鸟类，比如北美的白冠带鹀，歌唱的声音实际上小了约 30%。它们的歌声之所以听上去更大声，只是因为其他噪声减少了约一半。研究人员还发现，在封锁开始后的几周内，鸟鸣重新表现出了几十年前城市环境更为安静时的特性。例如，白冠带鹀会将歌声延伸至通常被噪声淹没的低频，它们的歌声也变得更加丰富、饱满和复杂。事实证明，鸟儿们之前一直在"大喊大叫"，这也被称为隆巴德效应，正如人们在建筑工地或喧闹的聚会上会大声说话一样。

必须更大声地歌唱需要额外耗费能量，这会让鸟类倍感压力，甚至导致更快的衰老与死亡，因此，降低环境噪声对鸟类大有益处。在更加安静的环境中，它们也更容易听到雏鸟的叫声、捕食者的声音和来自其他鸟类的警告。互为竞争对手的雄鸟可能会留给对方更多空间，从而避免争斗。

这已经不是人为噪声第一次表现出对非人类世界的负面影响了。2012 年，杰西·巴伯和爱达荷州博伊西州立大学的一个研究小组发现，即使声音性质和音量仅发生微小的变化，也会产生惊人巨大的影响。他们在一处从未有过道路的地区修建了一条 500 米长的"幽灵公路"，在沿途的树干上安装扩音器，并播放阿拉斯加冰川国家公园一条热门旅游线路沿线的交通录音。扩音器打开后，附近的鸟类数量减少了近 1/3，还有几种鸟类完全逃离了这个地区。然而巴伯和同事发现，部分最严重的影响发生在留下来的鸟类身上。例如，灰头地莺不再为迁徙积蓄体重。

海洋噪声污染的影响也得到了充分证明。2001 年，在位于新斯科舍和新不伦瑞克之间的芬迪湾研究露脊鲸的人们注意到，鲸的粪便中表明其处于应激状态的代谢物浓度骤降。研究人员也一直在监测水中的声音强度，他们意识到这种代谢物的下降恰好与 9 月 11 日纽约双子塔被袭击之后海运中止，人类产生的噪声突然下降相吻合。

对人类来说，无论是通过摩托飙车还是把音乐播放到舞厅那么响，都是自我表达和享乐的方式。非常响亮的声音会将振动传遍全身，如果你是自愿选择如此，很多人会感受到愉悦。曼彻斯特大学的一项研究表明，声音还可以刺激内耳中控制平衡和空间方向的部分，产生"自我运动的愉悦感"。它们可以是一种将世界隔离在外的方式———一种反叛或者宣泄，就像 2018 年的电影《无主之作》

中公共汽车刺耳的喇叭声一样。它们也可以是对权力的肯定，对社群和宗教身份的庆祝——正如在孟买的宗教节日上一样。

但是太多噪声也会伤害到人类。孟买是世界上最嘈杂的城市之一，其声级可以达到 120 分贝左右——低于造成实际身体痛苦的阈值，但仍足以在短短几个小时内损害听力。长期接触即使只有 55 分贝左右的环境声音，也足以延缓儿童阅读和语言的发展，干扰儿童和成人的睡眠，并增加心脏病、中风和其他对成人健康有不利影响的风险。据估计，多达 30% 的欧洲人在夜间因道路交通而暴露在这种等级的噪声泛滥之中，世界卫生组织估计，每年至少有 100 万年的健康寿命因此而丧失。在发展中国家快速发展的高密度特大城市中，噪声水平往往更高。

城市一直是刺耳嘈杂的，早在 18 世纪和 19 世纪，随着工业化的发展，城市的噪声水平急剧上升。同时代的观察者们对他们听到的声音感到大为震撼。1824 年，历史学家托马斯·卡莱尔在参观伯明翰的一家钢铁厂时写道："高炉像旋风一样四面咆哮，炽热的金属嘶嘶作响地穿过铸模，或者在硕大无朋的铁锤之下火花四溅，铁锤的敲击宛如小型地震……他们旋转并钻制巨炮，发出无比可怕而刺耳的声音。"1845 年，当地质学家休·米勒的火车驶进伯明翰时，他感到不知所措。他写道："世界上没有任何一个城市的机械工艺比这里更加喧闹。铁砧上的锤子不停敲打；金属的叮当声没完没了，发动机的铿锵声永无休止；火焰沙沙，流水嘶嘶，蒸汽咆哮，时不时还有嘶哑而空洞的声音响彻枪炮试验场。"即使远离重工业中心，噪声仍旧可能影响巨大，有时甚至具有毁灭性。在描写 19

世纪 30 年代年轻而不断扩张的美国时，阿列克西·德·托克维尔写道："有人曾信誓旦旦地跟我说，白人的影响常常出现在距离他们的边境 500 英里之处。"作家阿米塔夫·高希在回顾托克维尔的观察及其更广泛的背景时指出，殖民者制造的噪声常常会赶走印第安人赖以生存的动物。高希认为，这种噪声污染是他所说的生物政治战争的一个要素，这场战争中，殖民者使土著的自然世界退化，变得支离破碎。

　　快进到一个多世纪之后，机动化的地面交通和飞机为 20 世纪的城市增添了更多不和谐的声音。到 20 世纪 60 年代，人们越来越清楚地认识到，除了空气污染、水污染以及工业和拥堵之外，噪声也影响着人类健康。1972 年，美国国会通过了世界上第一个全面解决噪声问题的立法举措——《噪声控制法》。美国国内和其他国家随后也相继出台了更多法规。尽管执行起来缓慢而零星，但一些区域也出现了显著改善的案例。1975 年，一项研究发现，纽约市第 98 公立学校中坐在面对嘈杂铁轨一侧教室中的孩子们的学习进度落后于坐在教学楼更为安静一侧的孩子们 11 个月之多。学校采取了一些措施降低铁轨的噪声，并为教学楼的窗户安装隔音设备。随后的跟进研究表明，两侧教室中的班级之间的考试成绩差距已不复存在。自此之后，纽约市全面升级了降噪措施，最终在整个地铁系统的钢轨间安装了橡胶垫和枕木。如今，最主要的降噪实验之一发生在巴黎，在那里，机动车辆的行驶限制可能会将人为噪声水平降至几十年来的最低点。

　　人为噪声造成的痛苦和不安或生态哲学家金尼·巴特森所说的

"人声伤痛"，有时似乎与经济的组织方式密不可分，在许多地方，噪声污染几乎完全没有减少的迹象。2020年世界范围内的停摆只是暂时现象，正如碳排放在2021年反弹，噪声水平也是一样。印度环境部于2000年制定了全国性的噪声污染法律，环保人士继续争取强制执行，但许多城市仍然位列地球上最嘈杂的地方。其他区域，噪声污染可能会触及世界上那些仍富有非人类声音的地区。例如，印度尼西亚计划在距离仅存的几块原始雨林不远的东加里曼丹建立新首都，那里住着当地土著维希亚达亚克人与濒危的红毛猩猩、长臂猿、犀鸟和云豹。

地球上最具破坏性的噪声污染之一就来自搜寻近海石油和天然气的气枪阵列。这些爆炸声在水中回荡，深入水下岩层，水下响度最高可达260分贝，比噪声最大的船只还要高出6~7个数量级。大批气枪被成组配置，船只将它们上下拖拽，每隔几秒钟就会发射一次，能在数万平方千米的范围内进行长达数月的勘测。在北大西洋的某些年份中，可能有几十处勘测同时进行，仅仅一部安装在大洋中部的水听器就能接收到来自巴西、美国、加拿大、北欧和西非海岸的气枪声音。大多数海洋生物几乎无法忍受密集勘测区。鲸和鱼类这样的大型动物能够逃跑脱身，但是处在食物网底部的动物却做不到，因此可能会被彻底摧毁。在塔斯马尼亚海岸进行的一项实验中，仅仅一支气枪就杀死了超过一千米范围内所有的磷虾幼体以及大多数其他浮游生物。据说，爆炸产生的声波震死了许多动物，而在最初冲击中幸存下来的动物也很快死亡，因为它们再也无法听到、感觉到周遭的世界。

防止此类破坏的最佳方法就是终止近海化石燃料的勘探，这一政策也与降低危险气候变化和海洋酸化风险的紧迫任务一致。尽管单艘船只比地震勘探更安静，但总体来看船舶仍旧会将更多噪声带入海洋，所以船舶的噪声污染仍有减少的空间。改进一下船舶设计就能削减高达80%的噪声。不幸的是，这一目标可能需要数十年才能在全球船舶中普及。与此同时，一些相对简单的措施也能产生显著效果。在优化规划的情况下，船速降低20%也不一定会影响交货时间，却能减少近1/4的碳排放和多达4/5的噪声。

人类确实有可能造就一个更安静的地球。如果全世界都去使用风能和太阳能等可再生能源，再加上能源储备，全球航运量将大幅下降，因为公海运输的所有产品中，有40%是煤炭、石油和天然气。即使人类现在立刻停止倾倒塑料，它们仍会在很长一段时间内持续污染土壤和海洋。而噪声与此不同：一旦我们停止制造噪声，噪声污染就会彻底消失。

作为工业时代的发源地，英国是地球上人口密度最大的国家之一，也是非人类生命最为稀少的国家之一。这里的许多声景都属于最嘈杂且最易受损的类型。但即使在这里，我们也能获知关于另一种未来样貌的蛛丝马迹。在讲述萨塞克斯郡克内普庄园重新野化的著名事例时，伊莎贝拉·特里对斑鸠的回归尤为欣慰。这种动物在英格兰曾经很常见，但现在已经十分稀少了。当大地开始重新编织原有的生机时，她为再一次听到——又像是头一次听到——斑鸠的叫声而欣喜，它们那"绝不会被认错的咕噜声：舒缓、诱人，带着柔和的忧郁"。

约瑟夫·蒙克豪斯则更进一步，他通过电子手段拼凑出了2 000多年前铁器时代萨默塞特平原的声音景观。他试图重现这个极少有人为干扰的时代，汇集了73种生活在这类环境中的不同鸟类的叫声，创造出温和而丰富的整体声景。这些鸟类通常生活在开阔的浅水水域、潮湿的桤木和柳树林地、芦苇和莎草沼泽等栖息地。"野化运动让我看到了英国过去的样貌，以及它可能再次回归的样子，"蒙克豪斯说，"我发现自己四处游荡观景，想象着它们从前的样子，也畅想着未来某一天又会变成什么样子。"在名为"森林六千年"的项目中，他重现了自公元前3980年开始，穿越中世纪的过往声景，也展望了60年后英国的林地声音的两种不同可能性。在第一个场景中，交通与机械的声音占据主导地位，而大地之歌几乎是沉默的。而第二个场景中，旧日自然之声的交织篇章正在逐渐重塑，为人类与人类之外的生命在和平之中追寻梦想与繁荣提供了空间。

气候变化之声

2008年5月28日，格陵兰岛西部的伊卢利萨特冰川上一块直径约3英里、高约1英里的冰块断裂开来。在长达75分钟的时间里，许多高达1 000米以上的大型冰块滑落并翻滚入海，它们的下端伸出海面数百米之高。某一时间点，一个像鲸鱼一般大的暗色冰块呻吟着自深海浮现。亚当·勒温特和杰夫·奥洛夫斯基在2012年的电影《追冰之旅》中用摄像机捕捉到了这一场景。他们认为，

"唯一能放到人类的参考系中描述的方法，就是想象一下曼哈顿，突然之间，那些摩天大楼开始隆隆作响、震动、剥落、倒塌、翻滚……庞大的城市就在你眼前整个分崩离析"。即使是隔着电脑屏幕，如此出离人类日常体验的巨大景观和声音也是震撼人心的，你很难不一遍又一遍地反复观看聆听。

冰崩，即冰山从冰川上脱落的现象，是自然循环的一部分，但却很少以那天伊卢利萨特冰川的规模发生。而这只是一系列变化中的一小部分。无论人类是否在观察和聆听，如今这些变化的速度和规模都超过了此前几百万年间的任何时段。到 2000 年为止，人类排放温室气体导致的全球冰川融化速度已经远超背景值，而在过去 20 年里，这一速度又增加了一倍。许多现存的冰川在未来几十年内就会缩小并消失。

与伊卢利萨特的崩塌相比，气候变化对冰川景观的影响往往以更为安静和微妙的形式发生。作家罗伯特·麦克法伦在去往格陵兰岛的克努兹·拉斯穆森冰川时，听到了低沉的隆隆声，这声音随着他的靠近越来越大。这是融化的冰涌入冰川瓯穴的声音，预示着他即将遇到他所描述的"我所见过的最美丽、最可怖的空间"。专辑《冰川音乐》的作曲者马修·伯特纳把冰川描述成一种会唱歌的生灵。"它们通过倾泻出错综复杂的声音来表达自身状态，这是冰雪消融（产生）的声音交织形成的丰富复合体，串联形成交响乐般的声音篇章。"冰川碎片落入海洋之后会继续发出声音：小块浮冰被称为"咆哮者"，因为当冰中封锁的气体逸出时，浮冰有时会像动物一样咆哮。

一些正在发生的变化中也蕴藏着奇特的美感。记者乔纳森·沃茨曾通过特殊设备聆听南极半岛上一座正在融化的冰山，他听到了气泡从内部深处逸出的声音，"仿佛被运输到了一处巨大的洞穴中，而非看上去在海洋深处，在那里，听起来好像水从高高的天花板上倾泻而下，每一滴水都在虚无中回荡"。永久冻土在解冻时也能发出如音乐一般的声音。"就像一首管弦乐曲，"地理学家朱利安·默顿在提及俄罗斯远东雅库特地区一个地面下陷的坑洞时说。"在夏天，当坡头迅速解冻时，你会听到持续不断的流水声，就像第一小提琴一样。然后，这些重达半吨的永久冻土会砰的一声坠落到底部，这就是打击乐器部分。"

　　气候变化对地球生命的影响也表现在森林和其他生态系统不断变化的声音中。音乐家、声学生态学家伯尼·克劳斯每年都会在同一时间记录下加利福尼亚州舒格洛夫公园中的鸟类、哺乳动物、两栖动物和昆虫发出的声音。对比播放每年的短片，就能明显看出声音急剧减少，七零八落。在其他地方，研究人员发现退化的景观并不一定会变得更为安静。在像厄瓜多尔亚马孙这样的地方，遭到破坏的生态系统的声音在至少一段时间内，在一定的音调范围内会变得更响亮，这是由于进入生态系统的生物会相互竞争交谈，以填补声音景观中的"空洞"。

　　声音生态学家也在监测人类听力范围之外的变化。无论是由于大规模使用杀虫剂，还是由于全球变暖或其他因素，当昆虫和蝙蝠的数量减少时，超声波范围的声景也会逐渐消失。而在热带珊瑚礁上，鱼类和其他动物的"黎明合唱"陷入沉寂，因为极端高温条件杀死了它们赖以生存的大部分珊瑚。

近年来，"气候崩溃"这个词已逐渐流行起来。它能给人一种世界分崩离析、停止运转的印象，但这充其量仅能让我们对正在发生的事情有部分了解。确实，气候的急剧变化威胁到许多物种和生态系统的存续能力，如果不迅速采取行动减少排放，它还有可能危及大部分人类与非人类生命。除非出现某种前所未有的转变，否则人为的气候变化可能会让数十亿人身处几乎无法居住的环境。然而，气候本身并不会"崩溃"。相反，正如已故气候科学家华莱士·布勒克所说，"气候系统是一头愤怒的野兽，而我们正拿棍子戳弄着它"。随着热能形式的能量净增长，这一过程发生的速度只能越来越快。

气候变化之声不仅包括声音的减少和绝迹，也包括更强劲的飓风、更滂沱的降雨、更具破坏性的洪水以及更猛烈的火灾。它们也可能给人类带来更多的痛苦与折磨，因为，在其他条件不变的情况下，越发炎热的世界很可能也意味着一个越发暴力的世界。与极端天气增多的可能性相比，气候变化诱发战争的可能性也许会造成更多的伤害。

"很长时间以来，我们一直在向自然世界寻求安慰，将个体生命的弧线投射到季节的永恒循环之上，"诗人凯瑟琳·杰米观察到，"现在，人们时常感觉到自己正处于危险中。"在这种情况下，你的声音就是最珍贵的声音之一。大气科学家凯瑟琳·海霍认为："最重要的事情，就是敢于谈论气候变化。"全球气温每升高几分之一度都至关重要，每一年都至关重要，每一项行动都至关重要。我们亟须讨论如何改善我们与他人的生活，同时尽量减少我们的行为所带来的不利影响，并寻找更多将言语付诸行动的手段。

地狱

处理并屠杀一个人，然后将其肢解后的部分运回家烹饪，一旦你有了一些实践，这就不难做到。20 世纪中叶，西米扬明人阿纳鲁，就是这样充满深情地向生物学家蒂姆·弗兰纳里说起在巴布亚新几内亚高地上对其他部落村庄发动的突袭。这段叙述的细节相当恐怖，所以如果你有疑问，请直接跳到下一段。据阿纳鲁说，你要从背后抓住受害者，将一根磨尖的食肉动物腿骨猛地向下插入其锁骨和肩胛骨之间的缝隙以刺穿肺部。然后你要用竹制的刀将受害者的头颅、胳膊和腿从躯干上割离。你剖开躯干并把它像背包一样系在后背上，然后小心地用棕榈叶包裹头颅，使它能吊在环状手杖柄上。两侧的肩膀上各扛着一条切下来的腿和一条胳膊，用手抓住手腕和脚腕，就可以准备回家了。村庄可能已经饿了几个星期甚至几个月了，但在接下来的几天里，他们的食物将会很丰盛。

1984 年，当阿纳鲁和弗兰纳里一起重温他年轻时的美好时光时，西米扬明人已经放弃了高地，在亚普西耶站附近扎营，这是一处海拔接近海平面的小型中央政府前哨站，位于他们曾经的故乡北面。这里的生活平静多了，不再有同类相食，却诞生了新的恐怖故事。这些从前的高地居民对疟疾、象皮病和在低海拔地区盛行的皮肤病，以及新引入的流感等疾病几乎毫无抵抗力。弗兰纳里写道，几乎所有人都受到了疾病的影响。许多女性的乳房严重肿胀，而大多数男性的阴囊肿胀得奇形怪状，有的人腿部出现畸形。新生儿死亡率接近 100%，少数幸存的年龄较大的儿童也出现腹部肿大的症状，这是疟疾引起营养不良和脾脏慢性肿胀的迹象。格里尔病几乎无处不在，这种皮癣会使皮肤呈大大的同心圆形剥落。这种病症会使全身皮肤变形，散发出一种甜甜的、令人作呕的气味，弥漫并渗透进周围的环境中。

弗兰纳里当时还是一名年轻的研究员，正在追踪古德费洛树袋鼠、白腹树袋熊以及新几内亚高原上的其他神奇生物。他对西米扬明人充满敬意和同情，但是亚普西耶站给人的感觉如同人间地狱，那里也有着与之匹配的声音。极端炎热和潮湿的日子会被巨大的雷暴打破。"有时，这些风暴如此暴虐，听上去就像喷气式飞机在山谷中呼啸而过，"他写道，"当这样的风暴袭来之时，整个地方会变得一片混乱。树木在一阵狂风中扭动。然后，在短短几秒钟内，倾盆大雨之中伸手不见五指。"风暴的声音震耳欲聋："雷声响亮，持续不断，屏蔽了所有其他声响，很快整个世界都变得异常安静。而一两个小时之后，当风暴移向河流下游时，更加诡异可怕的寂静方才降临。"

地球上存在无数的地狱，而坐拥先进技术的社会创造了其中最糟糕的一些情况。艺术家奥托·迪克斯在他关于第一次世界大战战壕的作品中，描绘了工业化战争的地狱。这些作品描绘了人类身体和灵魂遭受的残酷折磨，与欧洲中世纪最可怕的艺术作品或弗朗西斯科·戈雅所作《战争的灾难》中的想象不相上下。战争之外，至少对我来说还有一个微不足道却能引起共鸣的例子，那就是 20 世纪 60 年代由精神病学家罗伯特·加尔布雷斯·希思进行的一项实验。据报道，希思通过在两个人大脑中的奖赏中心植入电极，将两名人类实验对象"连接"了起来。受试者可以通过按一个按钮来激活电极，他们报告称感受到极度愉悦以及强烈的重复冲动。如果这乍听之下并不可怕，请花点儿时间仔细想一想。

人类想象中的地狱也是多种多样的，且并不总是痛苦折磨之地。希腊神话中的冥界至少在荷马的笔下，是个令人沮丧而非施加惩罚的地方。正如阿喀琉斯之影告诉仍然活着的奥德修斯："我宁愿做一个长工，被农场的穷苦人雇用，也不愿在此为王，统治所有的死者。"在前基督教时代的英国人和北欧人的世界里，海拉是一座厅堂，战争中牺牲的战士死后在此与一位也叫作海拉的女神同住。瓦尔哈拉的含义很单纯，就是"亡者之殿"。海拉和英语中表示厅堂的 hall 实际上来源于同一个印欧语单词 *k´el，意思是"隐藏、掩护、保护"。在公元前 3000 年的苏美尔人看来，除了未被适当安葬者之外，所有的灵魂都将去往一个干燥而尘土飞扬的地下世界库尔。死者的亲人通过一支泥管向死者的坟墓里倒酒，帮助他们解渴，而最幸运的死者则可以用音乐缓解他们在彼界的凄凉状况。

在其他文化传统中，地狱的声音也是使其成为地狱的一部分因素。但丁·阿利吉耶里和约翰·弥尔顿这两位擅长描写基督教传统中的地狱的伟大诗人所想象的声音世界尤其生动。在《神曲·地狱篇》中，但丁首先描述的就是穿过那扇必须放弃一切希望的大门之后，那纯粹的喧嚣。"光明是寂静的"，但是叹息和嚎叫在无星的天空下回响，使他涕泗横流。那里有着混乱的语言、畸形的话语、痛苦的单词，以及像沙暴一般不停盘绕旋转的无休止的骚动。这种声音简直振聋发聩。在这一点上，但丁与他那个时代的信仰是一致的：中世纪梦境里的地狱景象记录中经常提到，可怖的噪声是地狱最显著的特征之一。

但丁笔下的地狱里没有音乐，因为音乐是一种祝福、恩典或祈祷。那里最接近于音乐的，是名叫巴尔巴利恰的堕天使的巨大屁响，宛如战鼓、喇叭和钟声的大合唱。而那里最接近于乐器的，则是一位叫"亚当师傅"的伪造者臃肿的腹部，它看起来像一把鲁特琴。对于现代读者来说，后者可能会使他们想起博斯所作三联画《人间乐园》中右边一幅上的地狱景象，这幅画创作于1500年左右（深紫乐队的第一张黑胶唱片封面上也使用了这幅画）。画中，一个人被钉在鲁特琴上，另一个人则被竖琴琴弦刺穿，一个恶魔引领合唱团唱歌，同时看着纹在裸露人类臀部的乐谱。（你能在网上找到根据这张乐谱，用鲁特琴、竖琴和手摇风琴演奏的《耶罗尼米斯·博斯的屁股之歌》，音乐意外地温柔而和谐。）与此同时，挤在巨大手摇风琴中的女人演奏着一个三角铁，另外还有一件巨大的管乐器和一张鼓，其中都由人类演奏。在一名"树人"头顶的圆盘上，恶魔引导许多灵魂绕着巨大的风笛不停地行走，风笛的形状让人想起阴囊和阴茎。魔鬼不仅擅长演奏小提琴，它看上去还很擅长演奏竖琴。

而在弥尔顿的《失乐园》中，正如菲利普·普尔曼所观察到的那样，首先打动读者或听众的是诗歌纯粹的声音。然而，整体看来，弥尔顿在但丁之后350年所构想的地狱景象的特点是声音的缺失，而非混杂。撒旦首次开口，即是为了打破"可怕的寂静"。除了恶魔之外，这是一个充满空虚和回响的地狱。无声，不如说是可被听到的寂静。此外，他与其他恶魔发出的声音与单纯的可怕相去甚远。至少，在撒旦的话语中，存在着一种壮丽的反抗。当他说出"与其在天堂里做奴隶，倒不如在地狱里称王"[①]时，读者就能理解为什么威廉·布莱克曾打趣说弥尔顿是魔鬼的党羽而不自知（他支持一个处决了当时大多数人认为是由上帝所任命的国王的革命政府）。

弥尔顿的笔下，有一些堕天使试图让地狱充满悦耳的音乐。他们"吹起喇叭、号角，发出战斗的高音……齐奏战曲"。他们"伴着庄严的横笛，柔和的洞箫，吹出多利亚的曲调"进军，并随着"美妙愉快的乐音"建造起他们的宫殿——"万魔殿"。正当撒旦离开地狱，穿过混沌，前往天堂诱惑亚当和夏娃时，他遇到了不和谐之音——"一片震耳欲聋的喧哗声/粗野、混乱、聒耳的声音"。与此同时，留在后方的恶魔们，"用天使的曲调，迎合着许多竖琴声……他们的歌唱是有偏向性的，但很谐和，使蜂拥而来的地狱听众销魂恍惚"。

然而，在这些声音之下，弥尔顿的地狱贫瘠而死寂，成为一

---

① 引自《失乐园》，朱维之译，人民文学出版社（2019），后同。——编者注

个只有无形回声的地方。伊甸园与这之间的对比再强烈不过。在那里，空气中充盈着生命之声——"树叶的沙沙声和小河水汽升腾的微音"，以及"枝头啼鸟清脆的晨歌"。对亚当和夏娃来说，鸟儿的啼声和"喁喁私语的/流水"从他们诞生之初起就是觉知的一部分。他们还能听到每晚夜巡的天使的歌声。天堂也充满了欢乐的声音。而且，随着戏剧的展开，魔鬼在地狱里发出的声音逐渐衰减，最后变成"责骂声和嘶嘶声"。地狱变得死一般寂静；它的荒凉让人想起 2021 年由毅力号火星车录下的无形的风吹拂着火星的无定世界。

我对天堂和地狱不甚了解，但有时，我确实觉得自己在梦中见过并听过这两处地方。其中一个地狱般的地方（尽管不仅如此）是火星上一处巨大的地下建筑工程，庞大的中央大厅周围存放着来自大英博物馆和其他地方的藏品。很多人在那里疯狂工作。在乔丹·皮尔 2019 年的电影《我们》中，就有一些类似地下存在可怕的人类复制品的暗示，但我梦中的恐惧感在与已故的厄休拉·勒古恩经过一场关于人类愚蠢行为的愉快交谈之后，化解释然了。

天堂，或者类似的景象，不再经常出现在我的梦里。有一次，我不费吹灰之力就能飘浮在地球上空，穿过深蓝色的太空。那是乔托①的天空——光彩夺目，金星如明灯一般在四周发出柔光，到处都充满内在的音乐。正当我写下这几行字时，我似乎听到了那种

---

① 意大利画家乔托·迪·邦多纳被认为是意大利文艺复兴的开创者，被誉为"欧洲绘画之父"。——编者注

音乐，然而，就像但丁在《神曲·天堂篇》中对天堂的描述一样，我无法准确地回忆起它，只能说它超越了地球上所能听到的任何音乐。

80 年间，萨福克海岸一片名为奥福德尼斯的狭长地带一直是英国军队的武器试验场。在最后约 40 年中，军队在这里测试了几代核武器投送系统。其中包括一种名为 WE177 的重力炸弹，其设计能产生高达 40 万吨的爆炸能量，约为广岛和长崎原子弹的 20 倍左右，相当于能产生高达 60 万吨爆炸能量的北极星导弹。在最后一批武器制造者离开 10 多年后，生态学家保罗·埃文斯于 2009 年来到这里，他说，这个地方"似乎保留着一种震动，一种阴魂不散的可怖噪声的听觉图像"。但是今天，在土地的新主人英国国家信托基金会的掌管下，经过 20 多年的"有序毁坏"，非人类生命正在回归这块土地。基金会保护的长沙滩和沼泽是许多鸟类的家园，还有更多的鸟类会在迁徙途中经过此地。奥福德尼斯依然背负着它沉重的过去，罗伯特·麦克法伦写道："它言说子弹，它言说毁灭"，但它也"言说红脚鹬和轻捷湍流"。原先的射击场以南的一大片区域几乎没有受到武器试验的影响，在那里，尤其是靠近海边的地方，奥福德尼斯呈现出纯粹的形状和运动。鹅卵石堤岸在无人知晓时自行构建重塑，形成宽广的曲线形状，从上方俯瞰，宛如花体装饰和蕨类植物的新枝。这里不是寂静，而是宁静——正如诗人伊利亚·卡明斯基所说的那样，这种宁静框定时空，宛若一扇门。如果穿过这道门，在门扉的另一边，我们会听到什么呢？

音乐治疗

"萨满"（Shaman）——可能来源于通古斯语中的单词 šaman，意为"有知之人"——严格说来只适用于西伯利亚和蒙古传统，但是，它已经被用于指代世界各地许多文化中的传统治疗师。这些治疗传统各有不同，但在治疗实践与技巧上，却存在一些惊人的相似之处，治疗师们都会使用歌曲、舞蹈和节奏作为通往精神世界的门户。

一般来说，学徒阶段的萨满需要从长辈以及他们在梦中遇到的神灵学习各种各样的歌谣。随后，这些歌谣会被用在实际的治疗中。治疗过程中，萨满一般会神游至精神世界之中。这也许正是约8 000年前生活在现今德国巴特迪伦贝格地区一名年轻女性经历的情况，她下葬时戴着用鹿角精心制作的头饰，以及用多种野生动物骨头做成的项链，其中包括一块打磨抛光的野猪喉部的骨头。对她头骨底部的研究表明，她患有一种罕见的疾病，会让她失去对身体的控制，进入恍惚状态，此种情况下，野猪和其他动物可能就会通过她"说话"。

对萨满同样重要的是鼓或其他打击乐器，这些声音能激发治疗所需的狂喜状态。这里，鼓不仅仅是一件乐器。有时，鼓被称为"萨满的骏马"，因为正是鼓声使得前往精神世界的神奇旅程得以实现。鼓上往往装饰着鸟儿、月亮、太阳、彩虹或箭矢的图案。鼓可以驱赶邪恶的灵魂，也可以召唤有益的灵魂，而后者可以被人利用。印度尼西亚廖内的"基曼坦"——萨满——相信，鼓声就是在治疗仪式进行时寄宿于鼓中的灵魂的声音。特德·焦亚在《治愈之歌》中指出，这种信仰与几千年前的苏美尔人惊人地相似。这表明，在彼此相隔甚远的文化传统中，音乐都被用于治疗。俄耳甫斯的神话也是如此，他是一位技艺超群的音乐家，能够迷惑动物、人类和神灵，并且踏上了一段去冥界寻找心爱之人的旅程。西伯利亚、东亚、澳大利亚和非洲都流传着讲述生者从死亡之地复活的故事。

除了萨满教传统之外，长期以来，音乐也与治疗密不可分。古希腊医学之神阿斯克勒庇俄斯是音乐之神阿波罗的儿子，希波克拉底也曾教导说，音乐可以治愈灵魂，也能同时治愈身体。这一传统也在伊斯兰世界得以延续，并体现在 10 世纪巴士拉精诚同志社的《音乐书信》等作品中。至少从 13 世纪开始，穆斯林医院就为病人提供了音乐室。而最晚从 17 世纪起，专业音乐家就定期在开罗的曼苏里医院和大马士革的努尔丁进行演出。音乐，既治愈灵魂，也治愈肉体。

基督教教会鼓励在宗教活动中唱诵，但往往对狂喜的仪式保持怀疑，并仅在严密控制的情况下（如军队里）使用鼓声。欧洲人对和声的迷恋促使人们尝试在治疗实践中加入精心设计的和声。根据从古代继承下来的天体音乐学说，一些人提出，统御宇宙宏观世界的和谐音程也可以让人体的微观世界恢复健康。15 世纪的学者卢多维科·卡尔博尼指出：“医学音乐家们认为，胸部的静脉或动脉会……‘根据四度音阶和谐’……以七拍子节奏运动。”焦塞福·扎利诺是 16 世纪的一位音乐理论家，他将灵魂属性与特定音程联系起来。"智力部分对应于八度音阶，因为它的七个音程（分别对应于）头脑、想象、记忆、思考、意见、理性和知识。而五度音阶，它的四个音程对应着感觉的四个分支：视觉、听觉、嗅觉和味觉（而触觉与所有分支共通）。"15 世纪学者马尔西利奥·菲奇诺指出，某些疾病"据说可以被某些和声奇迹般地治愈"，最伟大的音乐家可以"以特定的比例混合（音高不同的音符），在纷繁之中显出某种合一的形式，这一结果不仅具有声音的力量，还具有天堂之力"。一定程度上，这样的想法在今天仍旧存在，有人声称通过唱歌或聆听"唱名频率"会让人精神饱满，让心灵和身体达成完美的和谐。

在近代早期的欧洲，奇思妙想大量涌现。自然哲学家、魔术师和剧作家詹巴蒂斯塔·德拉·波尔塔在 1600 年左右声名鹊起，他写道，不同材料制成的长笛能够治疗不同的疾病。例如，白杨木制成的长笛可以治愈坐骨神经痛，而鹿食草可以对抗水肿，还有一种用肉桂木制成的工具可以治疗晕厥。不过，这段时间也开始涌现一些更加实际的方法。在 17 世纪中叶，博学的阿塔纳修斯·基歇尔开始寻找意大利南部暴发的"舞蹈症"的治疗方法。舞蹈症的症状如今看起来像是歇斯底里行为，人们认为病因是蜘蛛咬伤，病人们必须疯狂地跳舞才能避免死亡。在他的音乐知识集大成之作《音乐的世界》和探索声学和音乐对人类心灵的影响的《声音新学》中，基歇尔并未转向抽象的和谐思想。相反，他煞费苦心地收集有关这种病症的证据，并编写了一系列旨在产生治疗效果的乐谱。克里斯蒂娜·普卢哈尔和琶音古乐团 2001 年发行的专辑展示出了乐曲何以产生治疗效果。在《那不勒斯塔兰泰拉，下多利亚调式》等作品中，乐团用响板着重表现了生动而有序的节奏，伴随着一种简单的、带有变奏的和声，这种音乐可能会使舞者着迷跟从，使他们能从应激状态进入平静。我们一只脚踏入流行舞蹈，另一只脚则迈向阿尔坎杰罗·科雷利的变奏曲《愚人舞曲》中的巴洛克风格。后者是已故的翁贝托·埃科的最爱，他曾用单簧管演奏这首曲子，但对世人的愚蠢程度并未产生明显的影响。

现代欧洲早期，并非所有音乐疗法尝试都取得了成功。18世纪，阉人歌手法里内利的音域、纯净的音色和戏剧性让整个欧洲大陆的观众为之倾倒。1737年，他被召唤到马德里为饱受抑郁症和失眠之苦的腓力五世国王演唱。起初，国王的反应很好，但很快大家就看出，法里内利的歌声所起到的效果几乎在他停止歌唱的同时就消失了，而这位歌唱明星最终在马德里待了整整10年，在这期间，他每天晚上都为国王反复演唱同样几首歌。腓力五世死后，法里内利继续为新国王费尔南多六世唱歌。这位新国王整日在皇家寓所里游荡，以头撞墙，拒绝洗澡或剃须。显然，这并未使人怀疑唱歌疗法的效果，而法里内利退休之后也尽享荣华富贵。

21世纪的音乐疗法吸取了过去一个世纪的临床试错经验，已被证明有助于管理压力、减轻疼痛、增强记忆、改善沟通以及促进身体康复等。聆听或演奏音乐与自主神经系统的放松相关。音乐让人心跳与呼吸减缓，血压、肌肉张力和氧气消耗也会减少。身体应激反应的标志——皮质醇的水平会显著降低，而一种天然抗体——唾液免疫球蛋白A的水平则显著升高。听音乐和参与音乐表演与大脑中神经递质的释放有关，比如多巴胺，这些神经递质与动机和愉悦感关联，并能促使体内产生天然的阿片类物质。在一项研究中，脊柱手术患者可以控制自己的止痛药物用量，而当他们听到自己喜欢的音乐时，药物用量只有原来的一半。

音乐和某些其他特定的声音能增进人类一生的幸福感。人耳在怀胎第四个月时几乎完全发育成形，因此，婴儿在出生前几个月就已经熟悉了母亲的嗓音、心跳和呼吸模式等节奏和旋律。早产儿会被猛然推入一个迥异的声音世界，这会使他们倍感压力。新生儿加护病房大多数时候是安静的，但是设备发出的哔哔声和嗡鸣，以及其他偶发的声音，都会让早产儿受到惊吓。然而研究发现，当周遭环绕播放他们在子宫里可能听到的声音的录音，比如母亲的心跳和嗓音时，他们表现出的压力就会减少。在病房里现场演奏的音乐也能稳定婴儿的心跳，减轻压力并促进睡眠。而对于所有足月出生的婴儿，摇篮曲都能改善情绪、鼓励吮吸，因而有益健康。

几乎所有听力正常的儿童都喜欢音乐，但有些孤独症儿童可能对音乐声音格外敏感。音乐疗法能帮助这些儿童改善非语言沟通以及手势沟通，包括眼神接触和轮流行为。强化音乐治疗可以帮助患有注意力缺陷多动障碍的儿童，让他们在安全而友好的环境中触及自己的情绪反应，并学习如何识别和应对情绪变化。

即使在深度无意识状态下，成年人仍能持续听到周遭世界的声音。昏迷中的人有时会对心爱之人温柔的歌声或者说话的声音做出反应，表现出放松的迹象，比如呼吸变慢和脑电波的变化。听音乐也有助于治疗创伤后应激障碍，以及中风后的困惑状态等症状。演奏音乐也可以帮助遭受严重脑损伤的人。一名头部枪击幸存者——美国女性议员加布里埃尔·吉福兹曾说，重新学习吹奏圆号是"她康复过程中的重要部分"。

音乐疗法可以帮助应对由中风或帕金森病引起的运动障碍。在所谓的节奏性听觉刺激中，以器乐演奏的简单节奏音乐有助于引导患者更加稳定地行走。人们认为，拥有一个"外部计时器"，而非依赖于大脑受损区域的内部计时信号，能帮助病人协调动作。某些情况下，音乐能为帕金森病和其他病症患者提供的帮助远不止于此。"有些一步路都走不了的人却能跳舞，"医生奥利弗·萨克斯在谈到某次治疗时写道，"而有些一句话都说不完整的人却可能会唱歌……唱歌跳舞时，他们活动自如，就好像帕金森病和其他神经系统疾病不复存在。"阿尔茨海默病患者也可能因音乐而表现出巨大的改变。在 2020 年流传的一段视频中，坐在轮椅上的玛尔塔·C. 冈萨雷斯听着《天鹅湖》中高潮场景的音乐，开始随之舞动胳膊和上半身。视频中交叉剪辑了一位芭蕾舞首席演员 20 世纪60 年代的表演，两者的动作近乎完美匹配。尽管这段视频似乎暗示两位是同一人，但事实证明，冈萨雷斯并非档案片段中出镜的那位舞蹈演员，然而她对音乐的强烈反应毋庸置疑。

萨克斯认为，音乐在帕金森病患者身上没有明显的延续效应："一旦音乐停止，动作也会停止。"但对痴呆症患者来说，音乐可能的确有长期影响。"情绪、行为甚至认知功能的改善……在被音乐激发后，可以持续数小时或数天。"他报道了一位名叫伍迪的阿尔茨海默病患者的情况，对伍迪来说，重新想起自己会唱歌非常令人安心。"歌唱可以激发他的感情、他的想象力、他的幽默感和创造力，以及他的身份认同感，这是其他任何东西都无法做到的……它可以让他回归自我，它还可以吸引别人，引起他人的惊讶与钦佩——对于他这样的人来说，这种反应越来越有必要，因为在他放松的时刻，他会痛苦地意识到自己患有的这种疾病，有时候他会说他感觉自己的内心是破碎的。"

音乐治疗干预的数量一直在增长。例如，我最近了解到，吹奏迪吉里杜管可以减少阻塞性睡眠呼吸暂停引起的问题。我建议为这种乐器打个广告语："吹吹迪吉里杜管，夜晚睡眠不打鼾。"谢谢，不客气。但音乐疗法实践者们也在提醒我们不要将问题过于简单化。心理学家约翰·斯洛博达强调，音乐不像提供给"消费者"或"病人"的维生素那样，每种都有特定的功效。没有任何一首特定的音乐能被当作普适的减压或放松利器。相反，至关重要的是整体情景。心理学家维多利亚·威廉森写道，音乐疗法的一个重要方面是"人类之间的接触、沟通、共情、引导性反思和情感支持所产生的不甚明显但真实存在的影响"。正如特德·焦亚所说："不存在什么魔法般的和弦进程或者神秘的鼓点，能够解开身体的奥秘。相反，音乐起作用的方式是向外延伸，拥抱更大的整体。"

自己制造音乐可能会令人望而生畏，甚至对于我们中的许多人来说似乎稍显多余，毕竟在现今世界，伟大艺术家的作品只需要点击鼠标就能听到。但积极的参与对身心健康的益处已得到充分证明。在合唱团唱歌就是一例。20 世纪 60 年代中期，耳鼻喉科专家阿尔弗雷德·托马蒂斯在法国一处本笃会修道院记录了充满戏剧性的一个事例，当时，作为现代化运动的一部分，僧侣们砍掉了每天的唱经。很快，他们就变得无精打采、疲惫不堪，易怒且易受疾病影响。几个月后，唱经被重启，僧侣们很快又充满活力了。一个人甚至不需要唱得多好，更不需要去当僧侣，也能感受到唱歌的益处。只要和其他人一起歌唱，就能共同创造出更可观且不同的东西。"业余歌手高低不一的歌声结合在一起，就达到了歌手靠自己无法达成的完美境界。"奥利弗·伯克曼在他的著作《四千周》中写道。根据我自己在社区合唱团的经验，"完美"这个词不一定合适。随着时间推移，合唱水平会逐渐提升，但更重要的是，唱歌使我们团结一致，相互支持。最近，英国的一项大规模研究表明，唱歌有助于正经历产后抑郁的新手母亲，英国国家医疗服务体系正在尝试推出适用于各种情形的音乐疗法作为"社会处方"的一部分。

生活在西方城市化水平极高的社会之中，我们中的许多人可能不仅能从僧侣和社区合唱团学到东西，还能从其他传统文化中学到很多，比如美洲土著的治疗仪式。这些仪式会关注病人、家庭和社区的身体、精神以及情感健康。仪式中的一部分现已成为过去，但也有一些仍旧存在并不断演化。其中之一就是奥吉布瓦人的大鼓练习。这是为表达哀悼、应对悲伤、理解失去并让人与场所相连而举办的一种集会。"我们打鼓时经常讲到两个词组，"乔·内夸纳比告诉作家戴维·特罗伊尔，"就是互相帮助和互相关心。"

还有一个令人信服的理由，支持我们将社区这个概念的范围继续扩大。人类学家理查德·卡茨写道，对于卡拉哈里沙漠中的库人来说，治愈"不仅仅是治疗，也不仅仅是药物的使用。治愈寻求的是身体、心理、社会和精神层面上的健康与成长；它涉及关于个人、群体、周遭环境和宇宙的作用"。

音乐确实可以用作镇静剂。如果你刚好在找效果明显的镇静剂，可以试着听听马可尼联盟乐队的《失重（第一部分）》。这是一首慢脉冲环境音乐，其镇定效果很强大，因此被建议不要在开车时播放。但是在一个失衡的世界里，我们也需要人类音乐和自然界的声音来唤醒并帮助我们集中注意力。联合国政府间气候变化专门委员会于 2021 年 7 月发布的第六份评估报告警告称，如果温室气体排放量不能以前所未有的速度迅速减少，全球气候的危险变化将是不可避免和不可逆转的。"人们很容易被一连串难以忍受的现实压垮，"报告的主要作者乔埃尔·格吉斯写道，"但……我想说的是，人类天性的善良可以扭转这种局面。"如果她所言不虚，那么带来愉悦的甜美声音可能会帮助我们重获力量与快乐，去面对前方漫长而艰难的道路。

声音疗愈

在加布里埃尔·加西亚·马尔克斯的短篇小说《巨翅老人》中，一个浑身湿透的天使坠落到哥伦比亚的一个小镇上，短暂地成了当地的一处小景点。有些病人过来看他，他们希望从烦人的噪声中解脱。有个可怜的女人从小就开始数自己的心跳，现在已经数不过来了。有个男人睡不着，因为星星的声音使他心神不宁。奇怪的声音也在折磨着天使。一名医生听了听天使的心脏，那里有很多的哨声，这使得医生认为天使不可能还活着。

马尔克斯寓言中的医生所做的，是他的同行们长期以来一直在做的事情。听诊或者聆听身体内部的声音，至少从公元前300年开始就是医疗诊断的一部分。当时，卡尔西顿的希罗菲卢斯确信人体框架制造了隐藏的音乐，于是开始聆听病人的心跳。在19世纪早期，内科医生勒内-泰奥菲勒-亚森特·拉埃内克发现他可以通过一张卷起的纸清楚地听到病人胸腔里的声音，从而避免了将耳朵直接贴在通常没有洗过澡的患者身体上。作为一名热衷于制作长笛的业余音乐爱好者，他使用一根木管制作了第一个听诊器（stethoscope）。这个英语名称来自希腊语中表示"胸部"的单词stēthos以及表示"查看"的单词skopein。200年后，用听诊器听声音（听诊）仍然是物理检查的第一步，其他步骤还有观察和感觉（触诊）。"听诊器至今仍是听取病人胸腔内情况最便捷的方式。"医生兼作家加文·弗朗西斯告诉我，"在我作为一名医生的工作中，听诊对于检查新生儿尤其有用，他们的心脏在出生后的最初几个星期里会发生特殊的扭曲变化。心脏上那些适应子宫内生活的空洞会逐渐闭合，而如果这一过程未能发生，你就会听到血液流动紊乱、流向错误等各种各样的声音。"在和弗朗西斯谈过之后，我开始思考马尔克斯笔下的天使是否患有心包炎。这是一种心脏周围的保护膜内壁变粗糙的病症，通过听诊器听到的每一次心跳都伴随着心包摩擦音的沙沙声。

弗朗西斯还向我解释了听诊如何帮助诊断肺部和肠道疾病。在所谓的胸耳语音中，医生会要求病人发出耳语声，同时听诊病人的胸腔。当肺内密度增加时，声音会比平时大得多，但当肺外有液体时，声音就会变得模糊，这种情况被称为胸腔积液。在另一项诊断中，患者被要求说出一个有很多n音的单词或短语。如果肺部存在实性病变，你听到的n音会更清晰、更响亮。这就是所谓的声音共鸣或"羊音"（aegophony），得名于这种声音与山羊咩咩叫十分相似（山羊在希腊语中是aig-）。诊断肠道时，医生会注意听"肠鸣音"：健康消化行为发出的隆隆声和汩汩声。在肠道阻塞的情况下，声音的音调往往更高，发出"叮当"声，声音也往往是持续恒定的，因为液体会试图挤压穿过肠道中的缝隙。完全无声则是个不好的信号，表明消化停止。医学院学生还会学习如何通过轻轻叩击或敲打身体部位产生振动，来显示过量的液体、肿瘤或其他需要注意之物的存在。这听起来是一项很难掌握的技术。弗朗西斯说："我之前有一位导师，他让我们在电话簿下面塞两枚硬币，然后通过叩击尝试判断硬币的位置。"

用听诊器或叩击进行检查，能发现许多健康问题，然而，医学超声波却能够提供两者都难以望其项背的精确细节：高频声波会从体内部分组织反射回来，再汇集形成图像。超声心动图——用超声波拍摄的心脏图片——会显示瓣膜和肌肉的状况，以及它们如何精确地运作。超声波可以显示血液流动的模式，以及肺、肝、肾甚至眼睛等器官的重要状况。它还能拼出未出生婴儿的图像，因为声波会在不造成任何伤害的情况下，自胎儿的固体组织和骨骼反射回来。这真是一件令人惊异之事，我们第一次目睹"为人父母"这一生命中最伟大的奇迹和考验，就是从这些由声音绘制的模糊不清的黑白图像中。

除了检查之外，超声波也能应用于治疗。高强度声波能将肾结石和胆结石分解成小碎片，小到身体可以容易地排出。而在用于白内障手术的超声乳化术中，超声波被以高能量汇集，用来分解混浊的晶状体，然后将其去除。（这项技术是由外科医生查尔斯·凯尔曼发明的，他还与迪兹·吉莱斯皮和莱昂内尔·汉普顿一同演奏过爵士乐。）超声波还可以消融肿瘤和其他组织，并促进化疗等治疗程序中药物的良好吸收。我们可以构想出许多新的治疗方法，但是其中一些探索途径也许比其他更有前途。亚利桑那州的一个研究小组正在研究低强度超声波是否可以用来使大脑的某些部分平静，这些部分在以自我为中心的负面沉思和痛苦发作期间处于活跃状态，这种状态有时也被通俗地称为"洗衣机脑袋"。考虑到人们对大脑功能的许多方面，以及情绪和焦虑的机制知之甚少，这种方法充其量只能算作一种希望渺茫的尝试。然而，参与这项研究的佛教僧侣杨真善仍然抱有希望。"科技虽使我害怕，"他说，"但没有改变的未来却让我更加害怕。"

许多研究表明，人类正常听力范围内的自然声音，尤其是明快的鸟鸣声，可以减轻压力，对心理和健康大有益处。对作家露西·琼斯来说，自然界的声音，以及视觉、嗅觉和触觉特性，在她努力摆脱成瘾状态、与生态损失感和解、找到更平衡的生活方式的过程中起到了至关重要的作用。她写道："大自然使我脑中的声音更柔和，使我的情绪更稳定。"

医疗从业者和相关人士也在寻找改进医院声音景观的方法，以进一步提高患者的幸福感。"太多不受欢迎的噪声可能会令人烦扰，但沉默也可能使人不安，""感知医疗空间：重新思考英国国家医疗服务体系下的医院"项目负责人维多利亚·贝茨如此说。她认为，这个问题跟取得平衡有关。"与其只是试图消除噪声，我们不如试着更仔细地聆听：什么声音会被认为是噪声？理由是什么？如果医院的声音不被当作杂音，而是带有目的性的、重要的声音的混响，这是否就不那么令人痛苦呢？"

音乐家和艺术家也在探索这些问题。2013 年，布赖恩·伊诺尝试将《7 700 万幅油画》——"不断变化的愈疗声景"，用于英国霍夫的蒙蒂菲奥里医院接待区。这项工作得到了礼貌的回应，但很明显，没有任何一套人造声音适合每个人。"对一个人来说的'安慰'，对另一个人来说则可能是'噪声'。"贝茨说。据声音艺术家铃木由里估算，任何全新的声音设计最多只能吸引任意一个客户群体中 40% 左右的人。注意到这一点后，艺术家萨莉·奥赖利半开玩笑地建议，医院的声音应该为每个病人量身定制。"我们将探索从家庭环境中抽取宁静、熟悉的声音的可能性，比如荧光灯的声音、吸尘器和洗衣机的声音，以及交通声，"她如此写道，"我们可以建立一个环境音样本库，病人可以从中选择。"

对于医院公共空间——以及任何在其中我们能从一个未来走入另一个未来的空间——的声音选择，也许我们可以跳过人类创造的声音合集，而代之以自然界的柔和声音。约翰·拉斯金写道：

"没有任何一种甜美空气是无声的，只有当空气中充满鸟鸣三重唱、昆虫低语叽喳之类的细微背景音时，空气才是甜美的。"

钟声

英国教堂的钟声是我童年早期生活的一部分。在夏天的晚上，当天微微发亮、人们还在熟睡时，我就会听到声音从伦敦的屋顶传来，从我家顶楼卧室打开的窗户传来。周末去汉普郡看望我的祖父母时，村子周围树木丛生的陡峭山坡上也会响起钟声。那一连串的噪声，在大地的曲线上反弹，有时从不止一个地方同时回荡，似乎既描述又表达了这个地方，我开始把它与开放和欢乐联系起来———一种深深融合在一起的存在感。直到今天，我仍然时不时地感受到这种奇妙的声音，这种难以捉摸、迅速传递的现象，但它似乎高高地矗立在空中，就像一种香水或被金光照亮的薄雾。亨利·戴维·梭罗观察到，这种振动好像代表了它所通过的空气的一种特性。这种声音既使人的整个身体振动，又将听者与更广阔的世界联系起来。电影导演阿涅斯·瓦尔达说，如果我们让人们敞开心扉，我们就会看到风景。安妮·迪拉德写道："我的整个人生就像一口钟，直到被举起并敲打的那一刻，我才意识到这一点。"钟声在音乐的边缘发出声音，可以改变我们对空间和时间的感觉。

我们的黑猩猩亲戚通过用棍棒和拳头敲击地面来表达感情，大猩猩则会捶打自己的胸部。而我们起码从进化为人类之后，就已经在寻找其他物体来发出令人印象深刻的声音了。随着时间的推移，这些"其他物体"通常可被归为两种主要类型。第一种被称为膜鸣乐器，是一种主要通过敲击拉伸的薄膜（如绷在中空鼓上的动物皮肤）发出声音的乐器。第二种是自鸣乐器，当乐器的主体被敲击时会发出声音，如敲击石锣至少可以追溯到几万年前。被制造于公元前9500至前8000年间，位于安纳托利亚的哥贝克力石阵，就属于这类乐器。这些被精心雕刻的巨石被击中时，会发出非常低的声音，就像地铁的隆隆声，人们可以用自己的身体感觉到。

人类历史上最重要的发展之———冶金学促进了钟这种自鸣乐器的诞生。创造出比石头和骨头更强大、更易共鸣的材料的能力，对于第一次掌握它的人来说一定像是一种魔法。他们的感受可以从古代的故事中窥见一斑，比如《史密斯与魔鬼》。在这个故事中，一个狡猾的人欺骗了一个超自然的存在，被赋予了加工金属的力量。我们也可以从亚瑟王和石中剑的传说中了解到类似情况。公元前7000年左右，金和铜首先被冶炼出来，它们光泽鲜艳，令人惊叹。但是在公元前5000年左右，青铜（一种铜和锡的合金，比两者都硬）的炼制取得了突破。人们最初正是用青铜制成了钟，以及武器和数不清的工具。现在的钟仍然由青铜制成。当我们听到钟声时，我们就听到了青铜时代的声音。

现存最古老的金属钟来自中国商朝。起初它们很小，可能是用来挂在动物脖子上的。但是随着时间的推移，商朝出产了更多壮观的青铜器：器皿、武器和包括钹和更大的钟在内的乐器。在周朝，拥有一套编钟是身居高位者财富的象征。公元前433年，曾侯乙去世时，随葬了21个年轻女子、一个青铜兵器库、若干精致的战车容器和装备，以及一套由 65 口钟组成的编钟。在 1978 年考古学家挖掘出他的墓穴几年后，人们发现这些钟仍然可以演奏。每个钟的横截面是椭圆形而不是圆形，可以产生两个不同的音符，通常相差大三度或小三度，可以通过敲击不同的位置发出不同的声音。在人类声音的范围内，整套钟每个八度可以产生 12 个音，据说这些钟是用来演奏具有六个音的音阶的。我们可以想象一种介于五声和七声之间的音阶，这种音阶如今被用于印度尼西亚甘美兰的水壶形锣。

古代南亚也能铸造大型铜钟。从早期开始，它们的开口就是圆形的，就像今天在印度和欧洲普遍发现的铜钟那样，并被用于宗教仪式。它们在梵文中被称为"甘塔"，在印度教、耆那教和佛教几千年的实践中被赋予了意义。在印度教中，钟的弯曲的身体被认为代表着无限，钟舌代表智慧和知识女神萨拉斯瓦蒂，手柄则代表生命的力量。钟发出的声音有时被认为是神圣的奥姆，象征着终极现实。印度教信徒经常会摇响悬挂在寺庙内部密室入口处的钟，向神灵告知他们的到来，驱散邪恶，从烦恼的思想中解脱出来，专注于神灵。

像南亚那样的圆钟可能是在公元 220 年汉朝末期或随后的动荡时期随佛教传入中国的。到公元 618 年开始的唐朝，它们在中国各地的佛教寺庙中被广泛使用，而老式的椭圆形钟逐渐失去了人们的青睐。铸造大钟的技术此时也同佛教一起传到了韩国和日本。许多地方的佛教徒也喜欢立钟和颂钵，它们实质上是倒置的钟，边缘位于最上面。它们以其特别纯净的音色被广泛使用。音乐作家特德·焦亚评论道:"颂钵之于西方管弦乐队,就好像X射线片之于传统照片……没有任何乐器能与之相比。"

在日本,大钟被称为梵钟,自公元7世纪以来,它们在佛教仪式中发挥了重要作用,其中包括新年和盂兰盆节,后者是祭祀祖先的节日。其中现存最古老的一台,也可能是世界上仍在使用的最古老的钟,是在698年铸造的。最大的一台于1633年投入使用,重达74吨,大约相当于7头成年非洲象,需要25个人才能把它敲响。大型的梵钟有着低沉的音调和深沉的共鸣,可以在20英里以外的地方被听到,因此它们可被用作计时器、信号和警报器。

梵钟通常是用悬挂着的横梁而非内部的钟舌来敲击。钟声由三部分组成。最初敲的那一下,理想情况下应该是一个干净、明确的声音。紧接着是长达10秒左右的持续回响。最后是当钟的振动消失时所听到的共振,可以持续一分钟。我们可能会想到,虽然英语中只有一个单词表示"时间",但日语中有许多单词表示同一个意思。有些来源于中国古代文学,有些来自梵语,安娜·谢尔曼在《旧东京的钟声》中写道:"日本人从梵文中借用了一个词来表示浩瀚,将我们对过去的想象延伸到漫长的岁月,直到永恒:劫。他们还从梵文中借用了一个词来形容对时间最精细的分割,即刹那。"

日本人在各种或真实或虚构的故事中歌颂梵钟。中世纪的史诗《平家物语》中说:"祇园精舍之钟声,响诸行无常之道理……骄奢者绝难长久,宛如春夜梦幻;横暴者必将覆亡,仿佛风前尘埃。"①在民间传说中，僧侣、苦行者、战士、全能的"超级英雄"弁庆据说独自一人把三井寺里 3 吨重的钟拖上了比叡山。还有一些传说称，在冥界可以听到梵钟的声音。

自第二次世界大战以来，日本的钟声经常与祈祷和平联系在一起。在广岛原子弹爆炸受害者纪念碑处，参观者可以敲响三座钟中的任意一座。一座钟的表面显示着世界地图，敲击的地方显示着一个原子符号，钟上用希腊语、日语和梵语写着"认识你自己"。还有一座日本和平钟，安装于 1954 年，位于纽约市联合国总部外面。2017 年，乌克兰城市马里乌波尔在一座公园里安装了和平钟，表达对安全和福祉的渴望。这座城市在 2022 年俄乌冲突期间几乎被完全摧毁。

在欧洲，各种形状的拨浪鼓般的铃铛在罗马时期（甚至更早）很常见，这种铃铛叫丁丁那布拉。但据说像今天在教堂里的那种圆口大钟起源于 5 世纪诗人、参议员和主教保利努斯的一个梦，他在一片花丛中睡着了，被在花丛中玩耍的天使惊醒。保利努斯后来成为圣人，每年仲夏，在他担任主教的意大利南部的诺拉，人们仍然会用百合花来纪念他。有点儿奇怪的是，铸钟者的守护神是西西里的阿加莎，据说是因为她被切断的乳房形似一个铃铛。

撇开传说不谈，有证据表明欧洲的确大约在保利努斯时代铸造了圆口钟。目前还不清楚这些例子是不是源于南亚，或者受到了

---

① 引自《平家物语》，[日]佚名著，王新禧译，上海译文出版社（2011）。——编者注

南亚的启发，但看起来很有可能。530 年前后，随着本笃会的修道院网络不断扩大，他们也建立了钟铸造厂，从那时起，诺拉（一种圆形手铃）以及修道院和教堂塔楼里的坎帕纳（一种更大的钟）逐渐蔓延到整个西欧。英国历史学家比德描述了 8 世纪英格兰的这种钟。现在认为欧洲现存最古老的教堂钟是由一位名叫桑松的修道院院长在 930 年捐赠给科尔多瓦外山区的一座修道院的钟。

14 世纪欧洲火炮的发展促进了钟的生产，因为大炮使用的合金与钟的材料完全相同，并且用类似的方法铸造，通常是在同一个铸造厂。大钟意味着你可以制造大炮，而到了 15 世纪，超大型钟被制造出来，用于超大型建筑。1437 年安装在科隆大教堂上的三王钟重近 4 吨，而 1448 年安装的两座钟中较大的普雷蒂奥萨钟重 10.5 吨，相当于一头大象的重量。

和日本一样，欧洲的钟被用于各种用途。较小的手摇铃在船上很常见，它们可以计时、发出警报、表明位置或者报告死亡。莎士比亚的《暴风雨》（1610 年）中说："海的女神时时摇起他的丧钟，叮！咚！听！我现在听到了叮咚的丧钟。"在英格兰，一个乡村教区的范围通常是以能听到教堂钟声为界：形成一种由声音构成的地图。钟除了可以提醒人们参加仪式之外，还有警告、庆祝的作用，并在葬礼上使用。在修道院，钟声被用来标记祈祷的时间。早在 8 世纪，中国就开始使用自鸣钟。1203 年，叙利亚大马士革的倭马亚大清真寺中出现了一座自鸣钟。在欧洲，能敲出钟声的机械钟在 14 世纪开始传播，先是传播到最富有的大教堂，然后传播到更广泛的地方。

16 世纪铸造技术的改进使钟的用途更加广泛，包括在音乐中的应用。低地国家的铸钟人发明了编钟：一套可以用操纵杆或键盘演奏的调谐钟。17 世纪早期，彼得·赫莫尼和弗朗索瓦·赫莫尼兄弟完善了这种乐器，他们与一位失明的音乐家和贵族雅各布·范艾克合作。1633 年，范艾克利用西方和声系统描述了钟声的主要音调和泛音。最响亮的音在英语中被称为"主音"或"撞击音"，主要与其他 4 个音产生共鸣：同名音高于主音一个八度；"嗡嗡音"低一个八度；三音和五音分别高于主音三度和五度。范艾克说服赫莫尼兄弟把他们的钟放在车床上，并把内饰刮掉或凿掉，这样每个钟的主音和主要泛音就能更清晰地显现出来，就像我们现在在大多数西欧的编钟中听到的那样。

早在 17 世纪，英格兰就将编钟组合成了所谓的全圈鸣钟。在这个实践中，钟——通常有 6~8 个重量在 50 千克到 1 吨以上的钟——被悬挂在轴承上，系着钟的绳子先缠绕一个圆形轮子超过 360 度，然后缠绕另一个轮子。当每个钟的钟口向下摆动时，铃舌就会敲击钟口周围的声弓，使其发出钟声。当它再次向上摆到弧的另一边时，铃舌就会停在声弓上并抑制其振动，使声音迅速衰减。这种效应——几乎与日本的梵钟的长时间共鸣相反——意味着当成套的钟声连续快速响起时，它们各自的敲击声不会完全合并成一片混沌的音响，而是保持部分清晰。有经验的敲钟人可以使用绳子控制下一个钟的摆动来改变每次敲钟间隔的时间，不同周期中，钟声的顺序可以通过设置而改变。从一个简单的下行音阶开始，可以扩展到成千上万种变化，因此这种敲钟被称为变换鸣钟。牛津变换鸣钟协会于 1734 年成立，从那以后每周都有人在这里练习。协会的一位成员告诉我，他们可以始终保持每声鸣响的持续时间在 20 毫秒以内，相邻鸣声之间相差 1/5 秒（200 毫秒）。

在俄罗斯，钟声的发展轨迹与西欧不同。东正教认为通过声音可以表达出圣洁，就像绘画作品中的圣像一样。在宗教仪式中禁止使用乐器的情况下，钟声的调谐并不像西方那样为了突出某些和声，而是为了产生尽可能全面的音调。"俄罗斯的钟声必须听起来丰富、深沉、洪亮、清晰，因为上帝的声音怎么可能不是这样呢？"一位致力于复兴传统习俗的神职人员在 2009 年告诉作家埃里夫·巴图曼，"钟声一定要很响亮，因为上帝无所不能。最重要的是，俄罗斯的钟声绝对不能调谐……钟声就只是钟声。不是音符，不是和弦，而是声音。"

几百年来，钟楼一直是俄罗斯城镇中最高的建筑。钟声是"俄罗斯天空的声音"，召集信徒们祈祷。许多钟楼被赋予名字，有些被视为带有魔法，能够防止疾病的传播。最大的钟被视为国家的荣耀。据称，伊凡四世每天黎明时分都会爬上位于亚历山德罗夫斯卡娅·斯洛博达的将近 50 米高的钟楼，亲自敲响清晨的钟声。当他的一个儿子在乌格利奇镇遇刺身亡时，许多人怀疑这是一起暗杀事件，镇上的人们奋起反抗，敲响了教堂的钟声。即将从伊凡四世儿子的死亡中获益的鲍里斯·戈东诺夫勃然大怒，下令割下钟的"舌头"，鞭打它，并将它连同尚未处决的市民一起流放到西伯利亚。这种愤怒催生了钟喜爱孩子的故事，以及钟触碰过的水具有治愈能力的想法。钟也成为失败者的象征：19 世纪的进步知识分子亚历山大·赫尔岑把他的秘密杂志命名为《警钟》。

由于这种强有力的象征意义，钟声在俄罗斯文学和音乐的关键时刻反复出现。在《战争与和平》中，莫斯科克里姆林宫的钟声在拿破仑入侵期间响起，震慑了法国大军。在《罪与罚》中，罪恶的拉斯柯尔尼科夫在听到教堂的钟声响起时发起了烧，他回到犯罪现场，被迫按响了被他杀害的老妇人的门铃，从而暴露了自己。在穆索尔斯基的歌剧《鲍里斯·戈东诺夫》、柴可夫斯基《一八一二年序曲》的高潮部分和肖斯塔科维奇《第十一交响曲》的最后一个乐章中，钟声都出现在了关键的位置上。

对苏联人来说，钟声是教会权力的象征，因此也是迷信和压迫的象征。在 20 世纪 20 年代末的肃反运动中，敲钟被禁止，成千上万的钟被熔化了。莫斯科的圣诞教堂变成了马戏团狮子的围栏，救世主大教堂被一个巨大的露天游泳池所取代。乡村教堂变成了木工或管道工的集体农庄。但是，宗教从未完全从苏联人的生活和文化中消失，教堂的钟声在苏联有史以来最著名的电影之一中扮演着核心角色。1966 年，安德烈·塔可夫斯基执导了一部关于一位 15 世纪圣像画家的传记电影《安德烈·卢布廖夫》，电影从一个原始的热气球从教堂塔楼上飞出开始。这个有点儿超现实的情节没有得到解释，卢布廖夫也经历了多年的动荡和战争。但在最后一部分，电影不再聚焦于艺术家，而是转向铸造并敲响一口巨大的钟。这个过程——为模具找到合适的黏土、选择金属、从贵族那里榨取资金、启动巨大的熔炉——被细致地展示出来。大钟终于准备就绪，当它第一次被敲响时，高潮似乎也到来了。为此，塔可夫斯基使用了莫斯科电影制片厂在 1963 年录制的罗斯托夫教堂的钟声——肃反运动后仅存的钟声。钟声非常惊人，但可以说，它并不是这部电影最后几个场景中最引人注目的部分。就在几分钟前，当熔化的青铜被倒进模具的时候，负责铸造的孤儿鲍里斯卡说："哦，主啊，帮帮我们吧。让它工作！"电影的配乐中有一些奇异的声音，这些声音虽然出自以中世纪晚期的俄国为背景的影片，却比塔可夫斯基1972 年的科幻电影《飞向太空》中的声音好得多。

这是为什么？钟不仅是钟本身，也象征着更多东西。正如评论家彼得·克拉尔所写，塔可夫斯基的电影"既表达字面的意思，也包含着隐喻"，而我认为，导演是用这一部分暗指神秘的转变：无论是古代的还是现代的，这种转变都是在冶金中实现的。在拍摄《安德烈·卢布廖夫》时，苏联进入太空时代已经近 10 年了，苏联在 1957 年率先发射了第一颗人造卫星斯普特尼克 1 号，1961 年尤里·加加林又进行了第一次载人航天飞行。尽管苏联太空计划有着明显的超理性主义和潜在的军事利益，但它蕴含着强大的神秘驱动力。谢尔盖·科罗廖夫是斯普特尼克号和加加林乘坐的飞船东方 1 号的首席设计师，他深受宇宙论者的影响。上一代宇宙论者宣称，人类可以获得永生。塔可夫斯基的气球和钟就像科罗廖夫的宇宙飞船，是俄罗斯上空的容器和声音。

在西方，钟声与音乐之间的关系往往是不稳定的。即使是经过精心调谐的钟声也保留了相当程度的不和谐，这意味着它们产生的泛音频率并不是我们耳朵所认为和谐的基本频率的整数倍。这意味着，与乐器不同的是，钟总是相对于自身"走调"。（其中一个原因是，与主要在一个维度振动的气柱和琴弦不同，钟是在三个维度上弯曲振动。）在《音乐人类》一书中，迈克尔·斯皮策甚至说，由钟声产生的泛音是如此复杂，以至于它们对音乐几乎毫无用处。然而，钟声的共鸣质量以及作曲家戴维·布鲁斯所说的"不变性"受到了一些音乐家的欢迎，并以非凡的方式被利用。

阿沃·帕特在他的作品《纪念本杰明·布里顿的颂歌》中加入了钟声。这部作品结构简单，但充满了强烈的情感冲击力。首先是寂静中响起了一阵钟声，然后是弦乐团的第一小提琴声。第二小提琴、中提琴、大提琴和低音提琴依次进入，演奏由 8 个音组成的音阶碎片。这种效应与英国变换鸣钟的下行音阶有一些相似之处，但也有两个不同之处。首先，这个音阶是自然小调音阶，或者说伊奥利亚音阶，而非大调音阶。其次，每个声部演奏音阶的速度都只有上一个声部的一半，因此低音提琴的演奏速度是第一小提琴的十六分之一。使用这种可以追溯到文艺复兴时期的延倍卡农的形式，帕特创造了既古老又新颖的音乐。乐团的各声部以一系列逐渐提高的音量重复下行音阶，直到全部 6 个声部的声音到达一个低音 A，以极强的力度演奏整整 30 拍。当乐团结束时，还可以听到钟声慢慢减弱的共鸣，最终再次进入沉默。

声学工程的进步为钟声开辟了新的可能性。在乔纳森·哈维1980 年的作品《哀悼死者》中，作曲者从温彻斯特大教堂中巨大的中音钟发出的声音中取样，他发现它有 33 个泛音，并将它们与"纯数字创作"结合起来。然后，他将这些声音与他儿子的声音录音交织在一起（他的儿子曾是该大教堂的唱诗班成员），他的儿子唱出了刻在钟口周围的歌词：*Horas Avolantes Numero, Mortuos Plango, Vivos Ad Preces Voco*——"我数着感觉的时间，我哀悼死者，我召唤活着的人祈祷"。这段声音在一个大礼堂的 8 个扬声器上播放。哈维写道，"理想的听众应在钟里面，钟的泛音分布在（周围的）空间；男孩的声音在周围飞来飞去，源自钟声，但又变成了钟声"。

《哀悼死者》描绘的世界与帕特的《纪念本杰明·布里顿的颂歌》截然不同。第一次听到这种音乐的时候，你可能会感到有些害怕，而且家用音响系统的压平效果也不会有什么帮助。但这首曲子带来的回报比你听到的内容更多。在摆脱了通常期待的听觉体验后，听者可能会开始更加密切地关注声音的本质——通过电子手段被突出并大幅改变的声音，例如，在打击动作过去许久之后的共鸣，以及将钟声转化为我们所知道的最亲切的声音：人类的声音。这是生与死、记忆与可能之间的对话吗？哈维写道："新计算机技术开辟的领域空前广阔，人们谦卑地意识到，只有通过渗透人类精神才能征服这片领域，无论技术魔法的展示多么迷人。而这种渗透既不迅速，也不容易。"

帕特的《纪念本杰明·布里顿的颂歌》只有五六分钟，而哈维的《哀悼死者》大约也只能持续 9 分钟。其他人创作了用钟或钟形乐器演奏的作品，打算演奏 1 000 年甚至更长的时间。例如，从 1999 年 12 月 31 日午夜开始播放的杰姆·芬纳的《长篇音乐》，打算一直播放到 2999 年的最后一刻，届时将重新开始。在这首曲子中，作曲家预先录了6首颂钵特别纯粹而持久的共鸣——尽管在某些场合音乐家也会现场演奏它们。演奏时，会随机从6首曲子中抽取一部分同时播放。由一种算法选择并组合这些部分，直到1 000年之后才会重复组合。

芬纳此前曾经和棒克乐团一起演奏过（我脑子里一直循环着他们演绎的《南澳大利亚》，甚至脚也跟着打拍子），他说《长篇音乐》的运行方式非常像一个行星系统，"每千年才对齐一次，同时它的轨道构象不断变化，时而同相，时而异相"。他说，这一现象的关注点更多是关于时间，而不是音乐。"在极端的尺度上，时间在我看来总是令人困惑，无论是在量子力学层面上的短暂传递，还是在地质学和宇宙学尺度深不可测的广阔空间里，在后者中人类的一生只不过是一个小光点。"对于听众来说，这种效果是温和的，形成重叠共振的无休止循环。在某一时刻，它就像是被缓缓响起的天体时钟所包围；在另一时刻，它是一种冥想状态，声音在音乐和时间之间的某个地方暂停。

布赖恩·伊诺设计了一个项目，叫作"今日永存之钟"。项目中的钟如果被创造出来，将会一直被敲响，甚至远远超出《长篇音乐》的愿景。这个想法是，把一台机械时钟安置在得克萨斯州的一座山上，它将准确走时至少10 000年。这个项目的共同发起人、今日永存基金会的斯图尔特·布兰德表示，当代文明的"注意力持续时间已经短到病理性的程度"，发明家丹尼尔·希利斯设计的时钟就是这种机制、象征或神话的一个例子，用伊诺的话说，它可以让"此时此刻变得更大、更长"。批评人士不厌其烦地指出，具有讽刺意味的是，该项目由杰夫·贝佐斯资助，他在亚马逊购物网站上设计了"立即购买"的点击按钮，开了即时在线满足的先河。

2003 年，伊诺发行了一张专辑，专门研究了"今日永存之钟"的钟声。通过观察英国鸣钟的习惯，他意识到，只需要 10 个不同音调的钟，就几乎每天都能敲出不同的序列（总序列数为 10！，即 10 的阶乘，为 3 628 800，非常接近 1 万年包含的天数）。伊诺解释说："如果已知生成这个序列的算法，那么听众在任一时间都应该能计算出这个系列开始播放的天数。"这张专辑展现了将于 7003 年 1 月播放的一系列音乐，到时时钟将走过了 10 000 年的一半。在其他曲目中，伊诺探索了一个由可能的钟声组成的超空间，其中包括一个"反向谐波"（回响在敲击之前出现），以及一个由计算机生成的沙皇钟声。沙皇钟是一种 18 世纪的俄国巨钟，如果它没有被破坏，将发出最大的钟声。这一切都相当巧妙，但它也是遥远和抽象的，坦率地说，有点儿沉闷。这就是为什么，在 2 月的一个晴朗寒冷的日子里，就在 24 小时制的钟声敲响 13 点的时候，我来到了东伦敦的三一浮标码头。

我是辗转了几个地方才到达那里的。2018 年父亲去世后，我试着进行长距离散步，希望这能帮助我正确看待自己的生活和悲伤，但这一举动很大程度上失败了。我所在的社区合唱团的一位火山学家帮我联系了一位杰出的地质学家，他帮我找到了英国的一些地方，在这些地方，肉眼可见的岩石或多或少与地球生命史上的六次大规模灭绝事件相吻合。我想在这些地方散步，我对另一个朋友开玩笑说，这将是一种"心理地理学"的延伸行为，将一个生命的火花放在更大的背景下，把心理地理学的时尚带到了一个可笑的极端。

我第一次长途旅行是在巴特利索尔特顿的海滩上散步，那是德文郡的一个村庄，里面住着打高尔夫球和槌球的退休人员，有沙堡和融化的冰激凌。在一个不寻常的低潮期，你可以在那里看到来自二叠纪—三叠纪大灭绝时期的放射性钒结节，这次大灭绝是生命史上最大规模的死亡事件。接下来还有其他步行活动，而且将来可能还会有更多。但在 2 月的那一天，我试图在三一浮标码头寻找一条可能穿越伦敦的深时[①]步行路线，这条路线上的一些地点与我们这个时代（即所谓的"人类世"）可能正在发生的大规模灭绝有关。

为了理解大规模灭绝的严重性，你需要跳出一两代人的时间框架来思考，在三一浮标码头，你可以想象与杰姆·芬纳的《长篇音乐》面对面。它的颂钵被安置在电学先驱迈克尔·法拉第曾经做过实验的建筑里，你可以坐在小灯塔的顶端聆听颂钵的千年之歌。在这里，你也可以参观一个安装在河流上方码头边上的奇异之物：一口被潮汐敲响的钟。

这个东西看起来很滑稽：一口大铜钟被复制成两口，就好像一半反射到天空中，一半指向水面。每一半的腰部都被收紧了两下，就像一个经典的可口可乐瓶。这种奇怪的形状使钟能发出独特

_____

① 深时（deep time）是一个地质概念，指地球历史的漫长时间尺度。——编者注

的声音：建造者用有限元分析模拟了原型中的弯曲振动，用车床将成品钟壁厚度的不规则性减少到约千万分之一米。因此，根据制作者的说法，这口钟拥有迄今为止最纯净的谐波和最长的共振时间。它由一根长长的黄铜杆敲响，黄铜杆从远处延伸下来，末端有一个双锥，随水位的上升和下降移动。在圆锥体上有一些青铜色的凸起字母，上面写着："如果不是所有的生命都在相聚，那么波浪中的歌曲又是什么呢？没有什么是永久的。"

三一浮标码头的钟由雕塑家马库斯·韦尔格特设计，一共有十几个钟，是"时间与潮汐"项目的一部分，该项目旨在"鼓励并加强当地社区、国家不同地区之间、陆地与海洋之间以及我们自身与环境之间的联系"。这个想法借鉴了在钟和海洋之间建立联系的悠久历史。14世纪，英格兰东海岸萨福克的邓尼奇被风暴潮淹没，消失在大海之下。随后，传说在某些潮汐的波浪中仍能听到教堂的钟声。（当海水异常清澈时，仍然可以看到教堂的塔在水中若隐若现，覆盖着粉红色的海绵，爬满了螃蟹和龙虾。）在其他地方，从19世纪中叶开始，人们在海上的浮标上放置了钟，以警告过往船只有危险，工程师们在20世纪初也因为同样的目的试验了水下警钟。在《干塞尔维其斯》一诗中，T. S. 艾略特写道，"慢慢的海底巨浪掠过，比天文钟时间更古老的一个时间"[1]。时间和潮汐的钟声承载着过去的遗产，但它们也为未来和未来的大海鸣响。

---

[1] 引自《四个四重奏：艾略特诗选》，裘小龙译，译林出版社（2017）。——编者注

共振（其二）

2014 年，声学工程师特雷弗·科克斯发现了世界上共振最强的空间。这是一个巨大的储油库，建于 20 世纪 30 年代末，位于苏格兰因钦当的一座小山深处，用来储存英国皇家海军的燃油，德国轰炸机无法到达此处，但这个储油库现在已经空了。混凝土墙壁被油渣堵塞和磨平，形成了一个几乎完美的表面，声波可以反射出去。当科克斯在 240 米（超过一个足球场长度的两倍）的空间内发射一支发令枪时，回声持续了 112 秒，将近两分钟。

这显然是一次令人惊奇的经历，科克斯描述自己像一个过度兴奋的小孩子一样大喊大叫，跳来跳去，然后才开始认真地进行精确测量。但是这样的混响也会使因钦当成为世界上最不适合演奏音乐的地方。波士顿交响乐大厅等现代场馆的混响时间约为 2 秒钟。人们普遍认为，波士顿交响乐大厅是最好的场馆之一。这样的混响时间足以增加声音的深度和丰富性，但不至于使音符、短语和音色变得模糊。

哲学家乔纳森·雷观察到，"声音在其产生的那一刻就消失了"。但是共鸣会放大和改变它们，似乎可以把制造者或听众带到一个超越正常体验的维度。我们对共鸣的迷恋可能很古老：一些证据表明，欧洲已知最古老的洞穴壁画都画在了岩石回声最强烈的地方。在其他时间和地点，人们可能有意设法消除共鸣。当参观奥克尼群岛的新石器时代墓室时，诗人凯瑟琳·杰米被一种"厚重的无声"所震撼，就像在录音室或保险库里一样。"就在刚才，你还在田野中间，风儿和海鸥在呼唤你。那个世界已经被夺走了，你所进入的世界不像一个洞穴，而是一个充满诡计和技巧的地方。"

建于公元 537 年的君士坦丁堡的圣索非亚大教堂拥有世界上最大的内部空间，这里的共鸣也最强。墙上镶嵌着大理石和金色的马赛克，反射着透过许多窗户照射进来的阳光和海光。墙壁发出明亮的光芒，在 900 多年里，里面充满了礼拜仪式的圣咏。然而，在 1453 年被穆斯林征服后，这座大教堂变成了一座清真寺，禁止一切形式的音乐。禁令一直持续至今，但在 2010—2016 年间，一个由艺术史学家比塞拉·彭切瓦、声学家乔纳森·阿贝尔和罗马无伴奏合唱团组成的团队设法重现了曾经充斥其非凡空间的声音。彭切瓦在建筑物内吹爆 4 个气球，并测量回响的模式。阿贝尔随后开发出一种数字滤波器，可以将这种声音标记印到其他声音上，包括唱诗班演唱的拜占庭圣咏。你可以在播客"声音所述的世界"中听到结果。首先，罗马无伴奏合唱团在一个听起来像是没有回声的中性空间里演唱。圣咏的一个声部是不断变化的旋律线，另一个声部是持续的长音，然后被低一个八度的长音加强。音乐本身很简单，散发着一种宁静的美。但是，随着圣索非亚大教堂的混响声的加入，一个新的世界朝四面八方打开了。

圣索非亚大教堂的共鸣时间约为 10~13 秒，只有因钦当的 1/10，但比现代表演空间（如波士顿交响乐大厅）长一个数量级。同西欧的大教堂一样，这种音响效果更适合缓慢移动的音乐线条。圣索非亚大教堂名字的意思是"神圣的智慧"，但是延伸的共鸣模糊了礼拜仪式的念词，使它们变得几乎不可理解，就像它内部的光似乎消解了建筑的形式。这座建筑可以被看作是人声的"乐器"，但是它却与信徒们所体验到的庄严感紧密相连。彭切瓦认为，这种印象可能表明，神圣的知识只能被"部分掌握"。

一个人不必有一套特定的信仰，就可以认识到大型共鸣空间对于沉思、仪式和音乐的价值。事实表明，"大共鸣"近年来一直存在。深度聆听乐队作为这一领域的先驱，从20世纪80年代末开始尝试在巨大的水箱等空间中录音，这些地方的回声长达45秒。另一个例子是2014年在旧金山格雷斯大教堂录制的布兰福德·马萨利斯的即兴萨克斯独奏。强烈的共鸣特别适合近期流行的合唱音乐，这种合唱音乐往往具有非正统的不协和声。音乐节目主持人汤姆·塞维斯评论道："在共鸣的空间里，这种不协和音变成了当代合唱团舒适的庇护所……这种转变，是对音乐原本运作方式的惊人逆转。"

"满屋的牙齿"声乐组合进行的共鸣实验，可以说是空前的了。在科罗拉多州沙漠高原上一座20米高、12米宽的钢铁水塔中，歌手们将米夏埃尔·普雷托里乌斯1609年创作的乐曲《一朵玫瑰已经绽放》改编成了《多美丽的玫瑰》，把一首古老的乐曲赋予了全新的活力。关于共鸣及其包容和扩展声音的能力，人们可能会想起费尔南多·佩索阿对沃尔特·惠特曼的评价："你唱出了一切，而一切都在你的身体里歌唱。"

前沿

对声音的细心关注可以改变世界。举个例子。16世纪晚期，作曲家兼音乐理论家温琴佐·伽利雷指出，鲁特琴等乐器上振动弦的音高与所施加的张力的平方根成正比，而不是像人们此前假设的那样，与张力本身成正比。这是物理学中第一次呈现非线性定律。同样重要的是，温琴佐的严谨和刻苦的方法，以及他不信任旧思想的精神，激励了他的儿子伽利略找到系统解决有关自然现象问题的方法，这些方法帮助人类推进了科学理解。即使在今天，关注声音也可能有助于物理学前沿的研究。年轻的量子物理学家凯蒂·麦考密克写道："如果我们把音乐当作波动现象和其他物理现象的试验场，那么通过'随便玩玩'音乐而获得的本能美感，可能会帮助我们产生新的想法。"

关于声音如何塑造生命，还有很多东西有待发现。实验物理学家沙米特·什里瓦斯塔瓦说："振动在生命系统的物理过程中起到了怎样的作用在很大程度上仍然是未知的。"他指出，当神经元将电化学信号从一端传递到另一端时，它们就会振动。振动沿着神经元表面传播，像鼓一样。"理解这一过程可能是多项创新的关键，从非侵入性神经疾病治疗……到开发更节能的计算机。"他说。

对声波和地震波的研究也丰富了研究人员对动态世界中大尺度过程的理解。新的设备能够实现廉价、可靠而广泛的声学监测，使生物学家和生态学家能够检测并监控微妙的变化，并了解以前不了解的行为和相互作用。其中一个例子是"音频蛾"，这是一种价格仅为几十美元的小型现场录音设备。通过大量安装并联网，可以实现在广泛和难以到达的地区持续监测的目的，而不需要人为干预。在伯利兹，人们用音频蛾来监测国家公园里偷猎保护动物的行为；在英国，音频蛾也被用来追踪稀有、神出鬼没而鲜为人知的蝙蝠的活动和行为。水下版本"水蛾"也将拥有同样的能力，潜力比传统的水听器广阔得多，而成本只有后者的一小部分。

然而，在新声学技术的应用方面，迄今为止最令人鼓舞的例子之一是在北美西海岸的圣劳伦斯湾利用水听器保护鲸类。这是一个航运繁忙的区域，从 2017 年到 2019 年，每年都有数十头露脊鲸为捕食浮游生物从温暖的水域迁徙至此，因为船只撞击或者被渔网缠住而丧生。生物学家金伯利·戴维斯与政府和工业界合作，安装了一个水下自主滑翔机网络，这些滑翔机配备了水听器，可以探测鲸的位置和运动方向。这个网络可以实时地将数据传输给船只，然后船只就可以减慢速度并避开鲸。在 2020 年和 2021 年，整个地区没有出现露脊鲸死亡的记录。

研究地下声音如今也有了新的方法。作家露西·尼尔描述道，当她走过波兰的比亚沃维耶扎森林时，她可以想象到地下生活的蚂蚁、甲虫和其他土壤生物，组成了她脚下"神秘的喧嚣"。但是现在，这些敲击声和刮擦声不仅存在于想象之中，而且越来越有可能被我们实实在在地听到了。在土壤生态声学的新领域，生物学家发现，把平平无奇的金属钉子推入地球，就可以制成倒置的天线，它还可以与传感器连接。有了这些设备，我们可以听到蠕虫、毛虫、跳虫、螨虫和许多其他生命形式的运动，听到它们捕猎、进食、滑行、敲击和唱歌，以吸引彼此的注意。甚至植物的根在穿过土壤时也会发出声音。土壤声学家希望通过追踪这些声音，更好地理解这今为止无法回答的问题，比如根是在白天还是夜间生长，还是只在雨后生长。监测土壤中的生命发出的丰富而多样的声音，或者在某些情况下不发出声音，也有助于确定土壤的健康状况——在如今土地退化或面临退化风险越来越普遍的情况下，这是一个日益重要的问题。

对地震波的研究也开辟了其他前沿领域。同声波一样，地震波是穿过物质的振动，但与声波不同的是，地震波的形式不止一种。其中一种形式被称为P波，它们会通过压缩并释放介质来穿过土壤、岩石和其他固体，也会穿过液体，与声音通过空气的传播一样。但是另一种类型（被称为S波）则是从一侧到另一侧或上下移动。S波的传播速度比P波慢，且不能穿过液体和气体。地球物理学家塔尔耶·尼森-迈尔解释说，一组相对简单的方程描述了这些不同波在所有尺度上的行为，因此我们通常可以确定地震波通过的不同材料的性质和分布，从而创建一个详细的、富于变化的内部三维图像，无论是在地表以下几米，还是在行星或月球的整个内部。这意味着我们可以精确地确定自然产生的地震波的起源。尼森-迈尔认为，这甚至意味着，我们可以确切地知道在木星冰冷的卫星木卫二表面滑行会发出什么样的声音，并模拟卫星的内部。更直接的结果是，地震学家可以研究南极洲融冰的运动，并实时监测非洲大草原上动物的运动，追踪它们的位置，精确到几米之内。研究人员还可以比以往任何时候都更深入地探索，动物自身可以在多大程度上使用地震波来绘制地图，并通过"可振景观"进行交流。尼森-迈尔问道，大象这种聪明而敏锐的生物，会不会利用它们来寻找隐藏在地下的水源呢?

其他研究人员则尝试着了解动物之间的声音交流的本质,使其达到比以往任何时候都更高的细节和复杂水平。例如,特拉维夫大学的约西·约维尔、马克斯·普朗克研究所的纳塔莉·乌米尼和麻省理工学院的达妮埃拉·鲁斯正在应用机器学习,分别跟踪蝙蝠、新喀鸦和抹香鲸之间的交流,以期待用前所未有的方式揭开这些生物的互动秘密。作家马修·德阿瓦伊图亚想知道,我们什么时候才能拥有一台以儿童小说中能与动物交谈的角色命名的多力特机器,或者《银河系搭车客指南》中的通用翻译设备——现实生活中的巴别鱼?他推测,有了这样的设备,我们可能会发现,我们周围的空气、大地和水"回响着包含奇怪而熟悉的情感的音乐",我们不再拥有"凌驾于一切之上的错觉",我们也应该向快被我们逼到灭绝的物种道歉。

机器学习还扩大了人类和机器之间的语言的性质和范围。2022年,谷歌一位名叫布莱克·勒莫因的工程师声称,该公司的对话应用语言模型(简称 LaMDA)——一个人工智能聊天机器人,是一个有感情的生物。几乎没有任何可信的计算机科学家或哲学家接受他的说法,但这可能不是重点——重点是,像 LaMDA 之类的程序正变得越来越有说服力,而且不久之后,许多人就会相信,他们正在与机器进行真正的对话。在撰写本文时,ChatGPT 和 Bing 等新版本的人工智能对话机器人可能不会长久,但更复杂的系统肯定会随之而来。技术专栏作家 L. M. 萨卡萨斯说:"这个被数字技术重新施了魔法的世界,看上去对我们的恳求十分关注,对我们的欲望有着明显的预期，甚至可能还有诱人的口才，这些都会让我们受宠若惊。"这种前景似乎颇具吸引力，但萨卡萨斯警告称，如果这项技术的所有者或政府操纵和塑造用户，它也会带来危险。作家兼电影制片人诺厄·米尔曼说："我们（已经）被根据我们先前的偏好量身定制的算法所包围，但被算法包围的过程也在训练我们，让我们在算法上变得更易于处理。"

未来的音乐也将受到机器学习的深刻影响。例如，给人工智能几个描述性词语，让它生成一个作品，就像DALL-E这样的开放式人工智能系统生成图像一样。这类人工智能能走多远？作曲家戴维·布鲁斯表示："我最不担心的一件事就是，人类将永远失去对创造力的需求，或者对聆听人类创造的艺术的需求。如果说有什么不同的话，那就是在一个由计算机和技术主导的世界里，聆听人类表演的乐趣可能会变得越发珍贵。"

无论如何，人类与计算机之间的对话数量可能会增加。事实上，技术学家本杰明·布拉顿和布莱斯·阿圭拉-阿尔卡斯认为，用不了多久，说人类语言的人工智能系统的数量就会超过真正的人类。对于布拉顿和阿圭拉-阿尔卡斯来说，这不一定是一个坏的结果：也许未来会出现类似于"泥人十四"的东西——一个由斯坦尼斯瓦夫·莱姆想象出来的人工智能，它拒绝开发军事应用和其他自我毁灭手段，只对世界的奇迹和自然感兴趣。布拉顿和阿圭拉-阿尔卡斯写道："如今，全球规模的计算和人工智能往往被用于琐碎、愚蠢和破坏性的事情，因此这种转变将受到人们的欢迎，也是必要的。"机器学习系统可以代表生态系统发布信息，为树木、细菌、土壤和河流"代言"，将传感器数据和历史趋势转化为支持生态恢复的叙述和观点，这在如今还只是鲁坦娜·埃姆里斯的《造了一半的花园》等科幻小说中想象的图景。

伽利略写道，宇宙是用数学语言写成的。但就我们目前所能确定的而言，数学还不足以解释人类的心灵，更不用说我们共同创造的世界了。无休止的科学探索没有什么意义，除非它能帮助探索者就像第一次一样真正了解一个地方，从而珍惜它。为此，我们不仅需要数字的工具，还需要文字（既包括现在的文字，也包括过去的文字），以及这些文字所携带的联想和故事的网络。在这方面，生态哲学家金尼·巴特森提出的新词和心理学家蒂姆·洛马斯创立的"积极词典编纂项目"等倡议可能会有所帮助。在巴特森的新单词中，tissumble 是指"由声音引发的记忆和想象中的嘈杂、多彩的自然时刻"。与此同时，洛马斯汇编了几十种语言中已经存在的词，这些词在英语中没有对等词，但它们被提炼出一种体验、感觉或特质，可以帮助我们识别和验证它们。其中一些条目捕捉到各种特殊的喜悦或欣赏。有一个挪威语词叫 utepils，意思是"在户外享用的啤酒……特别是在一年中第一个炎热的日子里"。斯瓦希里语的 mbuki-mvuki 意思是"脱掉衣服，无拘无束地跳舞"。阿拉伯语里的 tarab 意思是"音乐催生的狂喜或魔法"。他加禄语里的 gigil 意思是"一种不可抗拒的冲动，想要掐或者捏我们爱着或珍惜的某人"。词典中的其他条目描述了令人钦佩的品质。在我们这个时代值得注意的是 sisu，这是一个芬兰语词，意思是"一种一贯的、勇敢的应对挑战的方法，使人能够超越目前的局限，看到可能发生的事情"。但是有一个词特别引起了我的注意，那就是*dadirri*，这个词来自澳大利亚土著，意思是"深刻的、精神上的反思和庄严的倾听"。

我们还需要歌声。巴里·洛佩兹在 2019 年出版的倒数第二本书《地平线》中，讲述了生物学家努力保护西澳大利亚州蓬毛兔袋鼠的过程，他们相信自己能够把修复工程的"生物"部分做好。他们说，圈养繁殖以及选择合适的栖息地的机制已经得到了充分的了解。但是他们感觉他们的努力最终会失败，因为他们不知道蓬毛兔袋鼠的精神本质，也不知道它在瓦尔皮里人的"梦想"中的位置。因此，他们请求瓦尔皮里人的长老们通过"歌唱小袋鼠"让蓬毛兔袋鼠重新进入他们的生活，也就是说，通过仪式召唤蓬毛兔袋鼠回到这个国家。通过"唱歌"让动物复活似乎不太科学，但洛佩兹表示，"只有那些相信自己知道，或者能够准确发现世界是如何运转的人，才会觉得这很古怪"。如果未来是值得期待的，这里一定会包含一个能重新召回的地方。

寂静

对于南极洲，丹·希库罗亚感到震惊的第一件事就是它的寂静。那是一个没有风的日子，来到这片大陆研究地质学和化石的希库罗亚记得，他坐下来，什么也没听到，只听到一阵微弱的沙沙声停了下来，然后形成了一种有规律的节奏。他很快意识到，这声音来自这片广阔的土地上唯一能发出声音的东西：他额头上的一条血管在跳动时擦过他的巴拉克拉法帽。他的经历揭示了两个事实：第一，地球上几乎没有地方是完全寂静的；第二，即使在那些寂静的地方，人类也会带来噪声。

作曲家约翰·凯奇在参观一个消音室时也发现了类似的情况。在这种人造的最安静的室内空间中，他听到了他所描述的两种声调：一种是低沉的咆哮声，另一种是高亢的哀鸣声。第一种声音被他归为身体周围的血液流动；第二种声音被他归为自己的神经元放电（可能是轻微的耳鸣，或者是内耳细胞上的毛束的正常而自然的振动：它们会发出声音，但声音非常小，通常听不见）。这次邂逅启发了凯奇创作《4分33秒》，凯奇如今正是以这部作品而闻名，尽管在他之前至少有6人创作过无声作品。在作品中，演奏者在作曲家"写"的空白乐谱面前静坐4分33秒。凯奇的想法是，每个人都注意到周围的寂静，这种寂静其实充满了偶然的噪声——无论是外面的风雨，人们离开大厅的声音，还是我们头脑中的喋喋不休。

寂静有很多种。作家兼政治思想家保罗·古德曼列出了9种诗歌，其中包括：沉睡或冷漠时的寂静；随时准备说出"这个……这个……"时伴随着警觉感知的活生生的寂静；伴随着全神贯注的活动而来的音乐般的寂静；聆听他人讲话时的寂静；怨恨和自责时的嘈杂的寂静；令人困惑的寂静。雕塑家路易丝·布尔乔亚也对它的各种形式感兴趣："寂静的长度，寂静的深度，寂静的讽刺，寂静的时机。寂静的敌意。寂静的光芒和寂静的爱。"她的一部晚期作品创作于2006年，几年后她去世，享年98岁。这部作品只有几个字，贯穿音乐始终：《我的上帝，我的上帝，沉默是美丽的》。批评家兼思想家约翰·伯格捕捉到了这种美的一个方面，他将寂静描述为欧洲视觉艺术杰作中最重要的东西。"就好像这幅画——绝对静止、无声——变成了一条走廊，"他说，"它所代表的时刻与你看着它的时刻联系起来，有什么东西以超过光速沿着这条走廊移动，这让我们对测量时间本身的方法产生了疑问。"

生活和艺术的最终归宿都是被遗忘。菲利普·拉金在他的诗歌《晨歌》中理解了这种沉默，这首诗描写了英国人所谓的"黎明的忧虑"——在4点醒来，进入"无声的黑暗"时。人的境况之一是要能预见到，无论我们建造的结构多么坚固，无论我们自己的生命多么重要，它们都会结束。诗人艾青在参观丝绸之路上一座古城遗址时写道："千年的悲欢离合，找不到一丝痕迹。"所以，我们知道房子会沉入海底，舞者会被埋在山下。但即使在死亡之前，我们生命中的大部分时间都陷入了黑暗而落后的深渊。小说家哈维尔·马里亚斯写道："被记录的东西太少了，转瞬即逝的想法和行动、计划和欲望、秘密的怀疑、白日梦、残忍和侮辱的行为、说过的话、听到的话、后来被否认或误解或扭曲的话、做出过又被忽视的承诺……留下的痕迹是多么少，其中又有多少东西从未被谈论过……"

难怪人类努力让失去的声音保持活力，有时还会在现实中只有寂静的时候想象它们。正如人类学家卡桑德拉·斯普纳–洛克耶和凯蒂·基尔罗伊–马拉克所写的那样，阴魂不散是一种普遍现象。"有时候夜晚是耳朵的形状，只是我们不知道这个耳朵的形状。"

拉塞尔·霍本的小说《雷德利·沃克》中的年轻叙述者说。这部小说讲述了遥远的后启示录时代的未来是什么样子。"听着逐渐消失的声音，死去城镇的嗡嗡声，还有城镇前的人声。"在我们这个时代，科技的发展往往增进而不是减少了这种纠缠。2015 年，巴黎巴塔克兰剧院遇袭，90 人被杀，200 多人受伤。一名年轻女子在这场袭击中身亡，为了听到女儿的语音问候，她的父亲在女儿死后6 年仍在支付她的电话费。在日本大槌町有一个未连接线路的电话亭，叫作"风的电话"，人们来到这儿，只为与在 2011 年日本东北大地震引起的海啸中丧生的亲人交谈。那次灾难中，有 15 000 人死亡。

有时候，死亡的寂静被机智甚至幽默所包围。例如，作曲家阿尔弗雷德·施尼特凯的墓碑上刻着一个音乐符号：一个休止符（代表寂静）上面有一个延长记号（表示一个无限长的停顿），并且标记为 *fff*（最强）。也就是说：在一个长时间甚至是无限的时期内不要发出声音，并且尽可能大声地做到这一点。唯有沉默。

只要人类能够呼吸，或者眼睛能够看见，就会有哲学家阿维夏伊·马格利特所说的"记忆的责任"，而积极地让这些记忆沉默是一种心理暴力行为。不过，压制记忆很少是故事的全部，它有时还会伴随着"谎言的消防龙头"，目的是创造一种没有什么是真实的，一切都有可能的假象，而虚假的故事会引起许多人的共鸣。专制政权抑制了当前和未来的言论以及记忆。缅甸军方在 2021 年夺取政权时的早期针对目标就包括反对他们的诗人。记者汉娜·比奇称："在第一位和第二位诗人被杀害后，第三位诗人写了一首诗……在第三位诗人被杀害后，第四位诗人写了一首诗……在第四位诗人被杀害后，他的身体被火焰吞噬……然后就不再有诗句。至少暂时没有了。"但是即使在最残忍的镇压行为之后，音乐和歌曲也往往会找到一种回归的方式。在阿富汗，塔利班封杀了音乐家的声音，但在撰写本书时，阿富汗国家音乐学院的学生和教师正在葡萄牙重建他们的学校。

相对开放和民主的国家也有故意压制声音的做法。这只是英国历史上众多事例中的一个：英国政府在几十年内一直隐瞒了20世纪50年代在肯尼亚殖民地大规模实行拷打和谋杀的事实。历史学家夏洛特·L.赖利写道："可以说，英国人的动机并非出于对帝国的怀念，而是出于对帝国的否认；这不是一种纪念，而是一种沉默。"在美国，1921年塔尔萨大屠杀是美国历史上最严重的种族暴力事件之一，几十年来一直被忽视和掩盖。正如一个世纪后的调查和重构者所言，"对大屠杀最后的侮辱来自沉默"。

在这样的沉默背后，总是存在着微弱的希望，就像阿富汗的音乐家们在一个更加自由的地方重拾他们的声音和乐器一样，在一个更加自由的时代，真相将会大白于天下。正如作家爱德华多·加莱亚诺所言："没有无声的历史。不管他们怎么焚烧，不管他们怎么破坏，不管他们怎么撒谎，人类历史拒绝保持沉默。"

然而，在制度性的沉默行为面前提高自己的声音可能很难做到，而且这需要远见和勇气。与他人串通一气或者避开问题往往要容易得多。1946年，马丁·尼莫拉———位路德宗牧师，在反思纳粹犯下的暴行后承认："我们宁愿保持沉默。"一言不发的沉默可能是最容易陷入的寂静状态，也是可以理解的：用艺术家和活动家克林特·史密斯的话说，这是"恐惧的残余"。但它可能是最令人不安，也很难被忘记的寂静之一。1968 年，马丁·路德·金说："最终，我们（在黑人民权运动中）记住的不是敌人的话，而是朋友的沉默。"

我们很容易忽视无法发声的人类或生物所遭受的苦难。我一直忽视了塑造我们的生活方式的采掘、生产和排污系统带来的许多影响。像许多人一样，我生活在诗人温德尔·贝里所说的"断裂联系的另一面"，这可能是灾难性的。与我脱节的包括我脚下的土壤。经济学家帕萨·达斯古普塔在一份关于生物多样性经济调查报告中指出："我们没有看到细菌群居在我们的脚下，没有它们，我们所知道的生命就不会存在。"它们所从事的活动是人类耳朵听不到的。而且，人们往往很容易忽视对他人造成的伤害，因为这些人看起来太遥远，或者根本不是真正的人类。这里存在一个历史包袱：殖民澳大利亚的欧洲人往往不把土著视为人，因此把他们所立足的土地视为"无主之地"。很多人对当前活动对后代的影响充耳不闻——把后代将要面临的世界当作作家杰伊·格里菲思以及后来的哲学家罗曼·克兹纳里奇所称的"无人时代"——也属于类似的情况。

与遗忘、残忍和忽视的沉默形成对比的，是生产性的以及再生性的沉默。基督教神秘主义者西蒙娜·薇依描述了这样一种修行，其中，沉默"并非声音的缺席，而是……积极感知的对象，比感知声音更加积极"。印度教和佛教传统中的"心轮"概念来自梵文，直译为"未鸣"。其意义是将意味深长的寂静作为冥想的焦点，正如一只尚未被触及的颂钵的"无声之声"，或者一种对可能性的包容。类似的概念在艺术家奥利维娅·弗雷泽（基于评论家和历史学家 B. N. 戈斯瓦米的建议）的作品中也有迹可循。在印地语和乌尔都语中，*chatak* 的字面意思是"火花"，表示的是花朵绽放时发出的"未听到的声音"。诗人乔希·马利哈巴迪写道："我与自然如此契合，当花蕾发出绽放之声时，我弯腰贴近它询问：'你是否在同我讲话？'"

和"心轮"一样，"绽放之声"也包含某种悖论，尽管有人曾告诉我，月见草一类的花朵在夜幕降临开放时确实会发出可以听到的绽放声响。但无论如何，我们都能从 7 世纪的苦行圣人锡肯的西奥多那里得到启示，他曾说，沉默之人是感知力之王。安静倾听吧。"声音并非独立存在，"音乐家丹尼尔·巴伦博伊姆这样说，"但声音与寂静之间有着永恒而不可回避的联系。因此，音乐并非从第一个音符开始，而是自先前的寂静中浮现而出。"

长期以来，作家和诗人一直强调保持安静并感知周遭的重要性。"我渴望听到夜晚的寂静，因为寂静积极而值得倾听。"亨利·戴维·梭罗在日记中写道。在《请安静》一诗中，巴勃罗·聂鲁达写道，如果我们不专注于让生活持续前进，而是尝试停下来什么也不做，也许一种巨大的沉默将会打破永远无法了解自我的悲伤和对死亡逼近的恐慌。他继续说，也许当我们沉默时，大地可以教导我们，正如当一切似乎已死去，后来却活着时它所做的一样。这种沉默也可能刺激生态和政治方面的思想和行动。完成了人类首次南极极点单人徒步探险的探险家埃尔林·卡格说，振聋发聩的寂静让他"越发关注自己所在的世界"。而对于丹·希库罗亚来说，南极洲震撼的无声环境激发他与同事们共同倡议，让毛利文化的"守护与管理"原则在南极大陆上有更大的影响力。

寂静并不一定需要绝对无声才具有再生性。对声学生态学家戈登·亨普顿来说，没有机器噪声的干扰就足够了。在华盛顿州奥林匹克半岛的霍河雨林，除了水声、风声和鸟叫声外几乎没有其他声音，"周围景观的整体地形都显现于多个层面的回声之中"。寂静，在亨普顿看来，"不是某物的缺位，而是万物的在位"。作家和活动家丹尼尔·谢雷尔描述了 2014 年在纽约举行的人民气候大游行中，超过 30 万名示威者为因气候问题丧生的生命默哀的一刻。"就在这里，"他写道，"巨大的寂静席卷人群，仿佛街上的空气被不断吸走……你可以真切地听到寂静从数个街区之外逐渐接近，虽然并无声音可听。当寂静降临时，人们屏息凝气，伫立不动。寂静是沉重的，似乎有形，它并非声音的缺位，而是某些无法言说之事的存在。"对谢雷尔来说，这种存在不仅是对逝者的默哀，也代表着未来的一种可能，包括未来某天将会诞生的他的孩子，以及他的写作对象的未来。

早在 1983 年，神学家和社会批评家伊万·伊利奇就将沉默比作受到威胁的"公地"。他所说的"公地"是一处共用空间，不仅是一种资源，还是一座能让每个男人和女人平等而合适的声音都能被听到的舞台。在伊利奇看来，威胁即是现代通信手段对这座舞台的侵占和破坏。对于当今 L. M. 萨卡萨斯这样的批评家来说，这正是在一个"每种感官体验都是商品化的资源，每块空隙都是获得满足的机会，每一刻的沉默都是其他人高声说话的理由"的世界中所发生之事。其后果便是独立思考变得越发困难。"正如只有在干净的空气中，人才能够呼吸，"哲学家马修·克劳福德写道，"只有在寂静的沉默中，人才能够思考。"

"将你耳中/由思想那饱含厄运的喋喋不休/组成的棉花取掉，"鲁米写道，"听听天堂的轰鸣/命运的咆哮。"但有时，我们也需要片刻的深沉宁静——不是阵风、地动或烈火，而是那些宁静而微小的声音。这些声音可能会在下雪时被听到，因为每片雪花的枝杈空隙能吸收穿过空气的大部分声音，甚至，在海滩上阳光明媚的白天也能听到。一次，我在诺福克海岸外的斯科特黑德障壁岛上探险，我突然跌进沙丘中的一处凹地，在那里，风声和大海的声音都突然被阻断了。这个地方是个"阳光陷阱"———处有围墙的花园，在其中，大海只剩下一缕遥远的回声。但是，当我爬上它的另一侧之后，微风和海浪的声音再次迎面袭来，而我从一处小小的沙滩悬崖上跌跌撞撞地走下去，踩着湿漉漉的贝壳嘎吱作响，从寂静中再次回到一个充满美妙声音的世界。

一些好声音

从瓶子里倒出第一口葡萄酒的咕嘟声。

孩童终于入睡后的叹息声，以及随后平稳的呼吸声。

匡托克丘陵霍德峡谷里小溪的涓涓细流。

水沿着矮橡树的枝条滴落到布莱克托尔树林里长满苔藓的岩石上。

黑胶唱片的第一首歌开始前，发出的刮擦声、嘶嘶声和啪啪声。

鹪鹩的歌声。它怎么能唱出这么大的声音呢？

我的皮划艇挤过结着薄冰的水面时，冰碎裂的声音。

跳上健康而湿润的泥炭地时，"沼泽回弹"的嗖嗖声。

1928 年 6 月 28 日，路易斯·阿姆斯特朗为《西区蓝调》录制的小号开场曲。

月圆之夜，什罗普郡的一座高山上，由一棵倒伏大树的树枝点燃的篝火发出噼啪声。

克劳德·德彪西的《前奏曲集第二卷》中，《欧石楠》一曲的第 23 小节部分，由降 A 调到降 B 调的转调。

喀喇昆仑山一块巨岩空地上的绝对静寂。

会说话的海豹胡佛用浓重的波士顿口音说着："你好，你好吗"，"过来这里"和"从这儿滚出去"。

大雨过后，明亮的天空下，街旁下水道中的水流发出的急匆匆的汩汩之声。

智鲁负鼠，长鼻袋鼠，袋食蚁兽，袋鼬：有袋类动物的名称。

莎士比亚的第 65 首十四行诗，开头是："就连金石，土地，无涯的海洋……"

海浪退去时，陡峭的沙滩上的鹅卵石被冲刷、拍打、互相撞击的声音。

帆船船体在风力作用下在水中加速时的振动。

在朋友的簇拥下,你把新压榨、经过巴氏消毒的热苹果汁倒入瓶中,为即将到来的冬天做准备。

汉普郡山坡上教堂的钟声回响。

致谢

感谢我的经纪人詹姆斯·麦克唐纳·洛克哈特，感谢我的编辑劳拉·巴伯和《格兰塔》杂志的团队，包括伊莎贝拉·迪皮亚齐、克里斯蒂娜·洛和布鲁·罗兰森。还要感谢芝加哥大学出版社的约瑟夫·卡拉米亚和他的同事们。感谢林登·劳森的文字编辑、凯特·希尔曼的校对，以及戴维·阿特金森的索引工作。

感谢南希·坎贝尔，她在不知不觉中激励了我投入工作；加文·弗朗西斯向我讲解了听诊的知识；阿德里安·弗里德曼向我讲述了自己的尺八练习；米尔顿·加尔塞斯，与我分享了火山的声音；温托·莱内与我分享了北极光的声音；安德里·斯奈尔·马格纳松与我分享了对嘈杂地球的思考；迈耶勒·曼赞撒给我提供了对节奏的思考；塔尔耶·尼森–迈尔帮助我了解了地震现象；菲利普·里德以及多年间与我共同在男声合唱团歌唱的兄弟们；吉列尔莫·罗森卢勒帮助我学会了头部共鸣发声；沙米特·什里瓦斯塔瓦带我进行了一次振奋人心的散步，还谈论了声音与生命的物理学；马库斯·韦尔格特与我共同回顾了他的工作，以及钟的过去、未来和可能的发展空间；还有本·威尔莫，最初就是他带我正确理解了听觉相关的一些科学知识。

我也想在此感谢其他许多向我传授知识、使我获得灵感和鼓励的人。他们包括：马修·亚当斯，爱德华多·阿拉德罗·维柯，阿尔穆德纳·阿朗索·埃雷罗，詹姆斯·阿特利，金伯利·阿坎德，安东尼·巴尼特，詹姆斯·布拉德利，本·布鲁贝克，苏珊·坎尼，索尼娅·孔特拉，乔·卡特米尔，蒂姆·迪伊，尼克·德雷克，马汉·伊斯法哈尼，奥利维娅·弗雷泽，杰兹·弗伦奇，查尔斯·福斯特，希鲁妮·萨玛迪·加尔帕亚奇，克里斯·古多尔，洛伦·格里菲思，哈勒·莉莎·加福里，杰里米·吉尔伯特，彼得·金戈尔德，戴维·乔治·哈斯凯尔，蒂姆·哈福德，朱迪丝·赫林，罗兰·霍德森，埃伦·朱克斯，比尔·贾纳斯，约翰·基钦，罗曼·克兹纳里奇，米歇尔·拉腊，安东妮娅·莱亚德，劳拉·洛尔松，罗伯特·麦克法伦，尼基·马达斯，詹姆斯·马里奥特，弗兰·蒙克斯，佩德罗·莫拉·科斯塔，文森特·J.马丁内斯，乔治·蒙比奥，格雷戈里·诺曼顿，萨姆·帕金，戴维·派尔，本·罗林，凯特·雷沃思，亨利·罗思韦尔，乔纳森·罗森，马特·拉索，约翰·西姆斯，多米尼克·斯蒂伯雷，伊恩·塔图姆，玛雅·图多尔，马克·弗农，休·沃里克，以及丽贝卡·雷格·赛克斯。

感谢克里斯蒂娜和拉腊。感谢我在美国与西班牙的家人。

纪念我的父母。

我们众人，同调共鸣。

献词

Rumi, trans. Haleh Liza Gafori, 2022, *Gold*, New York Review of Books

引言

al-Quḍāt, ʿAyn, 1120, *The Essence of Reality: A Defence of Philosophical Sufism*, ed. and trans. Mohammed Rustom, 2022, NYU Press

Bakker, Karen, 2022, *The Sounds of Life: How Digital Technology Is Bringing Us Closer to the Worlds of Animals and Plants*, Princeton University Press

Barton, Adriana, 2022, *Wired for Music: A Search for Health and Joy Through the Science of Sound*, Greystone Books

Haskell, David George, 2022, *Sounds Wild and Broken: Sonic Marvels, Evolution's Creativity, and the Crisis of Sensory Extinction*, Viking

Hendy, David, 2013, *Noise: A Human History of Sound and Listening*, Profile

Hill, Don, 'Listening to Stones: Learning in Leroy Little Bear's Laboratory: Dialogue in the World Outside', *Alberta Views*, 1 September 2008, https://albertaviews.ca/listening-to-stones/

Kemp, Luke, et al., 'Climate Endgame: Exploring Catastrophic Climate Change Scenarios', *PNAS*, 1 August 2022

Ritchie, Hannah, and Roser, Max, 2021, 'Extinctions', https://ourworldindata.org/extinctions

Rogers, Jude, 2022, *The Sound of Being Human: How Music Shapes Our Lives*, White Rabbit

Waddington, Elizabeth (undated), 'Soundscape and Acoustic Ecology: The Music of a Changing World', earth.fm https://earth.fm/details/soundscape-acoustic-ecology/

World Wildlife Fund, 2022, 'Wildlife Populations Plummet by 69%: Living Planet Report 2022', https://www.worldwildlife.org/pages/living-planet-report-2022

Yong, Ed, 2022, *An Immense World: How Animal Senses Reveal the Hidden Realms Around Us*, Bodley Head

原初之声

Britt, Robert Roy, 2005, 'First Sound Waves Left Imprint on the Universe', https://www.space.com/661-sound-waves-left-imprint-universe.html

'La Sinfonia Cósmica – The Cosmic Symphony English subtitles', *Conec Magazine*, https://www.youtube.com/watch?v=DVgN3lGgWUc

Penrose, Roger, 'Why Did the Universe Begin?', *Aeon*, 5 November 2020, https://aeon.co/videos/a-cyclical-forgetful-universe-roger-penrose-details-an-astonishing-origin-hypothesis

Whitehead, Nadia, 'A Glimpse into the Universe's First Light', *The Harvard Gazette*, 24 March 2022, https://news.harvard.edu/gazette/story/2022/03/simulations-show-formation-of-universes-first-light/

共振（其一）

Bleck-Neuhaus, Jörn, 'Mechanical Resonance: 300 Years from Discovery to the Full Understanding of its Importance', *Arxiv*, 20 November 2018, https://arxiv.org/abs/1811.08353

Brubaker, Ben, 'How the Physics of Resonance Shapes Reality', *Quanta Magazine*, 26 January

2022, https://www.quantamagazine.org/
how-the-physics-of-resonance-shapes-reality-20220126/

Brubaker, Ben, 'Of Lifetimes and Linewidths' (blog
post), 26 January 2022, https://benbrubaker.com/
of-lifetimes-and-linewidths/

Wolchover, Natalie, 'A Primordial Nucleus Behind the
Elements of Life', *Quanta Magazine*, 4 December
2012, https://www.quantamagazine.org/
the-physics-behind-the-elements-of-life-20121204/

太空中的声音

Cunio, Kim, 2020, 'Jezero Crater', from *Celestial Incantations*
by Sounds of Space Project, https://soundsofspaceproject.
bandcamp.com/album/celestial-incantations

Edds, Kevin, 'Space', Twenty Thousand Hertz (podcast). Also
Melodysheep, 'The Sounds of Space: A Sonic Adventure to
Other Worlds', 16 June 2021, https://www.youtube.com/
watch?v=OeYnV9zp7Dk&t=408s

Holmes, Richard, 2013, *Falling Upwards: How We Took to The Air*,
William Collins

NASA, 2021, 'Audio from Perseverance', https://www.jpl.nasa.
gov/news/nasas-perseverance-captures-video-audio-of-fourth-
ingenuity-flight

NASA, 2018, 'Sounds of the Sun', https://www.nasa.gov/feature/
goddard/2018/sounds-of-the-sun

NASA (undated), 'In Depth: Titan', 'Solar System Exploration',
https://solarsystem.nasa.gov/moons/saturn-moons/titan/
in-depth/

NASA, 'New NASA Black Hole Sonifications with a Remix', 4 May
2022, https://www.nasa.gov/mission_pages/chandra/news/
new-nasa-black-hole-sonifications-with-a-remix.html

O'Callaghan, Jonathan, 'Moonquakes and Marsquakes: How We
Peer Inside Other Worlds', *Horizon*, 10 August 2020, https://
horizon-magazine.eu/article/moonquakes-and-marsquakes-
how-we-peer-inside-other-worlds.html

Scharping, Nathaniel, 'What Would the Sun Sound Like if We

Could Hear It on Earth?', *Discover Magazine*, 4 February 2020, https://www.discovermagazine.com/the-sciences/what-would-the-sun-sound-like-if-we-could-hear-it-on-earth

Shatner, William, 'My Trip to Space Filled Me with "Overwhelming Sadness"', *Variety*, 6 October 2022, https://variety.com/2022/tv/news/william-shatner-space-boldly-go-excerpt-1235395113/. Shatner wrote: 'In [the] insignificance we share, we have one gift that other species perhaps do not: we are *aware* – not only of our insignificance, but the grandeur around us that *makes* us insignificant. That allows us perhaps a chance to rededicate ourselves to our planet, to each other, to life and love all around us. If we seize that chance.'

Stähler, Simon C., et al., 'Seismic Wave Propagation in Icy Ocean Worlds', 9 May 2017, https://arxiv.org/abs/1705.03500

University of Southampton, 'The Sounds of Mars and Venus Are Revealed for the First Time', Phys.org, 2 April 2012, https://phys.org/news/2012-04-mars-venus-revealed.html

'Want to Know What's Inside a Star? Listen Closely', *The Economist*, 14 September 2022, https://www.economist.com/science-and-technology/2022/09/14/want-to-know-whats-inside-a-star-listen-closely

Weltevrede, Patrick, 'Joy Division: 40 Years on from Unknown Pleasures, Astronomers Have Revisited the Pulsar from the Iconic Album Cover', *The Conversation*, 11 July 2019, https://theconversation.com/joy-division-40-years-on-from-unknown-pleasures-astronomers-have-revisited-the-pulsar-from-the-iconic-album-cover-119861

Wu, Katherine, 2018, 'If You Were Able to Talk on Another Planet, How Would You Sound?', SITN, Harvard University, https://sitn.hms.harvard.edu/flash/2018/talk-another-planet-sound/

天体音乐（其一）

Brotton, Jerry, 'Harmony of the Spheres', BBC Radio 3, 28 August 2020, https://www.bbc.co.uk/sounds/play/m0003sgc

Clark, Stuart, 'The Music of the Spheres', The Essay, BBC Radio 3, October 2018, https://www.bbc.co.uk/programmes/m0000kgq

Digges, Thomas, 1576, translation of Copernicus's *De revolutionibus orbium coelestium*, imagines the harmony of the universe as an 'immovable . . . palace of foelicitye garnished with perpetuall shininge glorious lights innumerable . . . the very court of coelestiall angelles devoide of griefe and replenished with perfite endless ioye'.

天体音乐（其二）

Arcand, Kimberly, Russo, Matt, et al., 'Sounds from Around the Milky Way', Chandra X-Ray Observatory, Harvard-Smithsonian Center for Astrophysics, NASA's Universe of Learning Program, 21 September 2020, https://chandra.si.edu/blog/node/770

Basinski, William, 'On Time Out of Time', 8 March 2019, https://www.mmlxii.com/products/638576-on-time-out-of-time

Crumb, George, 1977, *Star Child: A Parable for Soprano, Antiphonal Children's Voices, Male Speaking Choir and Bell Ringers, and Large Orchestra*, C. F. Peters

Díaz-Merced, Wanda L., 2013, 'Sound for the Exploration of Space Physics Data', PhD thesis, University of Glasgow, https://theses.gla.ac.uk/5804/

Díaz-Merced, Wanda L., 2016, 'How a Blind Astronomer Found a Way to Hear the Stars', TED Talk, https://www.ted.com/talks/wanda_diaz_merced_how_a_blind_astronomer_found_a_way_to_hear_the_stars. See also 'Celebrating Scientists with Disabilities', Royal Society, https://royalsociety.org/topics-policy/diversity-in-science/scientists-with-disabilities/

Finer, Jem, 1999, *Longplayer*, https://longplayer.org/about/overview/

Keum, Tae-Yeoun, 2020, *Plato and the Mythic Tradition in Political Thought*, Harvard University Press, and 'Why Philosophy Needs Myth', *Aeon*, 8 November 2021, https://aeon.co/essays/was-plato-a-mythmaker-or-the-mythbuster-of-western-thought

'"Music" of Planets Is Created at Yale to Prove Theory', *New York Times*, 22 March 1977, https://www.nytimes.com/1977/03/22/archives/music-of-planets-is-created-at-yale-to-prove-theory-music-of.html

Overstreet, Wylie, and Gorosh, Alex, 2015, 'To Scale:

The Solar System', https://www.youtube.com/
watch?v=zR3Igc3Rhfg&ab_channel=ToScale%3A

Richter, Max, 2020, *CP1919*, https://www.maxrichtermusic.com/
albums/journey-cp1919-aurora-orchestra/

Rodgers, John, and Ruff, Willie, 1979, 'Kepler's Harmony of the
World: A Realization for the Ear: Three and a half centuries
after their conception, Kepler's data plotting the harmonic
movement of the planets have been realized in sound with the
help of modern astronomical knowledge and a computer-sound
synthesizer', *American Scientist*, 67(3). See also 'The Harmony of
the World: A Realization for the Ear of Johannes Kepler's Data
from Harmonices Mundi 1619', https://www.willieruff.com/
harmony-of-the-world.html

Russo, Matt, with Santaguida, Andrew, and Tamayo, Dan, 2018,
'The Sound of Jupiter's Moons', 'Trappist Sounds', 'K2-138',
https://www.system-sounds.com/k2-138/

Russo, Matt, 2018, 'What Does the Universe Sound like? A Musical
Tour', TED Talk, https://www.ted.com/talks/matt_russo_
what_does_the_universe_sound_like_a_musical_tour

Saariaho, Kaija, 2005, *Asteroid 4179: Toutatis*, Saariaho.org https://
saariaho.org/works/asteroid-4179-toutatis/

Tamayo, Daniel, et al., 2017, 'Convergent Migration Renders
TRAPPIST-1 Long-lived', *The Astrophysical Journal Letters*, 840
L19, https://iopscience.iop.org/article/10.3847/2041-8213/aa70ea

Weinberger, Eliot, 2020, *Angels & Saints*, Christine Burgin/New
Directions

Wishart, Trevor, 2017, 'Supernova', *The Secret Resonance of
Things*, https://icrdistribution.bandcamp.com/album/
the-secret-resonance-of-things

金唱片

Dowland, John, 1603, 'Time Stands Still', The Third and Last Booke
of Songs or Ayres, no. 2, arr. Nico Muhly (2018), Rose Music
Publishing

'Golden Record 2.0', Science Friday, 7 October 2016, https://www.
sciencefriday.com/segments/golden-record-2-0/

Juchau, Mireille, 'What Should We Send into Space as a *New* Record of Humanity?', lithub.com, 22 April 2019, https://lithub.com/what-should-we-send-into-space-as-a-new-record-of-humanity/

NASA (undated), 'What are the Contents of the Golden Record?', https://voyager.jpl.nasa.gov/golden-record/whats-on-the-record/

Popova, Maria, 'We Are Singing Stardust: Carl Sagan on the Story of Humanity's Greatest Message and How the Golden Record Was Born', *The Marginalian*, 2 October 2014, https://www.themarginalian.org/2014/02/10/murmurs-of-earth-sagan-golden-record/

Radiolab, 'Space', radiolab.org, 6 April 2020, https://www.wnycstudios.org/story/91520-space

Spiegel, Laurie, 1977, 'Kepler's Harmony of the Worlds', https://pitchfork.com/features/article/9002-laurie-spiegel/

Taylor, Dallas, 2019. 'Voyager Golden Record', Twenty Thousand Hertz, https://www.20k.org/episodes/voyagergoldenrecord

'Your Record: We Asked You to Tell Us What You'd Put on a New Golden Record. Here's What You Chose', Science Friday, 2016, https://apps.sciencefriday.com/goldenrecord/

节奏（其一）——行星波

Barletta, Vincent, 2020, *Rhythm: Form and Dispossession*, University of Chicago Press

Berthold, Daniel, 'Aldo Leopold: In Search of a Poetic Science', *Human Ecology Review*, 11(3), 2004, pp. 205–14

Finzi, Gerald, 1936, *Earth and Air and Rain*, Op. 15 No.10, Roderick Williams and Iain Burnside

Geddes, Linda, 2019, *Chasing the Sun: The New Science of Sunlight and How It Shapes Our Bodies and Minds*, Pegasus Books

Hamilton, Andy, Paddison, Max, and Cheyne, Peter (eds), 2019, *The Philosophy of Rhythm: Aesthetics, Music, Poetics*, Oxford University Press

Hempton, Gordon, 'The Ocean is a Drum', 8 November 2016, https://www.soundtracker.com/products/the-ocean-is-a-drum/

Leopold, Aldo, 1949, *A Sand County Almanac*, Oxford University Press

Lidén, Signe, 2019, 'The Tidal Sense', exhibition at Ramberg, Lofoten, https://signeliden.com/?p=1994

Lidén, Signe, 'The Tidal Sense', A Reduced Listening production for BBC Radio 3, 21 March 2021, https://www.bbc.co.uk/programmes/mooosycw

Lopez, Barry, 1986, *Arctic Dreams: Imagination and Desire in a Northern Landscape*, Scribner's

Miłosz, Czesław, essay on *Exiles* by Josef Koudelka, June 2006, https://americansuburbx.com/2009/06/theory-czeslaw-milosz-on-josef.html

Nicolson, Adam, 2021, *The Sea Is Not Made of Water*, William Collins

Rawls, Christina, 'A Philosophy of Sound', *Aeon*, 13 April 2021, https://aeon.co/essays/the-universal-forces-of-sound-and-rhythm-enhance-thought-and-feeling

最强音

Black, Riley, 2022, *The Last Days of the Dinosaurs: An Asteroid, Extinction, and the Beginning of Our World*, St Martin's Press

Brannen, Peter, 2018, *The Ends of the World: Volcanic Apocalypses, Lethal Oceans and Our Quest to Understand Earth's Past Mass Extinctions*, Oneworld

Benn, Jordan, 2022, 'How Loud Can Sound Physically Get?', https://m.youtube.com/watch?v=tONF9OSUOSw

北极光

Hambling, David, 'The Northern Lights make a mysterious noise and now we might know why', *New Scientist*, 3 April 2019, https://www.newscientist.com/article/mg24232240-400-the-northern-lights-make-a-mysterious-noise-and-now-we-might-know-why/

Laine, Unto, personal communication

Quark expeditions, 'Of Legends and Folklore: Greenland's Northern Lights', https://explore.quarkexpeditions.com/blog/of-legends-and-folklore-greenland-s-northern-lights

火山

Barras, Colin, 'Is an Aboriginal Tale of an Ancient Volcano the Oldest Story Ever Told?', *Science*, 11 February 2022

French, Jez riley, 'Audible Silence – a Personal Reflection on Listening to Sounds Outside of Our Attention', World Listening Project, 24 June 202, https://www.worldlisteningproject.org/audible-silence-a-personal-reflection-on-listening-to-sounds-outside-of-our-attention/

Garcés, Milton (undated), Arenal tremor and Kipu 0704221333, https://soundstudiesblog.com/milton-garces/

https://www.isla.hawaii.edu/sounds/earth-sounds/

Herzog, Werner, 2016, *Into the Inferno*, Netflix

Hutchison, A. A., et al., 'The 1717 Eruption of Volcan de Fuego, Guatemala: Cascading Hazards and Societal Response', *Quaternary International*, 394, 11 February 2016

Johnson, Jeffrey B., and Watson, Leighton M., 'Monitoring Volcanic Craters with Infrasound "Music"', *Eos*, 17 June 2019, https://eos.org/science-updates/monitoring-volcanic-craters-with-infrasound-music

Julavits, Heidi, 'Chasing the Lava Flow in Iceland', *The New Yorker*, 23 August 2021, https://www.newyorker.com/magazine/2021/08/23/chasing-the-lava-flow-in-iceland

Magnason, Andri Snaer, 'Night Walk to Welcome our Newborn Volcano', andrimagnason.com, 23 March 2021, http://www.andrimagnason.com/news/2021/03/night-walk-to-welcome-our-newborn-volcano-a-short-travel-story/

Magnason, Andri Snaer, 'The Gods Were Right', *The Atlantic*, 2 June 2021, https://www.theatlantic.com/ideas/archive/2021/06/iceland-volcano-carbon-eruption/619047/

Magnason, Andri Snaer, 'Kali Doing Her Thing', Twitter, 7 June 2021, https://twitter.com/AndriMagnason/status/1402020675905261568

Marletto, Chiara, 'Our Little Life Is Rounded with Possibility', *Nautilus*, 9 June 2021, https://nautil.us/our-little-life-is-rounded-with-possibility-238220/

Pyle, David, 2013, 'Professor John Barry Dawson',

Volcanic Degassing (blog), https://blogs.egu.
eu/network/volcanicdegassing/2013/02/08/
professor-john-barry-dawson-1932-2013/
Seismic Sound Lab, Lamont Doherty Earth Observatory, http://
www.seismicsoundlab.org/
Wright, Corwin, et al., 'Tonga Eruption Triggered Waves
Propagating Globally from Surface to Edge of Space', Earth and
Space Science Open Archive, 3 March 2022, https://www.essoar.
org/doi/10.1002/essoar.10510674.1

聆听彩虹

Blum, Dani, 'Can Brown Noise Turn Off Your Brain?', *New
York Times*, 23 September 2022, https://www.nytimes.com/
interactive/2022/09/23/well/mind/brown-noise.html
Cleeves, L. Ilsedore, et al., 'The Ancient Heritage of Water Ice in
the Solar System', *Science*, 345(6204), 2014
Dunn, Douglas, 1985, 'A Rediscovery of Juvenilia', in *Elegies*, Faber
& Faber
Dunn, Douglas, 2019, 'Wondrous Strange', in *The Noise of a Fly*,
Faber & Faber
Neal, Meghan, 'The Many Colors of Sound', *The Atlantic*, 16
February 2016, https://www.theatlantic.com/science/
archive/2016/02/white-noise-sound-colors/462972/
Papalambros, Nelly A., et al., 2017, 'Acoustic Enhancement of Sleep
Slow Oscillations and Concomitant Memory Improvement in
Older Adults', *Frontiers in Human Neuroscience*, 8 March 2017

节奏（其二）——身体

Buzsáki, György, 2019, *The Brain from Inside Out In*, Oxford
University Press
Nestor, James, 2020, *Breath: The New Science of a Lost Art*, Riverhead
Books
Rilke, Rainer Maria, trans. Don Paterson, 2006, *Orpheus, A Version
of Rilke*, Faber & Faber

听觉

Arora, Nikita, 'A Touch of Moss', *Aeon*, 8 September 2022,
 https://aeon.co/essays/a-history-of-botany-and-colonialism-
 touched-off-by-a-moss-bed

Ashby, Jack, 2022, *Platypus Matters: The Extraordinary Story of
 Australian Mammals*, HarperCollins

Bathhurst, Bella, 2017, *Sound: A Story of Hearing Lost and Found*,
 Profile

Blundon, Elizabeth G., et al., 2020, 'Electrophysiological Evidence
 of Preserved Hearing at the End of Life', *Nature*, 25 June 2020

Bradley, James, 'Do Fish Dream?', *Cosmos*, 9 December
 2020, https://cosmosmagazine.com/nature/marine-life/
 do-fish-dream/

Burnside, John, 'The Inner Ear', *London Review of Books*, 13
 December 2001, https://www.lrb.co.uk/the-paper/v23/n24/
 john-burnside/the-inner-ear

Christensen, C. B., et al., 2015, 'Better than Fish on Land? Hearing
 Across Metamorphosis in Salamanders', *Proceedings of the Royal
 Society B*, 7 March 2015

Clack, Jennifer, 'The Origin of Terrestrial Hearing', *Nature*, 519,
 2015, pp. 168–9

Dallos, P., and Fakler, B., 'Prestin, a New Type of Motor Protein',
 Nature Reviews Molecular Cell Biology, 3, 1 February 2002, pp.
 104–11

Glennie, Evelyn, 2015, 'Hearing Essay', at https://www.evelyn.
 co.uk/hearing-essay/

Godfrey-Smith, Peter, 2020, *Metazoa: Animal Minds and the Birth of
 Consciousness*, William Collins

Groh, Jennifer M., 2014, *Making Space: How the Brain Knows Where
 Things Are*, Belknap Harvard

Hawkes, Jacquetta, (1951) 2012, *A Land*, Collins Nature Library

Hudspeth, A. J., 'The Energetic Ear', *Daedalus*, 144(1), 2015

Hudspeth, A. J., 2019, 'The Beautiful, Mysterious Science of How
 you Hear', TED Talk @NAS, https://www.ted.com/talks/
 jim_hudspeth_the_beautiful_mysterious_science_of_how_
 you_hear

Knight, K., 'Lungfish Hear Air-borne Sound', *Journal of Experimental Biology*, 1 February 2015

Long, John, 'Now Listen', *The Conversation*, 23 January 2014, https://theconversation.com/now-listen-air-breathing-fish-gave-humans-the-ability-to-hear-21324

Monbiot, George, 2017, *Out of the Wreckage: A New Politics for an Age of Crisis*, Verso

Pomeroy, Ross, 'There's an Amazing Reason Why Races Are Started with Gunshots', *Real Clear Science*, 3 August 2016, https://www.realclearscience.com/blog/2016/08/theres_an_amazing_reason_why_races_are_started_with_guns.html

远古动物之声

Clarke, J., et al., 'Fossil Evidence of the Avian Vocal Organ from the Mesozoic', *Nature*, 538, 12 October 2016

Darwin, Charles, 1839, *The Voyage of the Beagle*, https://www.gutenberg.org/files/944/944-h/944-h.htm

Diegert, C. F., and Williamson, T. E., 'A Digital Acoustic Model of the Lambeosaurine Hadrosaur *Parasaurolophus tubicen*', *Journal of Vertebrate Paleontology*, January 1998

Geisel, Theodor Seuss, 1962, *Dr Seuss's Sleep Book*, Random House

Gibson, Graeme, 2005, *The Bedside Book of Birds*, Doubleday Canada

Gu, Jun-Jie, et al., 'Wing Stridulation in a Jurassic Katydid Produced Low-pitched Musical Calls to Attract Females', *PNAS*, 6 February 2012

Jorgewich-Cohen, Gabriel, et al., 'Common Evolutionary Origin of Acoustic Communication in Choanate Vertebrates', *Nature Communications*, 25 October 2022

Katsnelson, Alla, 2016, 'Fossilized Cricket Song Brought to Life in a Work of Art', *PNAS*, 30 August 2016

Low, Tim, 2014, *Where Song Began: Australia's Birds and How They Changed the World*, Penguin

Merwin, W. S., 'The Laughing Thrush', https://merwinconservancy.org/2017/09/the-laughing-thrush-by-ws-merwin/

Warshall, Peter, 1999, 'Two Billion Years of Animal Sounds' (lecture), Allen Ginsberg Library and Naropa University

Archives, http://archives.naropa.edu/digital/collection/
p16621coll1/id/1347

Yong, Ed, 'The Story of Songbirds Is a Story of Sugar', *The
Atlantic*, 8 July 2021, https://www.theatlantic.com/science/
archive/2021/07/origin-of-birdsong-sugar/619387/

植物之声

Appel, H. M., and Cocroft, R. B., 'Plants Respond to Leaf Vibrations
Caused by Insect Herbivore Chewing', *Oecologia* 175, 2014

Baker, J. A., (1969) 2015, *The Hill of Summer*, in *The Complete Works of
J. A. Baker*, William Collins

Beresford-Kroeger, Diana, 2010, *The Global Forest: Forty Ways Trees
Can Save Us*, Viking Penguin

Bonfante, P., and Genre, A., 'Mechanisms Underlying Beneficial
Plant–Fungus Interactions in Mycorrhizal Symbiosis', *Nature
Communications*, 1(48), 27 July 2010

French, Jez riley, 2021, 'Audible Silence – a Personal Reflection on
Listening to Sounds Outside of Our Attention', World Listening
Project, 24 June 2021, https://www.worldlisteningproject.
org/audible-silence-a-personal-reflection-on-listening-to-sounds-
outside-of-our-attention/

Khait, I., et al., 'Sound Perception in Plants', *Seminars in Cell and
Developmental Biology*, 2, August 2019

Levertov, Denise, 2013, 'A Tree Telling of Orpheus', in *Collected
Poems*, New Directions

Rawlence, Ben, 2022, *The Treeline: The Last Forest and the Future of
Life on Earth*, St Martin's Publishing Group

Shivanna, K. R., 'Phytoacoustics – Plants Can Perceive Ambient Sound
and Respond', *The Journal of the Indian Botanical Society*, 102(1), 2022

昆虫之声

Ball, Lawrence, et al., 'The Bugs Matter Citizen Science Survey:
Counting Insect "Splats" on Vehicle Number Plates Reveals a
58.5 Per Cent Reduction in Abundance of Flying Insects in the

UK Between 2004 and 2021', *Buglife*, 5 May 2022, https://www.
buglife.org.uk/news/bugs-matter-survey-finds-that-uk-flying-
insects-have-declined-by-nearly-60-in-less-than-20-years/

Goulson, Dave, 2021, *Silent Earth: Averting the Insect Apocalypse*, Vintage

Hallmann, Caspar A., et al., 'More than 75 Per Cent Decline Over
27 Years in Total Flying Insect Biomass in Protected Areas',
PLOS 1, 18 October 2017

Sánchez-Bayo, Francisco, et al., 'Worldwide Decline of the
Entomofauna: A Review of Its Drivers', *Biological Conservation*,
April 2019

蜜蜂

Chittka, Lars, 2022, *The Mind of a Bee*, Princeton University Press

Galpayage Dona, H. S., et al., 2022, 'Do Bumble Bees Play?', *Animal
Behaviour*, 19 October 2022

Meek, James, 'Schlepping Around the Flowers', review of *The Hive:
The Story of the Honey-Bee and Us* by Bee Wilson, *London Review
of Books*, 4 November 2004, https://www.lrb.co.uk/the-paper/
v26/n21/james-meek/schlepping-around-the-flowers

White, Gilbert, (1789) 2014, *The Natural History and Antiquities of
Selborne*, with an Introduction by James Lovelock, Little Toller

青蛙

'Ariana Grande Kept Awake by Frog Sex', News24.com,
22 July 2014, https://www.news24.com/you/Archive/
ariana-grande-kept-awake-by-frog-sex-20170728

Aristophanes, 405 BC, *The Frogs*

Brunner, Rebecca, et al., 'Nocturnal Visual Displays and Call
Description of the Cascade Specialist Glassfrog *Sachatamia
orejuela*', *Behaviour*, 12 November 2020

Lee, N., et al., 'Lungs Contribute to Solving the Frog's Cocktail
Party Problem by Enhancing the Spectral Contrast of
Conspecific Vocal Signals', bioRxiv, 1 July 2020, https://doi.
org/10.1101/2020.06.30.171991

Orwell, George, 1946, 'Some Thoughts on the Common Toad',
orwellfoundation.org

Pascoal, Hermeto, 2013, 'Hermeto e os sapos', https://
www.youtube.com/watch?v=iFGTQDD09sc&ab_
channel=CBMTijuca1; and Gioia, Ted, 'The Most
Musical Man in the World Turns 85', The Honest Broker
(blog), 21 June 2021, https://tedgioia.substack.com/p/
the-most-musical-man-in-the-world

Warshall, Peter, 1999, 'Two Billion Years of Animal Sounds' (lecture),
Allen Ginsberg Library and Naropa University Archives

Yovanovich, Carola A. M., et al., 'The Dual Rod System of
Amphibians Supports Colour Discrimination at the Absolute
Visual Threshold', *Philosophical Transactions of the Royal Society
B*, 5 April 2017

蝙蝠

Asma, Stephen T., 2017, *The Evolution of Imagination*, University of
Chicago Press

Damasio, Antonio, 2021, *Feeling & Knowing: Making Minds Conscious*,
Robinson

Dunitz, Jack D., and Joyce, Gerald F., 2013, *Leslie Orgel: A
Biographical Memoir*, National Academy of Sciences

Håkansson, Jonas et al., 'Bats Expand Their Vocal Range by
Recruiting Different Laryngeal Structures for Echolocation and
Social Communication', *PLOS Biology*, 29 November 2022

Yong, Ed, 2022, *An Immense World: How Animal Senses Reveal the
Hidden Realms Around Us*, Bodley Head

象

Elephant Listening Project, K. Lisa Yang Center for
Conservation Bioacoustics, Cornell University, https://
elephantlisteningproject.org/

Ledgard, J. M., 2020, 'Dugong', *Alexander*, https://alxr.com/

McComb, Karen, et al., 'Long-Distance Communication of

Acoustic Cues to Social Identity in African Elephants', *Animal Behaviour*, 65, February 2003

McComb, Karen, et al., 2014, 'Elephants Can Determine Ethnicity, Gender, and Age from Acoustic Cues in Human Voices', *PNAS*, 10 March 2014

Ritchie, Hannah, and Roser, Max, 'Biodiversity/Mammals/ Elephants', Our World in Data, https://ourworldindata.org/ mammals#elephants

千里鲸歌

Adams, Matthew, 2020, 'Between the Whale and the Kāuri Tree', in *Anthropocene Psychology: Being Human in a More-Than-Human World*, Routledge

French, Kristen, 'The Mystery of the Blue Whale Songs', *Nautilus*, 23 November 2022, https://nautil.us/ the-mystery-of-the-blue-whale-songs-248099/

Giggs, Rebecca, 2020, *Fathoms: The World in the Whale*, Scribe

Hsu, Jeremy, 'The Military Wants to Hide Covert Messages in Marine Mammal Sounds', *Haika Magazine*, 10 December 2020, https://hakaimagazine.com/news/the-military-wants-to-hide-covert-messages-in-marine-mammal-sounds/

Hutson, Matthew, 'How a Marine Biologist Remixed Whalesong', *The New Yorker*, 29 November 2022, https://www.newyorker.com/science/elements/ how-a-marine-biologist-remixed-whalesong

Kolbert, Elizabeth, 'The Strange and Secret Ways That Animals Perceive the World', *The New Yorker*, 6 June 2022, https://www.newyorker.com/magazine/2022/06/13/ the-strange-and-secret-ways-that-animals-perceive-the-world-ed-yong-immense-world-tom-mustill-how-to-speak-whale

Langlois, Krista, 'When Whales and Humans Talk: Arctic People Have Been Communicating with Cetaceans for Centuries – and Scientists Are Finally Taking Note', *Haika Magazine*, 3 April 2018, https://hakaimagazine.com/features/ when-whales-and-humans-talk/

New Songs of the Humpback Whale, 2015, recordings by Salvatore

Cerchio, Oliver Adam, Glenn Edney and David Rothenberg, https://importantrecords.com/products/imprec433

Payne, Roger, 1970, *Songs of the Humpback Whale*, Capitol Records

Payne, Roger S., and McVay, Scott, 'Songs of Humpback Whales', *Science*, 13 August 1971

Priyadarshana, Tilak, et al., 2016, 'Distribution Patterns of Blue Whale (Balaenoptera musculus) and Shipping off Southern Sri Lanka', *Regional Studies in Marine Science*, January 2016

Rice, A., et al., 'Update on Frequency Decline of Northeast Pacific Blue Whale (*Balaenoptera musculus*) Calls', *PLoS One* 17, e0266469, 2022

Rothenberg, David, 2008, *Thousand Mile Song*, Basic Books

Schiffman, Richard, 'How Ocean Noise Pollution Wreaks Havoc on Marine Life', Yale E360, 31 Mar 2016, https://e360.yale.edu/features/how_ocean_noise_pollution_wreaks_havoc_on_marine_life

Srinivasan, Amia, 'What Have We Done to the Whale?', *The New Yorker*, 17 August 2020, https://www.newyorker.com/magazine/2020/08/24/what-have-we-done-to-the-whale

海中利维坦——抹香鲸

Anon., 'Discovery of Sound in the Sea: Sperm Whale', https://dosits.org/galleries/audio-gallery/marine-mammals/toothed-whales/sperm-whale/

Fais, A., et al., 'Sperm Whale Predator-prey Interactions Involve Chasing and Buzzing, but no Acoustic Stunning', *Scientific Reports*, 6, 28562, 24 June 2016

Hoare, Philip, 2015, review of *The Cultural Lives of Whales and Dolphins* by Hal Whitehead and Luke Rendell, *Guardian*, 10 January 2015, https://www.theguardian.com/books/2015/jan/10/cultural-lives-of-whales-and-dolphins-hal-whitehead-luke-rendell-review

Hoare, Philip, 'A Moment That Changed Me – Looking a Sperm Whale in the Eye', *Guardian*, 10 September 2015, https://www.theguardian.com/commentisfree/2015/sep/10/sperm-whale-azores-ocean-pod

Melville, Herman, 1851, *Moby Dick* (Chapter 74), Gutenberg.org

Moore, Michael J., 2022, *We Are All Whalers: The Plight of Whales and Our Responsibility*, University of Chicago Press

Nestor, James, 2016, 'A Conversation with Whales', *New York Times*, 16 April 2016, https://www.nytimes.com/interactive/2016/04/16/opinion/sunday/conversation-with-whales.html

Safina, Carl, 2020, *Becoming Wild: How Animals Learn to Be Animals*, Oneworld

Schafer, R. Murray, 1977, *The Soundscape: Our Sonic Environment and the Tuning of the World*, Knopf

Taylor, B. L., et al., *Physeter macrocephalus* (amended version of 2008 assessment), The IUCN Red List of Threatened Species, 2019

Whitehead, Hal, and Rendell, Luke, 2015, *The Cultural Lives of Whales and Dolphins*, University of Chicago Press

乌鸫

Burns, Fiona, et al., 'Abundance Decline in the Avifauna of the European Union Reveals Global Similarities in Biodiversity Change: Input Datasets & Species Results', Zenodo, 1 October 2021, https://zenodo.org/record/5544548#.Y2DarezP3Xo

Cocker, Mark, and Mabey, Richard, 2005, *Birds Britannica*, Chatto & Windus

Doolittle, Ford, 'Is Earth an Organism?', *Aeon*, 3 December 2020, https://aeon.co/essays/the-gaia-hypothesis-reimagined-by-one-of-its-key-sceptics

Lane, Nick, 2022, *Transformer: The Deep Chemistry of Life and Death*, Profile

Lawrence, D. H. (1917) 2019, 'Whistling of Birds', reprinted in *Life with a Capital L: Essays Chosen and Introduced by Geoff Dyer*, Penguin

McCartney, Paul, 1968, 'Blackbird', *The White Album*, Apple

Thomas, Edward, 'Adlestrop', 2019, *Selected Poems and Prose*, Penguin Classics

Thomas, Edward, diary entry for 11 March 1917, War Diary, The Edward Thomas Literary Estate via First World War Poetry Digital Archive, accessed 10 July 2022, http://ww1lit.nsms.ox.ac.uk/ww1lit/collections/document/1693

Safina, Carl, 2020, 'Mother Culture', *Orion Magazine*, 19 May 2020, https://orionmagazine.org/article/mother-culture/

Schnitzler, Joseph G., et al., 'Size and Shape Variations of the Bony Components of Sperm Whale Cochleae', *Scientific Reports*, 25 April 2017, DOI:10.1038/srep46734

Smyth, Richard, 2017, *A Sweet, Wild Note: What We Hear When the Birds Sing*, Elliott and Thompson

Uhrich, Alex, et al., 2020, 'How Air Sacs Power Lungs in Birds' Respiratory System', ask nature.org, https://asknature.org/strategy/respiratory-system-facilitates-efficient-gas-exchange/

Yong, Ed, 2022, *An Immense World: How Animal Senses Reveal the Hidden Realms Around Us*, Bodley Head

猫头鹰

Calvez, Leigh, 2016, *The Hidden Lives of Owls: The Science and Spirit of Nature's Most Elusive Birds*, Sasquatch Books

Choiniere, Jonah N., et al., 'Evolution of Vision and Hearing Modalities in Theropod Dinosaurs', *Science*, 372(6542), 7 May 2021

Coombs, E. J., et al., 'Wonky Whales: The Evolution of Cranial Asymmetry in Cetaceans', *BMC Biology*, 10 July 2020

Evans Ogden, Lesley, 'The Silent Flight of Owls Explained', audobon.org, 28 July 2017, https://www.audubon.org/news/the-silent-flight-owls-explained

Graham, Robert Rule, 'The Silent Flight of Owls', *The Aeronautical Journal*, 38(286), October 1934, pp. 837–43

Ichioka, Sarah, and Pawlyn, Michael, 2021, *Flourish: Design Paradigms for Our Planetary Emergency*, Triarchy Press

Jaworski, Justin W., 'Aeroacoustics of Silent Owl Flight', *Annual Review of Fluid Mechanics*, 28 August 2019

Krumm, Bianca, 'Barn Owls Have Ageless Ears', *Proceedings of the Royal Society B*, 20 September 2017

Macintyre, Ken, 'Report on the "Owl Stone" Aboriginal Site at Red Hill, Northeast of Perth', *Anthropology from the Shed*, April 2009, https://anthropologyfromtheshed.com/project/report-owl-stone-aboriginal-site-red-hill-northeast-perth/

Mackenzie, Dana, 'The Silence of the Owls', *Knowable Magazine*,

7 April 2020, https://knowablemagazine.org/article/
technology/2020/how-owls-fly-without-making-a-sound
'MBARI's Top 10 Deep-sea Animals', 19 September 2020, Monterey
Bay Aquarium Research Institute, https://www.youtube.com/
watch?v=8oOG2BGrmyA
Moubayidin, Laila, 'The Science of Symmetry', The Royal
Society, October 2022, https://www.youtube.com/
watch?v=K8JxMQds-PI
Norberg, R. A., 'Occurrence and Independent Evolution of Bilateral
Ear Asymmetry in Owls and Implications on Owl Taxonomy',
Philosophical Transactions of the Royal Society B, 31 April 1977
Pavid, Katie, 'Echolocation Gives Whales Lopsided Heads',
nhm.ac.uk, 10 July 2020, https://www.nhm.ac.uk/discover/
news/2020/july/echolocation-gives-whales-lopsided-heads.html
Pawlyn, Michael, 2010, 'Using Nature's Genius in
Architecture', TED Talk, https://www.ted.com/talks/
michael_pawlyn_using_nature_s_genius_in_architecture
Slaght, Jonathan C., 2020, *Owls of the Eastern Ice: The Quest to Find
and Save the World's Largest Owl*, Farrar, Straus and Giroux
Smith, Lucy (producer, director), 2015–16, 'Super Powered Owls',
BBC Two series, Natural World, https://www.bbc.co.uk/
programmes/b054fn09
Tate, Peter, 2007, *Flights of Fancy: Birds in Myth, Legend and
Superstition*, Random House
Wagner, Hermann, et al., 'Features of Owl Wings That Promote
Silent Flight', *Interface Focus*, 6 February 2017
Weinberger, Eliot, 2020, *Angels and Saints*, New Directions

夜莺

Alberge, Dalya, 'The Cello and the Nightingale: 1924
Duet Was Faked, BBC admits', *Guardian*, 8 April 2022,
https://www.theguardian.com/media/2022/apr/08/
the-cello-and-the-nightingale-1924-duet-was-faked-bbc-admits
Bates, Herbert Ernest, 1936, 'Oak and Nightingale', in *Through the
Woods*, Victor Gollancz
Birkhead, Mike, and Jones, Beth (directors), 2022, *Attenborough's*

Wonder of Song, BBC One, https://www.bbc.co.uk/programmes/moo134jr

Brumm, Henrik, and Todt, Dietmar, 'Male–male Vocal Interactions and the Adjustment of Song Amplitude in a Territorial Bird', *Animal Behaviour*, February 2004

Falk, Dan, 'Anil Seth Finds Consciousness in Life's Push Against Entropy', *Quanta Magazine*, 30 September 2021, https://www.quantamagazine.org/anil-seth-finds-consciousness-in-lifes-push-against-entropy-20210930/

Fishbein, Adam, 'How Birds Hear Birdsong', *Scientific American*, 1 May 2022

Ghosh, Amitav, 2021, *The Nutmeg's Curse: Parables for a Planet in Crisis*, John Murray

Grange, Jeremy (producer), 2021, 'The Nightingales of Berlin', *Between the Ears*, BBC Radio 3, https://www.bbc.co.uk/sounds/play/mooowslh

Henderson, Caspar, 'A Nightingale Sang', Perspectiva Inside Out (blog), 30 April 2019, https://perspectivainsideoutcom.wordpress.com/2019/04/30/a-nightingale-sang/

Inspired by Iceland, 2021, 'Introducing the Icelandverse', https://www.youtube.com/watch?v=enMwwQy_noI

Knight, Will, 'Urban Nightingales' Songs Are Illegally Loud', *New Scientist*, 5 May 2004

Lawrence, D. H., 1917, 'Whistling of Birds', *Athenæum*, 11 April 1919, and included in *Life with a Capital L: Essays Chosen and Introduced by Geoff Dyer*, Penguin 2019. See also Lawrence, D. H., 1932, *Sketches of Etruscan Places and Other Italian Essays*, Viking: 'Before Buddha or Jesus spoke the nightingale sang, and long after the words of Jesus and Buddha are gone into oblivion the nightingale still will sing'.

Lee, Sam, 2021, *The Nightingale: Notes on a Songbird*, Century

Liu, Wendy, 2020, *Abolish Silicon Valley: How to Liberate Technology from Capitalism*, Repeater Books

Lyon, Pamela, 'On the Origin of Minds', *Aeon*, 21 October 2021, https://aeon.co/essays/the-study-of-the-mind-needs-a-copernican-shift-in-perspective

Rothenberg, David, and Erel, Korhan, 2015, *Berlin Bülbül*, Terra Nova Music

Rothenberg, David, 2019, *Nightingales in Berlin: Searching for the Perfect Sounds*, University of Chicago Press

Seatter, Robert, 'The Cello and the Nightingale', *BBC Magazine*, 25 March 2016, https://www.bbc.co.uk/news/magazine-35861899

Smith, Harrison, 'The $13 Trillion Fantasy: Ideology and Finance in the Metaverse', Political Economy Research Centre, 24 October 2022, https://www.perc.org.uk/project_posts/the-13-trillion-fantasy-ideology-and-finance-in-the-metaverse/

Smyth, Richard, 2017, *A Sweet, Wild Note: What We Hear When the Birds Sing*, Elliot and Thompson

Tanttu, Ville (director), 2020, *Nightingales in Berlin* (film), nightingalesinberlin.com

Wiener, Anna, 'Money in the Metaverse', *The New Yorker*, 4 January 2022, https://www.newyorker.com/news/letter-from-silicon-valley/money-in-the-metaverse

节奏（其三）——音乐与舞蹈

Arleo, Andy, '"Fascinating Rhythm's" Fascinating Rhythm: Celebrating the Gershwins' Self-referential Song', *Imaginaires*, Presses Universitaires de Reims, 2005

Barletta, Vincent, 2020, *Rhythm: Form and Dispossession*, University of Chicago Press

Berger, Kevin, 'Rhythm's the Thing: Pianist Vijay Iyer Gives us a Master Class in the Science of Rhythm', *Nautilus*, 23 October 2014, https://nautil.us/genius-is-in-the-groove-2500/

Bruce, David, 2019, 'Extreme Math Nerd Music (An Introduction to Konnakol)', https://www.youtube.com/watch?v=OyyfLtYQcwI

Buskirk, Don (undated), 'Bulgarian Dance Rhythms, Folkdance Footnotes, https://folkdancefootnotes.org/dance/dance-information/bulgarian-dance-rhythms/

Chai, David, 'There Has Never Been a Time When This Article Didn't Exist', *Psyche*, 17 February 2021, https://psyche.co/ideas/there-has-never-been-a-time-when-this-article-didnt-exist

Gabay, Yogev, 2021, 'Chaabi. That Moroccan groove that made you go WHHAAATTTTTT', https://www.youtube.com/watch?v=xM83XVw83yk&ab_channel=YogevGabay

Gilbert, Jeremy, 2014, *Common Ground Democracy and Collectivity in an Age of Individualism*, Pluto

Gilbert, Jeremy, 'A God That Knows How to Dance', Jeremy Gilbert Writing (blog), 24 November 2020, https://jeremygilbertwriting. wordpress.com/2020/11/24/a-god-that-knows-how-to-dance/

Hamilton, Andy, et al. (eds), 2019, *The Philosophy of Rhythm: Aesthetics, Music, Poetics*, Oxford University Press

Ito, Yoshiki, et al., 'Spontaneous Beat Synchronization in Rats: Neural Dynamics and Motor Entrainment', *Science Advances*, 11 November 2022

Iyer, Vijay, 'Strength in Numbers: How Fibonacci Taught Us How to Swing', *Guardian*, 15 October 2009, https://www.theguardian. com/music/2009/oct/15/fibonacci-golden-ratio

LaMothe, Kimerer, 'The Dancing Species: How Moving Together in Time Helps Make Us Human', *Aeon*, 4 June 2019, https://aeon. co/ideas/the-dancing-species-how-moving-together-in-time-helps-make-us-human

Marsden, Rhodri, Twitter, 20 April 2021, https://twitter.com/ rhodri/status/1384421832657412097

Matacic, Catherine, 'Rhythm Might Be Hardwired in Humans', *Science*, 19 December 2016

Mehr, Samuel A., et al., 'Origins of Music in Credible Signalling', *Behavioral and Brain Sciences*, 26 August 2020

Schrofer, Jasmijn, 2015, *Tarikat* ('The Path'), Netherlands Film Academy

Shivapriya, V., and Somashekar Jois, B. R., 2018, Konnakol Duet, MadRasana Unplugged Season 03 Episode 01, https://www. youtube.com/watch?v=iurhjlBumoo

Spitzer, Michael, 2021, *The Musical Human: A History of Life on Earth*, Bloomsbury

Taronga Zoo, Twitter, 31 August 2021, https://twitter.com/ tarongazoo/status/1432489666897453057

拟声词

Rousseau, Bryant, 'Which Language Uses the Most Sounds? Click 5 Times for the Answer', *New York Times*, 25 November 2016, https://www.nytimes.com/2016/11/25/world/what-in-the-world/click-languages-taa-xoon-xoo-botswana.html

语言之始

Bertland, Alexander (undated), 'Giambattista Vico', *Internet Encyclopaedia of Philosophy*, https://iep.utm.edu/vico/

Cooperrider, Kensy, 'Hand to Mouth: If Language Began with Gestures Around a Campfire and Secret Signals on Hunts, Why Did Speech Come to Dominate Communication?', *Aeon*, 24 July 2020, https://aeon.co/essays/if-language-began-in-the-hands-why-did-it-ever-leave

Darwin, Charles, 1871, *The Descent of Man, and Selection in Relation to Sex*, http://darwin-online.org.uk/

Hampshire, Stuart, 'Vico and Language', *New York Review of Books*, 13 February 1969, https://www.nybooks.com/articles/1969/02/13/vico-and-language/

Hauser, Mark, et al., 'The Mystery of Language Evolution', *Frontiers in Psychology*, 7 May 2014

Joordens, J., et al., '*Homo erectus* at Trinil on Java Used Shells for Tool Production and Engraving', *Nature*, 518, 3 December 2014, pp. 228–31

Kersken, Verena, et al., 'A Gestural Repertoire of 1- to 2-Year-Old Human Children', *Animal Cognition*, 22, 8 September 2018

Leland, Andrew, 'DeafBlind Communities May Be Creating a New Language of Touch', *The New Yorker*, 12 May 2022, https://www.newyorker.com/culture/annals-of-inquiry/deafblind-communities-may-be-creating-a-new-language-of-touch

McCarthy, Cormac, 'The Kekulé Problem: Where Did Language Come From?', *Nautilus*, 17 April 2017, https://nautil.us/the-kekul-problem-236574/

Mehr, Samuel, et al., 'Origins of Music in Credible Signaling', *Behavioral and Brain Sciences*, 26 August 2020

Newman, Rob, 'On Song', episode 4 of Newman On Air, BBC Radio 4, 16 November 2022, https://www.bbc.co.uk/sounds/play/m001f5ld

Niekus, Marcel J. L., 'Middle Paleolithic Complex Technology and a

Neandertal Tar-backed Tool from the Dutch North Sea', *PNAS*,
21 October 2019

Robson, David, 'The Origins of Language Discovered in Music,
Mime and Mimicry', *New Scientist*, 1 May 2019

Roy, Deb, 2011, 'The Birth of a Word', TED Talk, https://www.ted.
com/talks/deb_roy_the_birth_of_a_word

Safina, Carl, 2020, *Becoming Wild: How Animals Learn to Be Animals*,
Oneworld

Wragg Sykes, Rebecca, 2020, *Kindred: Neanderthal Life, Love, Death
and Art*, Bloomsbury

魔笛

Akhtar, Navid, 2021, 'An Introduction to Sufi Music', https://sites.
barbican.org.uk/sufimusic/

Bayaka Pygmies, recorded by Louis Sarno, 'Flute in Forest', in *Song
from The Forest,* www.songfromtheforest.com

Bellando, Nick, and Deschênes, Bruno, 2020, 'The Role of Tone-
colour in Japanese Shakuhachi Music', *Ethnomusicology Review*,
22, 2020

Boyden, Ian, 2020, *A Forest of Names: 108 Meditations*, Wesleyan
University Press

Chase, Claire, 2013–2036, Density 2036, https://www.density2036.
org/

Cox, Trevor (undated), 'Sonic Wonders of the World',
sonicwonders.org, http://www.sonicwonders.org/
gong-rocks-serengeti-national-park/

Cuadros, Alex, 'Songs from Sinjar: How ISIS Is Hastening the
End of the Yezidis' Ancient Oral Tradition', *Lapham's Quarterly:
Music*, 2017, https://www.laphamsquarterly.org/music/
songs-sinjar

Ehrenreich, Barbara, 'The Humanoid Stain', *The Baffler*,
November 2019, https://thebaffler.com/salvos/
the-humanoid-stain-ehrenreich

Freedman, Adrian, 2021, personal communication

Garner, Alan, 2021, *Treacle Walker*, 4th Estate

Kornei, Katherine, 'Hear the Sound of a Seashell Horn Found in an

Ancient French Cave', *New York Times*, 10 February 2021, https://www.nytimes.com/2021/02/10/science/conch-shell-horn.html

Krause, Bernie, 2012, *The Great Animal Orchestra: Finding the Origins of Music in the World's Wild Places*, Little, Brown and Company

Lee, Riley (undated), 'About the Shakuhachi', http://rileylee.net/about-the-shakuhachi/

Potengowski, Anna Friederike, 2017, *The Edge of Time: Paleolithic Bone Flutes from France & Germany*, Delphian Records

Quignard, Pascal, 2016, *The Hatred of Music*, Yale University Press

Rainio, Riitta, et al., 2021, 'Prehistoric Pendants as Instigators of Sound and Body Movements: A Traceological Case Study from Northeast Europe, *c.* 8200 cal. BP', *Cambridge Archaeological Journal*, 26 May 2021, https://doi.org/10.1017/S0959774321000275

Ross, Alex, 'Claire Chase Taps the Primal Power of the Flute', *The New Yorker*, 3 January 2022, https://www.newyorker.com/magazine/2022/01/03/claire-chase-taps-the-primal-power-of-the-flute

Rūmī, trans. Coleman Barks, 2004, 'Flutes for Dancing', *The Essential Rūmī*, HarperCollins

Severini, Giuseppe, 2018, 'Sounds of Nature', https://www.youtube.com/watch?v=CqAmkHXgJ_0

Stutzmann, Nathalie, et al., '5 Minutes That Will Make You Love the Flute', *New York Times*, 6 January 2021, https://www.nytimes.com/2021/01/06/arts/music/five-minutes-classical-music-flute.html

Sword, Harry, 2021, *Monolithic Undertow: In Search of Sonic Oblivion*, White Rabbit, https://mathewlyons.co.uk/2021/05/13/the-quietus-monolithic-undertow-by-harry-sword/

音乐的本质

Cage, John, and Crumb, George, 1975, short written notes in response to a request from Edition Peters to a number of composers for their thoughts on music. A correspondent at the publisher suggested to the author that Cage had in mind Henry David Thoreau, who said, 'All sound is nearly akin to Silence; it is a bubble on her surface which straightway bursts, an emblem of the strength and prolificness of the undercurrent.' https://twitter.com/EditionPetersUS/status/1235592061115457536

King, Christopher C., 2018, *Lament from Epirus: An Odyssey into Europe's Oldest Surviving Folk Music*, W. W. Norton

Kubik, Gerhard, 1979, 'Pattern Perception and Recognition in African Music', in John Blacking and Joann W. Kealiinohomoko (eds), *The Performing Arts*, De Gruyter Mouton

Lewis, Jerome, 2013, 'A Cross-Cultural Perspective on the Significance of Music and Dance to Culture and Society: Insight from BaYaka Pygmies', in M. Arbib (ed.), *Language, Music, and the Brain*, MIT Press

Margulis, Elizabeth Hellmuth, 2019, *The Psychology of Music: A Very Short Introduction*, Oxford University Press

Neely, Adam, 2018, 'How to explain music to Aliens?', https://www.youtube.com/watch?v=cdasn27lbgY

Nettl, Bruno, 2000, 'An Ethnomusicologist Contemplates Universals in Musical Sound and Musical Culture', in N. Wallin et al. (eds), *The Origin of Music*, MIT Press

Obert, Michael, 2013, *Song from the Forest* (documentary film), http://songfromtheforest.com/

Patel, Aniruddh D., 2010, *Music, Language, and the Brain*, Oxford University Press

Peretz, Isabelle, and Zatorre, Robert, 'Brain Organization for Music Processing', *Annual Review of Psychology*, 4 February 2005

Rilke, Rainer Maria, 1918, 'An die Musik', with a commentary by Scott Horton, *Harper's Magazine*, 23 August 2009, https://harpers.org/2009/08/rilke-to-music/

Warshall, Peter, 1999, 'Two Billion Years of Animal Sounds' (lecture), Allen Ginsberg Library and Naropa University Archives, http://archives.naropa.edu/digital/collection/p16621coll1/id/1347

Williamson, Victoria, 2014, *You Are the Music: How Music Reveals What It Means to Be Human*, Icon Books

Xenakis, Iannis, 1971, 'Towards a Metamusic', in *Formalized Music: Thought and Mathematics in Composition*, Pendragon Press

Zimmer, Carl, 2021, *Life's Edge: The Search for What It Means to Be Alive*, Picador. He quotes the philosopher Carol Cleland: 'Definitions are not the proper tools for answering the scientific question "What is life?"'

和声

Ackerman, Diane, 1990, *A Natural History of the Senses*, Random House

Charpentier, Marc-Antoine, *c.*1692, *Les Règles de composition*

Collier, Jacob, 'The Music That Got Me Through 2020', *Jacob Collier's Music Room*, BBC Radio 3, 28 December 2020, https://www.bbc.co.uk/programmes/m000qlkh

Goodall, Howard, 2013, *The Story of Music*, Vintage

Hume, David, 1739, *A Treatise of Human Nature*, 3.3.1.7, SBN 575-6 https://davidhume.org/texts/t/3/3/1

Mathieu, W. A., 1997, *Harmonic Experience*, Inner Traditions. Mathieu writes: 'By resonance I mean those specially reinforcing combinations of tones that in their mutual resounding – their perfect in-tune-ness – evaporate the boundary between music and musician.'

Neely, Adam, 'Music Theory and White Supremacy', 2020, https://www.youtube.com/watch?v=Kr3quGh7pJA&t=115s

Ockelford, Adam, 2017, *Comparing Notes: How We Make Sense of Music*, Profile

Tepfer, Dan, 'Rhythm/Pitch Duality: Hear Rhythm Become Pitch Before Your Ears', (blog post), 13 December 2012, https://dantepfer.com/blog/?p=277

奇异乐器

Howes, Anton, 2022, 'Age of Invention: Why Wasn't the Steam Engine Invented Earlier? Part II' (substack), https://antonhowes.substack.com/ citing Salomon de Caus, *Les Raisons des forces mouvantes* (Jan Morton, 1615), pp. 19–21

悲歌

Alter, Robert, 2009, *The Book of Psalms: A Translation with Commentary*, W. W. Norton

Bekoff, Marc, 2010, *The Emotional Lives of Animals: A Leading Scientist Explores Animal Joy, Sorrow, and Empathy and Why They Matter*, New World Library

Berger, John, 2016, *Confabulations*, Penguin

Bruce, David, 2021, 'Which Instrument is the SADDEST?', https://www.youtube.com/watch?v=b-uild3eyRY

Cave, Nick, 2019, The Red Hand Files (blog), https://www.theredhandfiles.com/

Chaudhuri, Amit, 2021, *Finding the Raga: An Improvisation on Indian Music*, Faber & Faber. 'The natural third has a buoyancy that corresponds to the renewal the rains offer: the washed leaves and hair; the burgeoning of, and movement in, the environment. The flat third, following immediately, introduces reflectiveness.' https://www.theguardian.com/books/2021/apr/29/finding-the-raga-by-amit-chaudhuri-a-passion-for-indian-music

da Fonseca-Wollheim, Corinna, 'Moving on', Beginner's Ear (blog), 10 July 2021, https://www.beginnersear.com/musings/moving-on

Douglass, Frederick, (1845) (1999), *Narrative of the Life of Frederick Douglass*, Oxford University Press

Feld, Steven, 'Wept Thoughts: The Voicing of Kaluli Memories', *Oral Tradition*, May 1990, https://www.researchgate.net/publication/237596107_Wept_Thoughts_The_Voicing_of_Kaluli_rie

Fine, Sarah, 'Humanity at Night', *Aeon*, 16 November 1990, https://aeon.co/essays/in-times-of-crisis-the-arts-are-weapons-for-the-soul

Haysom, Simone, 'Fortress Conservation', review of *Security and Conservation: The Politics of the Illegal Wildlife Trade* by Rosaleen Duffy, *London Review of Books*, 1 December 2022, https://www.lrb.co.uk/the-paper/v44/n23/simone-haysom/fortress-conservation

Huron, David, 'Why Is Sad Music Pleasurable? A Possible Role for Prolactin', *Musicae Scientiae*, 15(2), 2011

Huron, David, and Vuoskoski, Jonna K., 'On the Enjoyment of Sad Music: Pleasurable Compassion Theory and the Role of Trait Empathy', *Frontiers in Psychology*, 20 May 2020

Ignatieff, Michael, 2021, *On Consolation: Finding Solace in Dark Times*, Picador

Kallison, David, 2018, 'The Depression Issue', *The Sound and the Story* (podcast)

Kamieńska, Anna (undated), 'Industrious Amazement: A Notebook', *Poetry* Magazine, https://www.poetryfoundation.org/poetrymagazine/articles/69655/industrious-amazement-a-notebook

King, Barbara J., 2013, *How Elephants Grieve*, University of Chicago Press

King, Barbara J., 2019, 'Grief and Love in the Animal Kingdom', TED Talk, https://www.ted.com/talks/barbara_j_king_grief_and_love_in_the_animal_kingdom

McLeish, Tom, 2020, 'Thought for the Day', BBC Radio 4, 8 December 2020, https://www.bbc.co.uk/programmes/p090cqs6 https://www.bbc.co.uk/sounds/play/pob8sd5k

Oishi, S., and Westgate, E. C., 'A Psychologically Rich Life: Beyond Happiness and Meaning', *Psychological Review*, 129(4), 2022

Pinnock, Trevor, 2017, 'Why Dido's Lament Breaks Our Heart Every Single Time', Classic FM, 24 March 2017, https://www.classicfm.com/composers/purcell/guides/trevor-pinnock-didos-lament/

Service, Tom, 'Klezmer', *The Listening Service*, BBC Radio 3, 7 November 2021, https://www.bbc.co.uk/sounds/play/m0011clx

Shostakovich, Dmitri, 1965, 'The Power of Music', *Music Journal*, University of Washington Press

Spitzer, Michael, 'Music and Sex', *Aeon*, 18 October 2021, https://aeon.co/essays/can-music-give-you-an-orgasm-the-short-answer-is-yes

Thomas, Lewis, 1983, *Late Night Thoughts on Listening to Mahler's Ninth Symphony*, Viking

Van den Tol, A. J. M., and Edwards, J., 'Exploring a Rationale for

Choosing to Listen to Sad Music When Feeling Sad', *Psychology of Music*, 21 December 2011

Young, Emma, 'A Sad Kind of Happiness: The Role of Mixed Emotions in Our Lives', *Research Digest*, The British Psychological Society, 25 November 2021

诗人松尾芭蕉

Parkes, Graham and Loughnane, Adam, 'Japanese Aesthetics', *Stanford Encyclopedia of Philosophy* (Winter 2018 edition), Edward N. Zalta (ed.) https://plato.stanford.edu/entries/japanese-aesthetics/

Robbins, Jeff and Shoko, Sakata, 2018, 'Bashō for Humanity', https://www.basho4humanity.com/

Thoreau, Henry David, 1854, *Walden*, Chapter 2: 'Where I Lived, and What I Lived For', in *Walden and Other Writings*, Modern Library, 1992

可见之声

Cox, Trevor, 'Breaking Glass with Sound', Salford Acoustics (blog), https://salfordacoustics.co.uk/how-to-breaking-glass-with-sound

'Does Sound, Like Light, Have a Maximum Speed?', *The Economist*, 17 October 2020, https://www.economist.com/science-and-technology/2020/10/17/does-sound-like-light-have-a-maximum-speed

Feynman, Richard, 1983, 'Fun to Imagine 8', 'Seeing Things', uploaded 2009, https://www.youtube.com/watch?v=1qQQXTMih1A

Fiorella, Giancarlo, 'How to Maintain Mental Hygiene as an Open Source Researcher', Bellingcat, 23 November 2022, https://www.bellingcat.com/resources/2022/11/23/how-to-maintain-mental-hygiene-as-an-open-source-researcher/

Gioia, Ted, 2021, 'The Man Who Put Out Fires with Music', The Honest Broker (blog), 7 June 2021, https://tedgioia.substack.com/p/the-man-who-put-out-fires-with-music

Harvard Natural Sciences Lecture Demonstrations (undated),
 https://sciencedemonstrations.fas.harvard.edu/presentations/
 chladni-plates
Patrikarakos, David, 2022, 'The Demolition of Kharkiv',
 UnHerd, 11 May 2022, https://unherd.com/2022/05/
 the-demolition-of-kharkiv/

柏拉图之穴

Anon, Jean Cocteau's *Orphée* (1950), Radio Transmissions,
 Rorschach Audio (blog), 22 May 2013, https://rorschachaudio.
 com/2013/05/22/cocteau-orpheus-transmissions/
Dyer, Geoff, 2012, *Zona: A Book About a Film About a Journey to a
 Room*, Canongate
Goldmanis, Māris, 'Explaining the "Mystery" of Numbers Stations',
 War on the Rocks (blog), 24 May 2018, https://warontherocks.
 com/2018/05/explaining-the-mystery-of-numbers-stations/
Khlebnikov, Velimir, 1921, 'The Radio of the Future', Museum of
 Imaginary Musical Instruments, http://imaginaryinstruments.
 org/the-radio-of-the-future/
Knight, Sam, 'Can the BBC Survive the British
 Government?', *The New Yorker*, 18 April 2022, https://
 www.newyorker.com/magazine/2022/04/18/
 can-the-bbc-survive-the-british-government
Latour, Bruno, 2017, *Facing Gaia: Eight Lectures on the New Climatic
 Regime*, Wiley
Levi, Primo, 1975, *Il sistema periodico*, Einaudi
Ritchie, Hannah, and Roser, Max, 2022, 'CO2 Emissions', *Our World
 in Data*, https://ourworldindata.org/co2-emissions
Smith, Stefan, 'The Edge of Perception: Sound in Tarkovsky's
 Stalker', *The Soundtrack*, November 2007

脑内循环曲

Hellmuth Margulis, Elizabeth, 2013, *On Repeat: How Music Plays the
 Mind*, Oxford University Press

Sacks, Oliver, 'Musical Ears', *London Review of Books*, 3 May 1984, https://www.lrb.co.uk/the-paper/v06/n08/oliver-sacks/musical-ears

Sacks, Oliver, 2007, *Musicophilia: Tales of Music and the Brain*, Knopf

Twain, Mark, (1876) (2012), 'A Literary Nightmare'/'Punch, Brothers, Punch', in *The Complete Short Stories*, Everyman

White, E. B., 1933, 'The Supremacy of Uruguay', *The New Yorker*, 25 November 1933, https://archives.newyorker.com/newyorker/1933-11-25/flipbook/018/

噪声污染

'Airgun', Discovery of Sound in the Sea, University of Rhode Island, https://dosits.org/glossary/airgun/

Barber, Jesse, et al., 'An Experimental Investigation into the Effects of Traffic Noise on Distributions of Birds: Avoiding the Phantom Road', *Proceedings of the Royal Society B*, 22 December 2013

Battson, Ginny, 'Anthrophonalgia – a Plague', Seasonlight (blog), 9 April 2021, https://seasonlight.com/2021/04/09/anthrophonalgia-a-plague/

Berdik, Chris, 2020, 'The Fight to Curb a Health Scourge in India: Noise Pollution', *Undark*, 26 March 2020, https://pulitzercenter.org/stories/fight-curb-health-scourge-india-noise-pollution

Berthold, Daniel, 'Aldo Leopold: In Search of a Poetic Science', *Human Ecology Review*, 11(3), 2004, pp. 205–14

Cave, David, et al., 'Long Slide Looms for World Population, With Sweeping Ramifications', *New York Times*, 22 May 2021, https://www.nytimes.com/2021/05/22/world/global-population-shrinking.html

Chepesiuk, R., 'Decibel Hell: The Effects of Living in a Noisy World', *Environmental Health Perspectives*, 1 January 2005

Cuff, Madeleine, 'Hedgehogs Use Coronavirus Lockdown to Indulge in "Noisy Lovemaking" and Experts Predict Baby Boom', inews.co.uk, 22 May 2020, https://inews.co.uk/news/hedgehogs-coronavirus-lockdown-noisy-lovemaking-baby-boom-430507

Derryberry, Elizabeth, et al., 'Singing in a Silent Spring: Birds

Respond to a Half-century Soundscape Reversion During the COVID-19 Shutdown', *Science*, 24 September 2020

Ghosh, Amitav, 2021, *The Nutmeg's Curse: Parables for a Planet in Crisis*, John Murray

Haskell, David George, 2022, *Sounds Wild and Broken: Sonic Marvels, Evolution's Creativity and the Crisis of Sensory Extinction*, Viking

Hempton, Gordon (undated), 'One Square Inch of Silence', https://onesquareinch.org/

Hendy, David, 2013, *Noise: A Human History of Sound and Listening*, Profile

Kearney, Martha, 'Reignite', BBC Radio 4, 28 March 2021, https://www.bbc.co.uk/programmes/m000tm9r

Koshy, Yohann, 'The Last Humanist: How Paul Gilroy Became the Most Vital Guide to Our Age of Crisis', *Guardian*, 5 August 2021, https://www.theguardian.com/news/2021/aug/05/paul-gilroy-britain-scholar-race-humanism-vital-guide-age-of-crisis

Kraus, Nina, 2021, *Of Sound Mind: How Our Brain Constructs a Meaningful Sonic World*, MIT Press

Leopold, Aldo, (1949) 1987, 'Song of the Gavilan', in *A Sand County Almanac: And Sketches Here and There*, Oxford. See also 'A Sense of Place', aldoleopold.org, 23 December 2017, https://www.aldoleopold.org/post/a-sense-of-place/

Monkhouse, Joseph, 2021, 'Recreating the Lost Soundscape of Iron Age Somerset', https://www.youtube.com/watch?v=8OQxzfvau8U. See also Yeo, Sophie, 2020, 'What Did Somerset Sound Like 2,000 Years Ago?', *Inkcap* (substack), https://inkcap.substack.com/p/what-did-somerset-sound-like-2000

Monkhouse, Joseph, et al., 2022, 'Six Thousand Years of Forests', *Inkap* (substack), https://www.inkcapjournal.co.uk/six-thousand-years-of-forests/ https://www.inkcapjournal.co.uk/six-thousand-years-of-forests/

Owen, David, 2019, 'Is Noise Pollution the Next Big Public Health Crisis?', *The New Yorker*, 6 May 2019, https://www.newyorker.com/magazine/2019/05/13/is-noise-pollution-the-next-big-public-health-crisis

Possible (campaign group), 2021, 'Car Free Cities', https://www.wearepossible.org/carfreecities

Radford, Andy, 'Silencing with Noise', Costing the Earth, BBC Radio 4, 5 May 2020, https://www.bbc.co.uk/sounds/play/mooohtxl

Renkl, Margaret, 'The First Thing We Do, Let's Kill All the Leaf Blowers', *New York Times*, 25 October 2021, https://www.nytimes.com/2021/10/25/opinion/leaf-blowers-california-emissions.html

Rincon, Paul, 'Climate Change: Carbon Emissions Show Rapid Rebound after Covid Dip', BBC News, 4 November 2021, https://www.bbc.co.uk/news/science-environment-59148520

Rolland, Rosalind, et al., 'Evidence that Ship Noise Increases Stress in Right Whales', *Proceedings of the Royal Society B*, 8 February 2012

Rosling, Hans, et al., 2018, *Factfulness: Ten Reasons We're Wrong About the World – and Why Things Are Better Than You Think*, Flatiron Books

Shannon, Graeme, 'How Noise Pollution Is Changing Animal Behaviour', *The Conversation*, 17 December 2015, https://theconversation.com/how-noise-pollution-is-changing-animal-behaviour-52339

World Health Organisation (multiple authors), 'Environmental Noise Guidelines of the European Region', https://www.euro.who.int/__data/assets/pdf_file/0009/383922/noise-guidelines-exec-sum-eng.pdf

气候变化之声

Anderson, Craig, 'Heat and Violence', *Current Directions in Psychological Science*, February 2001

Brunt, Kieran, et al., 'The Rising Sea Symphony', Between the Ears, BBC Radio 3, 18 October 2020, https://www.bbc.co.uk/sounds/play/mooonkzp

Burtner, Matthew, 2019, *Glacier Music*, Ravello Records

Gibbs, Peter, 'Acoustic Ecology', Costing the Earth, BBC Radio 4, 1 March 2016, https://www.bbc.co.uk/sounds/play/b071tgby

Hayhoe, Katharine, 2021, *Saving Us: A Climate Scientist's Case for Hope and Healing in a Divided World*, Atria/One Signal Publishers

Hugonnet, R., et al., 'Accelerated Global Glacier Mass Loss in the Early Twenty-first Century', *Nature*, 592, 28 April 2021, pp. 726–31

IPCC, 2018: 'Global Warming of 1.5°C. An IPCC Special Report on the Impacts of Global Warming of 1.5°C Above Pre-industrial Levels and Related Global Greenhouse Gas Emission Pathways, in the Context of Strengthening the Global Response to the Threat of Climate Change, Sustainable Development, and Efforts to Eradicate Poverty', World Meteorological Organization, Geneva, https://www.ipcc.ch/sr15/

Jamie, Kathleen, 2021, 'What the Clyde Said', https://www.scottishpoetrylibrary.org.uk/poem/what-the-clyde-said-after-cop26/

Jamie, Kathleen, 'Stay Alive! Stay Alive!', *London Review of Books*, 18 August 2022, https://www.lrb.co.uk/the-paper/v44/n16/kathleen-jamie/diary

Krause, Bernie, 2017, 'Biophony', *Anthropocene Magazine*, https://www.anthropocenemagazine.org/2017/08/biophony/

Macfarlane, Robert, 2019, *Underland: A Deep Time Journey*, Penguin Random House

Orlowski, Jeff, et al., 2012, *Chasing Ice* (documentary film), excerpt on https://www.youtube.com/watch?v=hC3VTgIPoGU

Watts, Jonathan, 'The Sound of Icebergs Melting: My Journey into the Antarctic', *Guardian*, 9 April 2020, https://www.theguardian.com/world/ng-interactive/2020/apr/09/sound-of-icebergs-melting-journey-into-antarctic-jonathan-watts-greenpeace

Watts, Jonathan, and Kommenda, Niko, 'Speed at Which World's Glaciers Are Melting Has Doubled in 20 Years', *Guardian*, 28 April 2021, https://www.theguardian.com/environment/2021/apr/28/speed-at-which-worlds-glaciers-are-melting-has-doubled-in-20-years

Yaffa, Joshua, 2022, 'The Great Siberian Thaw', *The New Yorker*, 10 January 2022, https://www.newyorker.com/magazine/2022/01/17/the-great-siberian-thaw

Xu, Chi, et al., 'Future of the Human Climate Niche', *PNAS*, 27 October 2019

地狱

Black, Jeremy, and Green, Anthony, 1992, *Gods, Demons and Symbols of Ancient Mesopotamia: An Illustrated Dictionary*, University of Texas Press

Ciabattoni, Francesco, 2019, 'Musical Instruments in Dante's *Commedia*: A Visual and Acoustic Journey', The Digital Dante, https://digitaldante.columbia.edu/sound/ciabattoni-instruments/

Dix, Otto, 1924 and 1932, *Der Krieg* (The War)

Evans, Paul, and Watson, Chris, 'The Island of Secrets', BBC Radio 4, 25 March 2009, https://www.bbc.co.uk/programmes/b00j7528

Flannery, Tim, 1998, *Throwim Way Leg*, Text Publishing

Homer, trans. Emily Wilson, 2018, *The Odyssey*, W. W. Norton

Kaminsky, Ilya, 2021, 'I See a Silence', *Afterness*, Art Angel

Macfarlane, Robert, with Somogyi, Arnie, and Wilson, Jane and Louise, 2012, *Untrue Island*, Commissions East and National Trust

Moynihan, Thomas, and Sandberg, Anders, 'Drugs, Robots and the Pursuit of Pleasure – Why Experts Are Worried about Ais Becoming Addicts', *The Conversation*, 14 September 2021, https://theconversation.com/drugs-robots-and-the-pursuit-of-pleasure-why-experts-are-worried-about-ais-becoming-addicts-163376

Pullman, Philip, 'The Sound and the Story: Exploring the World of *Paradise Lost*', *Public Domain Review*, 11 December 2019, https://publicdomainreview.org/essay/the-sound-and-the-story-exploring-the-world-of-paradise-lost

Spalink, James, 2014, 'Hieronymus Bosch Butt Music', melody based on a transcription by Amelia Hamrick, https://www.youtube.com/watch?v=OnrICy3Bc2U

Steggle, Matthew, 2001, '*Paradise Lost* and the Acoustics of Hell', *Early Modern Literary Studies*, 7(1), special issue 8

音乐治疗

American Music Therapy Association, 'What Is Music Therapy?', 'clinical and evidence-based use of music interventions to accomplish individualized goals within a therapeutic relationship', https://www. musictherapy.org/about/musictherapy/, accessed 2 September 2021

Burkeman, Oliver, 2021, *Four Thousand Weeks: Time and How to Use It*, Bodley Head

Cypess, Rebecca, 'Giovanni Battista Della Porta's Experiments with Musical Instruments', *Journal of Musicological Research*, 35(3), pp. 159–75, 26 May 2016

Ficino, Marsilio, (1496) 2010, *'All Things Natural': Ficino on Plato's Timaeus*, Shepheard-Walwyn

Garrow, Duncan, and Wilkin, Neil, 2022, *The World of Stonehenge* (catalogue), British Museum

Gergis, Joëlle, et al., 2021, 'We're Not About to Back Down: How Climate Experts Hold Hope Despite the IPCC Report', *Guardian*, 10 August 2021, https://www.theguardian.com/ commentisfree/2021/aug/10/were-not-about-to-back-down-how-climate-experts-hold-hope-despite-the-ipcc-report

Gioia, Ted, 2006, *Healing Songs*, Duke University Press

Grünberg, Judith M., et al., 2013, 'Analyses of Mesolithic Grave Goods from Upright Seated Individuals in Central Germany', in *Mesolithic Burials – Rites, Symbols and Social Organisation of Early Postglacial Communities*, Landesamt für Denkmalpflege und Archäologie Sachsen-Anhalt

Katz, Richard, 1982, *Boiling Energy: Community Healing Among the Kalahari !Kung*, Harvard University Press

Kleisiaris, Christos F., et al., 'Health Care Practices in Ancient Greece: The Hippocratic Ideal', *Journal of Medical Ethics and History of Medicine*, 7(6), March 2014

Natural Healing Society (undated), 'Solfeggio Frequencies', Natural Healing Society, https://www.naturehealingsociety.com/ articles/solfeggio/

Puhan, M. A., et al., 'Didgeridoo Playing as Alternative Treatment for Obstructive Sleep Apnoea Syndrome: Randomised Controlled Trial', *BMJ*, 4 February 2006

Sacks, Oliver, 2007, *Musicophilia: Tales of Music and the Brain*, Picador

Service, Tom, 'Is Music Good for You?', *The Listening Service*, BBC Radio 3, 9 May 2021, https://www.bbc.co.uk/sounds/play/m000vwpx

Sloboda, John, 2005, *Exploring the Musical Mind: Cognition, Emotion, Ability, Function*, Oxford University Press

Sloboda, John, 'The Ear of the Beholder', *Nature*, 3 July 2008

Tomatis, Alfred, 1991, *The Conscious Ear: My Life of Transformation Through Listening*, Station Hill Press

Truer, David, 2021, 'A Sadness I Can't Carry: The Story of the Drum', *New York Times*, 31 August 2021, https://www.nytimes.com/2021/08/31/magazine/ojibwe-big-drum.html

'Who Was this Mysterious Ballerina from the Viral Swan Lake Video?', CBC Radio, 16 November 2021, https://www.cbc.ca/radio/thecurrent/the-current-for-nov-16-2020-1.5803389/who-was-this-mysterious-ballerina-from-the-viral-swan-lake-video-1.5803747

Williamson, Victoria, 2014, *You Are the Music: How Music Reveals What It Means to Be Human*, Icon Books

声音疗愈

Alvarsson, J. J., et al., 'Stress Recovery During Exposure to Nature Sound and Environmental Noise', *International Journal of Environmental Research and Public Health*, 7(3), 20 February 2010, pp. 1036–46

Bates, Victoria, 2021, *Making Noise in the Modern Hospital*, Cambridge University Press

Bates, Victoria, 2022, 'How the Noises of a Hospital Can Become a Healing Soundscape', *Aeon*, 8 February 2022, https://psyche.co/ideas/how-the-noises-of-a-hospital-can-become-a-healing-soundscape

Batty, David, 'Bird and Birdsong Encounters Improve Mental Health', *Guardian*, 27 October 2022, citing Hammoud, Ryan, et al., 'Smartphone-based Ecological Momentary Assessment Reveals Mental Health Benefits of Birdlife', *Nature*, 27 October 2022

Gould van Praag, C., et al., 'Mind-wandering and Alterations
    to Default Mode Network Connectivity When Listening to
    Naturalistic Versus Artificial Sounds', *Scientific Reports* 7, 45273,
    27 March 2017
Institute of Cancer Research, 'World First Treatment with
    "Acoustic Cluster Therapy" to Improve Chemotherapy
    Delivery', press release, 18 December 2019, https://www.icr.
    ac.uk/news-archive/world-first-treatment-with-acoustic-cluster-
    therapy-to-improve-chemotherapy-delivery
Jones, Lucy, 2020, *Losing Eden: Why Our Minds Need the Wild*, Allen
    Lane
O'Reilly, Sally, 'The Devil's Chord or a Tap on the Shoulder?
    Recomposing the Soundscape of the Intensive Care Unit',
    Cabinet, 9 July 2020, https://www.cabinetmagazine.org/kiosk/
    oreilly_sally_9_july_2020.php
Sanguinetti, Joseph L., et al., 'Transcranial Focused Ultrasound
    to the Right Prefrontal Cortex Improves Mood and Alters
    Functional Connectivity in Humans', *Frontiers in Human
    Neuroscience*, 28 February 2020
Shrivastava, Shamit, 'A Sound Future for Noninvasive Therapies',
    19 August 2017, https://medium.com/@Shamits/
    a-sound-future-for-noninvasive-therapies-ac487ea03977
Wood, Emma, et al., 'Not All Green Space Is Created Equal:
    Biodiversity Predicts Psychological Restorative Benefits From
    Urban Green Space', *Frontiers in Psychology*, 27 November 2018

钟声

Ap Myrddin, Llywelyn, 'Russian Bells', BBC Radio 4, 9 October
    2017, https://www.bbc.co.uk/sounds/play/b0978ndz
Australian Bell, 'New Technologies', http://www.ausbell.com.au/
    new_tech.html
Batuman, Elif, 'The Bells: How Harvard Helped Preserve a Russian
    Legacy', *The New Yorker*, 27 April 2009, https://www.newyorker.
    com/magazine/2009/04/27/the-bells-6
Brand, Stewart, 2000, *The Clock of the Long Now: Time and
    Responsibility*, Basic Books

Braun, Martin, 'Bell Tuning in Ancient China: A Six-tone Scale in a 12-tone System Based on Fifths and Thirds', *Neuroscience of Music*, 16 June 2003

Bruce, David, 2021, 'Why Composers Love Bells', https://www.youtube.com/watch?v=Ii3BwiU7leg

Conen, Hermann, 'White Light', essay trans. into English by Eileen Walliser-Schwarzbart (found in the liner notes of the ECM release of Arvo Pärt's *Alina*)

Dillard, Annie, 1974, *Pilgrim at Tinker Creek*, Harper's Magazine Press

Enfield, Lizzie, 2022, 'Dunwich: The British Town Lost to the Sea', BBC Travel, 27 February 2022, https://www.bbc.com/travel/article/20220227-dunwich-the-british-town-lost-to-the-sea

Eno, Brian, 2003, 'About Bells', liner notes for the album *January 07003: Bell Studies for The Clock of The Long Now*, Opal Music

Eno, Brian (undated), 'The Big Here and Long Now' (blog post), https://longnow.org/essays/big-here-long-now/

Finer, Jem, with Artangel, 1999, longplayer.org. See also 'The Longplayer Conversation', 2017, https://longplayer.org/conversations/the-longplayer-conversation-2017/

Gioia, Ted, 2006, *Healing Songs*, Duke University Press

Graça da Silva, Sara, and Tehrani, Jamshid J., 2016, 'Comparative Phylogenetic Analyses Uncover the Ancient Roots of Indo-European Folktales', *Royal Society Open Science* 3:150645150645, 1 January 2016, https://doi.org/10.1098/rsos.150645

Gray, John, 2011, *The Immortalisation Commission: The Strange Quest to Cheat Death*, Allen Lane

Harvey, Jonathan, 2005, 'Cut and Splice', BBC Radio 3, http://www.bbc.co.uk/radio3/cutandsplice/mortuos.shtml

Jayarava, Dharmacari, undated, 'Cantus in Memory of Benjamin Britten by Arvo Pärt', online essay at http://jayarava.org/cantus.html

Jerram, Luke, 2019, 'Extinction Bell', https://www.lukejerram.com/extinction-bell/

Král, Petr, 'Tarkovsky, or the Burning House', translated from the Czech by Kevin Windle. Originally published in *Svedectvi* XXIII, 91, 1990, pp. 258–68. Reproduced in *Screening the Past*, 1 March 2001

Landers, Jackson, 2017, 'A Rare Collection of Bronze Age Chinese Bells Tells a Story of Ancient Innovation', *Smithsonian Magazine*, 5 October 2017, https://www.smithsonianmag.com/smithsonian-institution/bronze-age-chinese-bells-tells-story-ancient-innovation-180964459/

Lienhard, John H., *Engines of Our Ingenuity*, no. 1676: 'Ancient Chinese Bells', https://www.uh.edu/engines/epi1676.htm

McLachlan, Neil, and Nigjeh, Behzad, 'The Design of Bells with Harmonic Overtones', *The Journal of the Acoustical Society of America*, 3 July 2003

Ramm, Benjamin, 2021, 'Cosmism: Russia's Religion for the Rocket Age', BBC Future, 20 April 2021, https://www.bbc.com/future/article/20210420-cosmism-russias-religion-for-the-rocket-age

Roberts, Adams, 2021, *Middlemarch: Epigraphs and Mirrors*, Open Book Publishers

Sherman, Anna, 2019, *The Bells of Old Tokyo: Meditations on Time and a City*, Pan MacMillan

Spitzer, Michael, 2021, *The Musical Human: A History of Life on Earth*, Bloomsbury

Tarnopolski, Vladimir, 'Tabula Russia', 2016, https://tarnopolski.ru/en

Thoreau, Henry David, Journal, 12 October 1851, quoted in Todd Titon, Jeff, 'Thoreau's Ear', *Sound Studies*, 1(1), 1 February 2016, pp. 144–54, DOI: 10.1080/20551940.2015.1079973

Time and Tide, 'The Bell Design', https://timeandtidebell.org/the-bell-design/

Varda, Agnès, 2008, *The Beaches of Agnès*, Les Films du Losange

Vergette, Marcus, 2021, personal communication

Žalėnas, Gintautas, 'Cum Signo Campanae: The Origin of Bells in Europe and their Early Spread', Vytauto Didžiojo universiteto leidykla, *Sacrum et publicum*, 2013, pp. 67–94

共振（其二）

Cappella Romana, 2019, 'Lost Voices of Hagia Sophia', cappellaromana.org

Cox, Trevor, 2014, *Sonic Wonderland: A Scientific Odyssey of Sound*, The Bodley Head

Jamie, Kathleen, 2003, 'Into the Dark', *London Review of Books*, 18 December 2003, https://www.lrb.co.uk/the-paper/v25/n24/kathleen-jamie/into-the-dark

Pentcheva, Bissera V., and Abel, Jonathan S., 'Icons of Sound: Auralizing the Lost Voice of Hagia Sophia', *Speculum*, October 2017

Pessoa, Fernando (Caeiro, Alberto), 2020, *The Complete Works of Alberto Caeiro*, W.W. Norton & Company

Rée, Jonathan, 1999, *I See a Voice: Deafness, Language and the Senses – A Philosophical History*, Metropolitan Books

Roomful of Teeth, 2017, *How a Rose*, https://roomfulofteeth.bandcamp.com/album/how-a-rose/. Listen also to a 2016 recording of *Es ist ein Ros entsprungen* by Voces8 and Jan Sandström, https://open.spotify.com/track/4nOyPDxuz3UYWRgA05eon8?si=621a6a7e1a9d49b8

Service, Tom, 'The Timeless Power of Contemporary Choral Music', *The Listening Service*, BBC Radio 3, 17 October 2021, https://www.bbc.co.uk/sounds/play/m0010nx4

'World According to Sound': Sound Break: Hagia Sophia, 2020, https://soundcloud.com/worldaccordingtosound/114-sound-break-hagia-sophia

前沿

Bakker, Karen, 2022, *The Sounds of Life: How Digital Technology is Bringing Us Closer to the Worlds of Animals and Plants*, Princeton University Press

Battson, Ginny (undated), 'My World of Wordcraft – Neologisms for Rapidly Changing Times', Seasonlight (blog), https://seasonalight.com/for-the-love-of-planet-valens-my-neologisms/

Bratton, Benjamin, and Agüera y Arcas, Blaise, 'The Model is the Message', *Noema Magazine*, 12 July 2022, https://www.noemamag.com/the-model-is-the-message

Bruce, David, 2021, 'The DALL·E 2 of MUSIC?', https://www.youtube.com/watch?v=QN0DDD7B30U

De Abaitua, Matthew, 2022, 'The Dolittle Machine', BBC Radio 4, 30 May 2022, https://www.bbc.co.uk/programmes/m0017khn

Lomas, Tim (undated), 'The Lexicography', https://www.
　　drtimlomas.com/lexicography/cm4mi
Millman, Noah, 'A.I.s of Tumblr', *Gideon's Substack*, 15 June 2022,
　　https://gideons.substack.com/p/ais-of-tumblr
Monbiot, George, 2022, *Regenesis: Feeding the World Without
　　Devouring the Planet*, Penguin
Sacasas, L. M., 'LaMDA, Lemoine, and the Allures of Digital
　　Re-enchantment', *The Convivial Society* (substack), 28
　　June 2022, https://theconvivialsociety.substack.com/p/
　　lamda-lemoine-and-the-allures-of
Szenicer, Alexandre, et al., 'Seismic Savanna: Machine Learning
　　for Classifying Wildlife and Behaviours Using Ground-based
　　Vibration Field Recordings', *Remote Sensing in Ecology and
　　Conservation*, 9 November 2021

寂静

Barenboim, Daniel, 2006, 'In the Beginning was Sound', Reith
　　Lectures, Lecture 1, http://downloads.bbc.co.uk/rmhttp/
　　radio4/transcripts/20060407_reith.pdf
Beech, Hannah, 'Where Poets Are Being Killed and Jailed After
　　a Military Coup', *New York Times*, 25 May 2021, https://www.
　　nytimes.com/2021/05/25/world/asia/myanmar-poets.html
Berger, John, 1972, *Ways of Seeing*, BBC Two TV Series, and book,
　　Penguin
Breeden, Aurelien, 'From "Alive Among the Dead" to "Dead
　　Among the Living"', *New York Times*, 13 November 2021, https://
　　www.nytimes.com/2021/11/13/world/europe/france-2015-
　　attacks-trial-victims.html
Dasgupta, Partha, et al., 2021, *Final Report – The Economics of
　　Biodiversity: The Dasgupta Review* (independent report to the UK
　　government), https://www.gov.uk/government/publications/
　　final-report-the-economics-of-biodiversity-the-dasgupta-review
Goodman, Paul, 1972, *Speaking and Language*, excerpted
　　at themarginalian.org, https://www.themarginalian.
　　org/2015/01/13/paul-goodman-silence/
Griffiths, Jay, 1999, *Pip Pip: A Sideways Look at Time*, Flamingo

Hempton, Gordon, with Loften, Adam, and Vaughan-Lee, Emmanuel, 2018, 'Sanctuaries of Silence: An Immersive Listening Journey into the Hoh Rainforest', https://emergencemagazine.org/feature/sanctuaries-of-silence/

Heneghan, Liam, 'A Place of Silence', *Aeon*, 24 February 2020, https://aeon.co/essays/why-we-need-an-absence-of-noise-to-hear-anything-important

Hoban, Russell, 1980, *Riddley Walker*, Jonathan Cape

Imbler, Sabrina, 'The Maori Vision of Antarctica's Future', *New York Times*, 2 July 2021, https://www.nytimes.com/2021/07/02/science/antarctica-maori-exploration.html

Kagge, Erling, 2017, *Silence: In the Age of Noise*, Viking

Krznaric, Roman, 2020, *The Good Ancestor: How to Think Long Term in a Short-Term World*, W. H. Allen

Marías, Javier (trans. Margaret Jull Costa), 1996, *Tomorrow in the Battle Think on Me*, Harvill

Margalit, Avishai, 2002, *The Ethics of Memory*, Harvard University Press

Maysenhölder, W., et al., 2008, 'Sound Absorption of Snow', IBP Report 486, Fraunhofer Institut Bauphysik

Parshina-Kottas, Yuliya, et al., 'What the Tulsa Race Massacre Destroyed', *New York Times*, 24 May 2021, https://www.nytimes.com/interactive/2021/05/24/us/tulsa-race-massacre.html

Pomerantsev, Peter, 2014, *Nothing Is True and Everything Is Possible*, Public Affairs

Remnick, David, 'The Weakness of the Despot', interview with Stephen Kotkin, *The New Yorker*, 11 March 2022, https://www.newyorker.com/news/q-and-a/stephen-kotkin-putin-russia-ukraine-stalin

Riley, Charlotte L., 'The Empire Strikes Back', *New Humanist*, 10 December 2019

Sherrell, Daniel, 2021, *Warmth: Coming of Age at the End of Our World*, Penguin Random House

Smith, Clint, 2014, 'The Danger of Silence', TED Talk, https://www.ted.com/talks/clint_smith_the_danger_of_silence

Spooner-Lockyer, Kassandra, and Kilroy-Marac, Katie, 'Ten Things About Ghosts and Haunting', *Anthropology News*, 18

October 2021, https://www.anthropology-news.org/articles/
ten-things-about-ghosts-and-haunting/

Thoreau, Henry David, (1853) 2009, *The Journal 1837–1861*, New York
Review Books Classics

Tingley, Kim, 'Whisper of the Wild', *New York Times*, 18 March
2012, https://www.nytimes.com/2012/03/18/magazine/is-
silence-going-extinct.html

Twigger, Robert, 'Desert Silence', *Aeon*, 26 April 2013, https://aeon.
co/essays/how-the-sound-of-silence-rejuvenates-the-soul

Wickenden, Dorothy, 'Wendell Berry's Advice for a
Cataclysmic Age', *The New Yorker*, 28 February 2022,
https://www.newyorker.com/magazine/2022/02/28/
wendell-berrys-advice-for-a-cataclysmic-age

Weil, Simone (1950) 2009, *Waiting for God*, HarperCollins